U0252253

远程宽体客机科学与技术丛书

运输类飞机操纵品质评估与
适航验证方法

孙有朝 张 夏 曾一宁 著

科 学 出 版 社
北 京

内 容 简 介

本书结合现代飞机飞行控制系统和操纵品质技术发展现状,围绕运输类飞机操纵品质相关适航要求,综合考虑民航客机、公务机等典型运输类飞机的飞行控制律设计特征,从飞行控制系统安全性建模方法、飞行控制关键失效场景和失效状态识别方法、面向操纵品质等级的故障选定方法、基于多元生理数据的操纵品质评估方法、操纵品质评估的工程模拟器设计与评定要求、操纵品质评估的模拟器试验(MOC8)方法、操纵品质评估的飞行试验(MOC6)方法等方面,系统阐述运输类飞机操纵品质评估与适航验证的理论方法和解决途径。

本书可供飞机设计、制造、适航管理与审定等相关领域的技术人员使用与参考,也可供飞机驾驶舱人机工效相关专业技术人员参考,对高等院校航空、航天、民航等专业的教师、研究生和本科生也有参考价值。

图书在版编目(CIP)数据

运输类飞机操纵品质评估与适航验证方法 / 孙有朝,张夏,曾一宁著. —北京:科学出版社,2024.6
(远程宽体客机科学与技术丛书)
ISBN 978 - 7 - 03 - 078319 - 6

Ⅰ. ①运… Ⅱ. ①孙… ②张… ③曾… Ⅲ. ①运输机—操纵系统—评估 ②运输机—适航性飞行试验 Ⅳ. ①V271.2

中国国家版本馆 CIP 数据核字(2024)第 066504 号

责任编辑:胡文治 / 责任校对:谭宏宇
责任印制:黄晓鸣 / 封面设计:殷 靓

科 学 出 版 社 出版
北京东黄城根北街 16 号
邮政编码:100717
http://www.sciencep.com
南京展望文化发展有限公司排版
苏州市越洋印刷有限公司印刷
科学出版社发行 各地新华书店经销
*

2024 年 6 月第 一 版 开本:B5(720×1000)
2024 年 6 月第一次印刷 印张:20 1/4
字数:397 000
定价:170.00 元
(如有印装质量问题,我社负责调换)

远程宽体客机科学与技术丛书

顾 问

（按姓名汉语拼音排序）

陈十一　邓小刚　郭万林　黄伯云

林忠钦　吴光辉　杨　卫　朱　荻

编写委员会

主 编

陈迎春

编 委

（按姓名汉语拼音排序）

白　杰	陈海昕	陈文亮	顾宏斌	焦宗夏	赖际舟	李　栋
李浩敏	李伟鹏	林燕丹	刘　洪	刘沛清	米　毅	邱菀华
邵　纯	宋笔锋	孙有朝	王志瑾	严　亮	杨春霞	杨小权
叶正寅	占小红	张美红	张曙光	张卓然	赵安安	郑　耀

丛书序

　　大型飞机是国家中长期科学和技术发展规划纲要确定的重大科技专项,是建设创新型国家、提高我国自主创新能力和增强国家核心竞争力的重大战略举措。发展大型客机项目是党中央、国务院把握世界科技发展趋势,着眼我国现代化建设全局作出的一项重大战略决策,也是国家意志和民族梦想的集中体现。国产客机按照"支线-窄体-远程宽体"三步走战略实施发展。

　　远程宽体客机的研制是高度复杂的系统工程,涉及数学、力学、材料、机械、电子、自动控制等诸多学科与技术门类的综合集成,并向着全球分布式、协同设计与制造的方向不断发展。为了满足国产远程宽体客机对飞机的安全性、经济性、环保性和舒适性等方面提出的严苛技术指标,同时应对新的国际国内形势下设计理论和制造技术等方面的严峻挑战,迫切需要总结国内外已有的经验和成果,编著一套以"远程宽体客机"为主题的丛书,从而推动远程宽体客机研制中的科学与技术发展,具有极为重要的工程价值和深远的历史意义。

　　2017 年,科学出版社就开始酝酿"远程宽体客机科学与技术丛书"。我作为远程宽体客机的总设计师,欣然接受了科学出版社的邀请担任该丛书的主编。出版社邀请了国内部分知名院士担任丛书专家委员会顾问,同时组织国内优势高校和主要科研院所的知名专家,在基础研究的学术成果和工程研究实践的基础上,共同编写这套"远程宽体客机科学与技术丛书",确保丛书具有系统性、专业性、实用性和前瞻性。

　　本套丛书主要涵盖了飞机总体设计、空气动力学、材料与结构、机载系统、飞机制造、适航与管理、系统工程管理和地面与飞行试验等主要远程宽体客机研制专业方向和关键技术领域,在聚焦远程宽体客机研制一线的理念思路与工程经验的同时,着重关注领域内专家最新的理论方法和技术成果。本套丛书蕴含了我国近十几年来远程宽体客机研制技术发展的科技成果,既可供航空专业人员学习和参考,也可作为飞机工程研制的案头工具书。期望本套丛书能有益于国产大飞机的成功研制、有益于航空领域高层次人才的培养、有益于我国航空事业的高质量发展。

是为序!

2022 年 12 月

前　言

　　运输类飞机操纵品质反映的是飞行机组在规定飞行包线内完成飞行任务的精准程度和难易程度,涉及飞机操纵性、机动性、稳定性等机体性能,以及飞行机组工作负荷、任务绩效、安全舒适等主体特征。区别于传统概念上的飞行品质,操纵品质更强调飞机和飞行机组所组成"人机系统"的耦合特性。操纵品质评估对运输类飞机适航符合性验证与审定有重要意义,良好的操纵品质是飞机飞行控制系统设计的重要指标之一,是飞行机组顺利完成飞行任务的重要保证,也是提升飞机驾驶舱人机交互体验和保障飞行安全的关键。

　　目前,电传飞行控制系统已在现代大型运输类飞机的研制中得到普遍应用,与装配机械传动系统的飞机相比,两者在操纵品质方面存在显著差异。中国民用航空局(Civil Aviation Administration of China, CAAC)、美国联邦航空局(Federal Aviation Administration, FAA)、欧洲航空安全局(European Union Aviation Safety Agency, EASA)等国内外局方机构发布的运输类飞机适航要求中,尚未包含这些设计特征。为了避免可能产生的安全隐患,1998 年 3 月 31 日,美国联邦航空局以咨询通告 AC 25 - 7A《面向运输类飞机适航审定的飞行试验指南》附录 7 的形式,发布了适用于电传飞行控制系统的符合性验证方法,即操纵品质等级评定方法(handling qualities rating method, HQRM)。2018 年 4 月 5 日,美国联邦航空局在咨询通告 AC 25 - 7D 附录 E 中发布了该方法三次修订后的版本,这也是目前的最新版本。HQRM 通过飞行机组主观评估的方式确定操纵品质,该方法的评估要素包括飞行包线、大气扰动和系统状态,通过选取对操纵品质具有较大影响的飞行状态,基于飞行控制系统故障状态的概率确定飞行品质要求。

　　机载系统的复杂性和集成度不断增加,其零部件的故障模式也呈现出多元化特征,极大提高了系统故障状态确定和概率计算的难度。此外,现有的操纵品质评估与适航验证手段多依赖于飞行机组的主观评定,评估结论容易受到心理情绪、潜在意识、技能水平等个体差异化因素的影响。运输类飞机操纵品质评估与适航验证需重点突破系统多状态故障模式选定方法、不同操纵品质等级与关键飞行参数的映射机制、不同操纵品质等级对飞行机组生理心理和行为状态的影响机理等关键技术,建立操纵品质等级与飞行包线、大气扰动和系统状态概率之间的关系模型,提出运输类飞机操纵性能试验参数选定方法,建立不同操纵品质等级与操纵性、机动性、稳定性等关键性能参数的映射机制,揭示不同操纵品质等级对飞行机组工作负荷、任务绩效、安全舒适等关键状态特征的影响机理,形成操纵品质评估的模拟器试验(MOC8)范式和飞行试验(MOC6)范式,对提升运输类飞机操纵品质评估与适航验证的理论研究水平和工程实践能力具有重要意义。

本书结合现代飞机飞行控制系统和操纵品质技术发展现状,围绕运输类飞机操纵品质相关适航要求,综合考虑民航客机、公务机等典型运输类飞机的飞行控制律设计特征,从飞行控制系统安全性建模方法、飞行控制关键失效场景和失效状态识别方法、面向操纵品质等级的故障选定方法、基于多元生理数据的操纵品质评估方法、操纵品质评估的工程模拟器设计与评定要求、操纵品质评估的模拟器试验(MOC8)方法、操纵品质评估的飞行试验(MOC6)方法等方面,系统阐述运输类飞机操纵品质评估与适航验证的理论方法和解决途径。

感谢国家自然科学基金(U2033202、U1333119、52172387)、国防基础科研计划、民机专项、国防技术基础、中国民用航空局科技计划等课题项目给予的资助。感谢中国民用航空局民航飞机机载系统适航工程技术研究中心和南京航空航天大学可靠性与适航技术研究中心胡宇群、吴红兰、王强老师,扬州大学张燕军老师,以及研究生王宗鹏、徐滔、吴仇顾、仇志凡、刘宇婕等所做的相关工作。在本书撰写过程中,我们参考了国内外专家、学者的相关科技论文和著作,在此一并致以诚挚的谢意。

由于作者水平、经验及时间所限,书中难免存在不足之处,敬请广大读者批评指正。

作者

2023 年 9 月

目　录

第1章　　**绪论**　　1

1.1　引言 ·· 1

1.2　现代飞机飞行控制系统概况 ···················· 2

1.3　操纵品质关键技术发展现状 ···················· 5

1.3.1　飞行包线保护技术 ························ 5

1.3.2　多状态故障分析理论 ······················ 7

1.3.3　模拟器飞行试验技术 ······················ 8

1.3.4　操纵品质评估方法 ······················ 9

第2章　　**运输类飞机操纵品质适航要求**　　12

2.1　引言 ··· 12

2.2　操纵品质相关适航条款 ························ 12

2.2.1　飞行分部适航条款 ························ 16

2.2.2　结构分部适航条款 ························ 18

2.2.3　设计与构造分部适航条款 ···················· 19

2.2.4　设备分部适航条款 ························ 21

2.2.5　使用限制和资料分部适航条款 ················ 21

2.3　操纵品质相关符合性方法 ······················ 22

2.3.1　HQRM 相关条款 ························ 23

2.3.2　HQRM 应用流程和方法 ···················· 31

2.3.3　飞行员评价原则和要求 ···················· 43

V

第3章　　典型飞机飞行控制律设计特征分析 ⋯⋯⋯⋯⋯⋯ 46

3.1　引言 ⋯⋯⋯⋯⋯⋯⋯⋯⋯⋯⋯⋯⋯⋯⋯⋯⋯⋯⋯⋯⋯ 46
3.2　典型民航客机飞行控制律设计特征分析 ⋯⋯⋯⋯⋯⋯ 47
3.2.1　波音系列客机的飞行控制律 ⋯⋯⋯⋯⋯⋯⋯⋯⋯ 47
3.2.2　空客系列客机的飞行控制律 ⋯⋯⋯⋯⋯⋯⋯⋯⋯ 49
3.3　典型公务机飞行控制律设计特征分析 ⋯⋯⋯⋯⋯⋯⋯ 52
3.3.1　Falcon7X 公务机的飞行控制律 ⋯⋯⋯⋯⋯⋯⋯⋯ 52
3.3.2　G650 公务机的飞行控制律 ⋯⋯⋯⋯⋯⋯⋯⋯⋯⋯ 54

第4章　　飞行控制系统安全性建模方法 ⋯⋯⋯⋯⋯⋯⋯⋯ 59

4.1　引言 ⋯⋯⋯⋯⋯⋯⋯⋯⋯⋯⋯⋯⋯⋯⋯⋯⋯⋯⋯⋯⋯ 59
4.2　基于 AltaRica 的飞控系统安全性建模方法 ⋯⋯⋯⋯ 59
4.2.1　飞控系统关联失效模式 ⋯⋯⋯⋯⋯⋯⋯⋯⋯⋯⋯ 59
4.2.2　AltaRica 的基本语法与组件 ⋯⋯⋯⋯⋯⋯⋯⋯⋯ 60
4.2.3　基于 AltaRica 的建模方法 ⋯⋯⋯⋯⋯⋯⋯⋯⋯⋯ 64
4.2.4　案例分析 ⋯⋯⋯⋯⋯⋯⋯⋯⋯⋯⋯⋯⋯⋯⋯⋯⋯ 66
4.3　基于广义随机 Petri 网的飞控系统安全性建模方法 ⋯ 70
4.3.1　广义随机 Petri 网 ⋯⋯⋯⋯⋯⋯⋯⋯⋯⋯⋯⋯⋯⋯ 70
4.3.2　广义随机 Petri 网扩展 ⋯⋯⋯⋯⋯⋯⋯⋯⋯⋯⋯⋯ 72
4.3.3　广义随机 Petri 网的共享和合成 ⋯⋯⋯⋯⋯⋯⋯⋯ 72
4.3.4　故障注入方法 ⋯⋯⋯⋯⋯⋯⋯⋯⋯⋯⋯⋯⋯⋯⋯ 74
4.3.5　案例分析 ⋯⋯⋯⋯⋯⋯⋯⋯⋯⋯⋯⋯⋯⋯⋯⋯⋯ 75

第5章　　飞行控制关键失效场景和失效状态识别方法 ⋯⋯ 78

5.1　引言 ⋯⋯⋯⋯⋯⋯⋯⋯⋯⋯⋯⋯⋯⋯⋯⋯⋯⋯⋯⋯⋯ 78
5.2　适航审定在失效场景分析中关注的问题 ⋯⋯⋯⋯⋯⋯ 79
5.2.1　适航审定各阶段 FHA 的审查要求 ⋯⋯⋯⋯⋯⋯⋯ 79
5.2.2　系统 FHA 审查中局方关注的问题 ⋯⋯⋯⋯⋯⋯⋯ 80

5.3　关键失效场景和失效状态的识别方法和流程 ·········· 81

　　5.3.1　安全性评估流程 ············· 81

　　5.3.2　飞机及其功能描述 ············· 81

5.4　典型失效场景案例分析 ············· 85

　　5.4.1　飞行控制失效场景 ············· 85

　　5.4.2　环境事件、紧急构型和特殊飞行状态示例 ············· 86

　　5.4.3　飞控系统典型失效状态案例 ············· 87

第6章　　**面向操纵品质等级的故障选定方法**　　　92

6.1　引言 ············· 92

6.2　操纵品质影响因素分析 ············· 92

　　6.2.1　飞行包线 ············· 92

　　6.2.2　大气扰动 ············· 93

　　6.2.3　飞行任务 ············· 94

6.3　基于贝叶斯网络的概率计算模型 ············· 95

　　6.3.1　多故障状态描述 ············· 95

　　6.3.2　飞行包线状态的确定方法 ············· 98

　　6.3.3　故障概率与操纵品质等级关系模型 ············· 100

　　6.3.4　模型求解 ············· 101

6.4　多状态故障选择的应用算例 ············· 105

第7章　　**基于多元生理数据的操纵品质评估方法**　　　109

7.1　引言 ············· 109

7.2　飞行员多元生理特征提取方法 ············· 109

　　7.2.1　生理指标采集 ············· 110

　　7.2.2　生理信号参数计算 ············· 111

7.3　多元生理数据的回归模型 ············· 112

7.4　基于神经网络的操纵品质等级评估方法 ············· 113

　　7.4.1　基于飞行数据的神经网络评估模型 ············· 113

7.4.2 操纵品质评估结果对比 ·· 116

7.4.3 故障分析 ··· 124

7.5 操纵品质评估案例分析 ··· 125

7.5.1 试验准备要求 ··· 125

7.5.2 试验故障设置 ··· 129

7.5.3 试验流程 ··· 131

7.5.4 试验数据分析 ··· 133

第8章 操纵品质评估的工程模拟器设计与评定要求 139

8.1 引言 ·· 139

8.2 适航审定中工程模拟器规划、设计和应用过程 ·········· 139

8.2.1 飞机模拟设备的功能和类型规划 ································ 139

8.2.2 飞机模拟设备的模型和组件规划 ································ 140

8.2.3 仿真系统的数据规划和更新模式 ································ 142

8.2.4 工程模拟器的仿真任务和需求分析 ····························· 144

8.3 工程模拟器评定的总体要求和规划 ·························· 148

8.3.1 模拟器评定的总体要求 ··· 149

8.3.2 工程模拟器评定的规划 ··· 150

8.4 工程模拟器评定的流程和方法 ································· 151

8.4.1 工程模拟器评定的范围 ··· 151

8.4.2 工程模拟器逼真度评估 ··· 153

8.5 模拟器试验和飞行试验的选择要求与原则 ··············· 157

第9章 操纵品质评估的模拟器试验(MOC8)方法 164

9.1 引言 ·· 164

9.2 舵面卡阻场景操纵品质评估试验 ···························· 166

9.2.1 试验内容 ··· 166

9.2.2 试验装置及局限性说明 ··· 167

9.2.3 试验步骤 ··· 168

9.2.4　试验结果 ⋯⋯⋯⋯⋯⋯⋯⋯⋯⋯⋯⋯⋯ 169

9.3　飞行员诱发振荡场景操纵品质评估试验 ⋯ 192

9.3.1　试验内容 ⋯⋯⋯⋯⋯⋯⋯⋯⋯⋯⋯⋯⋯ 192

9.3.2　试验装置及局限性说明 ⋯⋯⋯⋯⋯⋯ 193

9.3.3　试验步骤 ⋯⋯⋯⋯⋯⋯⋯⋯⋯⋯⋯⋯⋯ 194

9.3.4　试验结果 ⋯⋯⋯⋯⋯⋯⋯⋯⋯⋯⋯⋯⋯ 196

第10章　操纵品质评估的飞行试验（MOC6）方法　243

10.1　引言 ⋯⋯⋯⋯⋯⋯⋯⋯⋯⋯⋯⋯⋯⋯⋯⋯ 243

10.2　飞行控制律功能评估试验 ⋯⋯⋯⋯⋯⋯ 244

10.3　飞行控制律模式转换评估试验 ⋯⋯⋯⋯ 245

10.4　中等湍流场景评估试验 ⋯⋯⋯⋯⋯⋯⋯ 246

10.5　飞行控制系统故障场景评估试验 ⋯⋯⋯ 248

10.6　试飞大纲和试飞报告的编写方法 ⋯⋯⋯ 255

10.6.1　试飞大纲模板 ⋯⋯⋯⋯⋯⋯⋯⋯⋯⋯ 255

10.6.2　试飞报告模板 ⋯⋯⋯⋯⋯⋯⋯⋯⋯⋯ 271

第11章　基于运行数据的操纵品质监控与预警方法　289

11.1　引言 ⋯⋯⋯⋯⋯⋯⋯⋯⋯⋯⋯⋯⋯⋯⋯⋯ 289

11.2　飞控系统安全性分析 ⋯⋯⋯⋯⋯⋯⋯⋯ 289

11.3　基于多重降维技术的操纵品质运行状态预警模型 ⋯⋯⋯⋯⋯⋯⋯⋯⋯⋯⋯⋯⋯⋯⋯⋯ 297

11.3.1　基于多重降维技术的预警模型 ⋯⋯ 297

11.3.2　案例分析 ⋯⋯⋯⋯⋯⋯⋯⋯⋯⋯⋯⋯ 299

参考文献　304

第1章

绪　　论

1.1　引言

运输类飞机操纵品质(handling qualities，HQ)反映的是飞行机组在规定飞行包线内完成飞行任务的精准程度和难易程度[1,2]，涉及飞机操纵性、机动性、稳定性等机体性能，以及飞行机组工作负荷、任务绩效、安全舒适等主体特征。区别于传统概念上的飞行品质(flying qualities，FQ)，操纵品质更强调飞机和飞行机组所组成"人机系统"的耦合特性。目前，电传飞行控制系统(electrical flight control system，EFCS)已普遍应用于现代大型运输类飞机的研制中，与装配机械传动系统的飞机相比，两者在操纵品质方面存在显著差异。当前适用的运输类飞机适航要求中未包含这些设计特征，为了避免可能产生的安全隐患，美国联邦航空局(Federal Aviation Administration，FAA)发布了适用于 EFCS 飞机的咨询通告 AC 25－7D《面向运输类飞机适航审定的飞行试验指南》，提出了局方认可的操纵品质等级评定方法[3](handling qualities rating method，HQRM)。

操纵品质评估对运输类飞机的适航审定具有重要意义，其评估要素包括飞行包线、大气扰动和系统状态。HQRM 通过飞行机组主观评估的方式确定操纵品质，该方法选取对操纵品质具有较大影响的飞行状态，基于飞行控制系统故障状态的概率确定飞行品质要求。HQRM 需考虑的条件既包含系统的故障概率，也包括飞行包线、大气条件等影响因素。HQRM 使用发生概率与安全效应理念，将最小可接受的操纵品质与飞机特定的飞行包线概率(X_e)、大气扰动等级概率(X_a)以及特定飞行操纵失效概率(X_e)相关联。

运输类飞机操纵品质评估的关键环节包括:

(1)操纵品质等级预测——此项内容在飞行试验前进行，根据飞机自身的结构设计特点和可能遭遇的特殊环境条件，计算故障发生的可能性和影响后果，判断不同情况下飞机应满足的最低操纵品质等级;

（2）操纵品质评估试验——此项内容在飞行试验中进行，由飞行机组评估飞机操纵品质等级，同时结合工作负荷、任务绩效等主客观指标，对操纵品质等级进行综合研判。

在操纵品质等级预测中，首先需对飞机系统可能发生的故障模式进行分析，由于飞机系统设计的复杂性和特殊性，其零部件呈现出多元故障模式，如液压阀门可能处于正常工作状态、半卡阻状态（只能流过部分液体）或完全失效状态，这极大提高了系统故障状态确定和概率计算的难度。在操纵品质评估试验中，操纵品质等级由飞行机组主观评定，其结论容易受到心理情绪、潜在意识、技能水平等个体差异化因素的影响。运输类飞机操纵品质评估与适航验证需重点突破的关键技术包括：

（1）面向操纵品质评估的系统多状态故障模式选定方法——建立操纵品质等级与飞行包线、大气扰动和系统状态概率之间的关系模型，求解飞行包线、大气扰动和系统状态的概率与操纵品质等级之间的矩阵关系，确定飞行试验清单中需要考虑的故障状态，确定不同故障状态下飞机应满足的最低操纵品质等级，提出运输类飞机操纵性能试验参数选定方法；

（2）不同操纵品质等级与关键飞行参数的映射机制——运输类飞机操纵品质评估试验包括模拟器试验（MOC8）和飞行试验（MOC6），飞机机体对飞行机组操纵输入的反馈表现在飞行参数的变化上，经解算的关键参数变化特征可直接反映飞机的操纵性、机动性、稳定性等机体性能，可建立不同操纵品质等级与飞机关键飞行参数的映射机制；

（3）不同操纵品质等级对飞行机组生理、心理和行为状态的影响机理——飞行机组的生理、心理和行为状态数据在一定层面上可反映其工作负荷、任务绩效、安全舒适等主体特征，揭示不同操纵品质等级对飞行机组生理、心理和行为状态的影响机理，降低操纵品质评估结论的主观依赖性，为运输类飞机操纵品质评估提供主客观相结合的科学方法。

1.2　现代飞机飞行控制系统概况

飞行控制系统是现代飞机不可或缺的、直接影响飞行性能和安全的关键系统。飞机飞行控制系统经历了机械操纵（硬式、软式或混合式）、增稳、控制增稳、全权限电传操纵、综合控制等发展阶段。自从电传操纵（fly-by-wire，FBW）和主动控制技术（active control technology，ACT）这两个具有划时代意义的飞行控制概念出现以来，飞机的发展历程发生了巨大变化，主要体现在以下几个方面：

（1）改变了传统的飞机设计概念和方法论，飞行控制技术首次与气动、结构和动力装置一起成为保证飞机平台性能先进性的四大专业支柱；

（2）改变了自莱特兄弟首次飞行以来一直采用的、以机械链操纵作为飞机主操纵系统的传统方法,使具有飞机状态反馈的闭环控制系统成为现代飞机的主飞行控制系统;

（3）打破了飞机布局设计中重心配置的限制原则,使飞机可以设计成中立稳定和静不稳定的构型;

（4）飞行控制系统不仅可用于增强飞机刚体运动性能,同时也可用于解决飞机弹性模态的控制问题;

（5）使得飞机主要控制功能(如飞行控制、推力控制、火力控制等)的综合成为可能,以数字式 FBW 为核心和纽带的综合飞行/推力/火力控制技术得到了迅速发展,使飞机(尤其是战斗机)的综合性能得到大幅提升。

目前,数字式 FBW 和各种 ACT 功能已广泛应用于先进的民用飞机和第三代军机,综合控制技术也成为第四代军机的典型标志之一。随着航空技术、控制理论及计算机技术的发展,特别是 ACT 的开发与验证,飞行控制系统已成为摆脱传统设计与使用约束的强有力手段,也成为保证先进飞机平台高性能和满足新任务能力要求的关键技术之一。

根据 GJB 2191‒1994《有人驾驶飞机飞行控制系统通用规范》[4],飞行控制系统包括用于传输飞行机组或其他信号源的飞行控制指令到相应的力和力矩发生器的所有部件,实现对飞机姿态、航迹、空速、气动构形、乘坐品质和结构模态等控制功能。部件包括飞行机组操纵装置、飞行控制专用的显示反逻辑转换装置、信号变换器、系统动态及大气数据传感器、信号解算及测试装置、作动器及信号传输线路。典型飞行控制系统的构成主要包括:

（1）飞行机组操纵和显示装置——主要协助飞行员对飞机进行控制,对飞机状态进行监控及获取相应的告警,操纵装置主要包括:驾驶杆、方向舵脚蹬、配平开关、双速配平作动器、飞行前测试操纵装置、自动控制系统正常断开装置等,显示装置主要包括:飞行控制系统指示、飞行控制系统告警和状态指示、故障状态指示、操纵权限指示、配平指示、操纵面位置指示等;

（2）传感器——作为飞机相关状态参数的输入,应安装在能恰当感受飞机和飞控系统参数的位置上,并尽量避免暴露在可能产生故障或产生不需要输出信号的条件下;

（3）信号传输——主要分为机械信号传输和电信号传输两种,机械信号传输装置主要由助力系统、操作钢索、滑轮装置、拉杆装置等机械结构组成,电信号传输主要由飞行控制系统、电缆连线、接头等电气结构组成;

（4）信号计算——主要分为机械信号计算和电信号计算两种,机械信号计算主要包括对液压计算元件、气动计算元件等,电信号计算主要包括模拟计算和数字计算等;

（5）操纵动力——主要为作动系统的控制提供动力,主要包括液压系统和电源系统两部分;

（6）作动系统——主要为直接操纵与控制飞机时使用,主要包括机械力传输装置、机械扭矩传输装置、液压作动装置、机电作动装置、气动作动装置等。

飞行控制系统的主要功能是协助飞行机组实现对飞机的手动或自动控制,主要包括飞行姿态控制功能、增升装置及扰流板控制功能和自动驾驶功能三大部分。

1）飞行姿态控制功能

飞行姿态的控制功能是飞行控制系统最重要的功能之一,主要作用在飞机的横向、纵向和航向三个方向上,对应的控制分别是滚转、俯仰和偏航。姿态控制功能除了调整舵面和保持飞行姿态外,还需要防止姿态失控,并增加一定的控制限制。

（1）横向控制功能。横向控制功能主要是对飞机滚转的控制,其主要的二级功能包括:滚转控制功能(控制副翼偏转,使飞机产生滚转力矩);滚转配平功能(减少或配平横向操纵力);横向人感功能(提供滚转操纵力-位移感觉);横向位置指示和告警功能(提供横向配平位置指示,起飞横向配平构型告警等);滚转限制保护功能(提供倾斜角边界保护,滚转权限限制)。

（2）纵向控制功能。纵向控制功能主要是对飞机俯仰的控制,其主要的二级功能包括:俯仰控制功能(控制升降舵偏转,使飞机产生俯仰力矩);俯仰配平功能(减少或配平纵向操纵力);纵向人感功能(提供俯仰操纵力-位移感觉);纵向位置指示和告警功能(提供纵向配平位置指示,起飞纵向配平构型告警、失速告警等);俯仰限制和保护功能(提供俯仰角包线保护、迎角保护、速度包线保护、法向过载保护和俯仰权限限制)。

（3）航向控制功能。航向控制功能主要是对飞机偏航的控制,其主要的二级功能包括:偏航控制功能(控制方向舵偏转,使飞机产生偏航力矩);偏航配平功能(减少或配平航向操纵力);航向人感功能(提供偏航操纵力-位移感觉);航向位置指示和告警功能(提供航向配平位置指示,起飞航向配平构型告警);偏航限制和保护功能(限制方向舵偏航范围,航向权限限制)。

2）增升装置及扰流板控制功能

增升装置是在起降等过程中协助增加飞机升力的装置,扰流板是在空中及降落等过程中协助飞机减速使用的装置。对这两类装置的控制功能,也是飞控系统的重要功能之一。

（1）增升装置控制功能。对增升装置的控制主要是指对襟翼的控制,此外还可能会涉及副翼等其他结构辅助襟翼增升等。主要的二级功能包括:襟翼的放下和收回功能(控制襟翼收放及角度,使机翼在低速时产生更多升力);襟翼位置指示功能(提供襟翼位置指示);起飞襟翼构型告警功能(提供起飞襟翼构型告警);

副翼辅助襟翼增升功能(在襟翼放下时控制副翼放下辅助襟翼增加升力)。

(2)扰流板控制功能。扰流板控制功能是通过对扰流板及其他舵面的控制,以辅助飞机在必要时减速的一项功能。主要的二级功能包括:扰流板的开启和关闭功能(控制扰流板的开闭,在需要时辅助飞机减速);扰流板状态指示及告警功能(提供扰流板位置指示,扰流板超速开启告警)。

3)自动驾驶功能

自动驾驶功能是指飞机在运行过程中通过自动或半自动驾驶的手段,辅助飞行机组驾驶飞机,同时提高对飞机飞行控制的操作精度。主要的二级功能包括:自动驾驶功能接通与断开功能(控制自动驾驶仪器接通与断开,在需要时对飞机实施自动控制);姿态保持功能(提供自动控制飞机保持俯仰、滚转姿态功能);航向保持功能(提供自动控制飞机保持航向功能);航向选择功能(提供自动控制飞机航向控制功能);侧滑限制功能(提供自动控制飞机侧滑限制功能);高度保持功能(提供自动控制飞机保持高度功能);速度保持功能(提供自动控制飞机保持速度功能);自动导航功能(提供自动控制飞机跟随导航设备控制飞行路线功能);自动进场功能(提供自动控制飞机使用盲降助降系统进近功能);自动着陆功能(提供自动控制飞机使用盲降助降系统着陆功能)。

1.3　操纵品质关键技术发展现状

1.3.1　飞行包线保护技术

飞行包线是以飞行速度、高度和过载等参数为坐标,以不同飞行限制条件为边界画出的封闭几何图形,在此范围内飞机的飞行是安全的[5]。飞行包线是飞机操纵品质评估的重要要素之一,受飞机性能、发动机性能、结构故障、系统故障、环境条件等因素影响。运输类飞机适航条款规定,飞行控制系统必须具备自动飞行包线保护功能,以避免飞机运行时超出可接受的裕度而威胁飞行安全。自动飞行包线保护主要包括速度保护(迎角限制保护、欠速保护、过速保护)、姿态限制(俯仰角限制、滚转角限制)、姿态角速率限制(角速率限制、过载限制、载荷因子限制)等。

在国外,美国国家航空航天局(National Aeronautics and Space Administration, NASA)、波音公司、美国伊利诺伊大学、美国西弗吉尼亚大学、英国德蒙福特大学等机构,在多因素对飞行包线的影响机理、飞行包线估算模型、飞行包线保护方法等方面开展了一系列的研究工作。NASA研究了空气动力学性能退化识别方法和退化对动态飞行包线影响的评估方法,确定了由空气动力学退化导致的操作限制,开发了一种用于空气动力学性能退化检测的飞行包线估计系统[6];研究了系统状态实时识别和健康评估技术,提出了基于可达性的飞行包线估计和基于神经网络的自适应包线保护方法[7];基于非线性模型的时域仿真,计算并验证了飞行包线的线性可达集合[8];提出了发动机故障后的安全飞行包线智能估计方法,基于可重构容错控制技术,构建了可实时识别的系统动态模型来适应飞行制动器故障[9]。美国波音公司结合系统建模手段,通过传感器实现了飞机结构异常的在线测量,将该信息与飞机模型组合以预测结构受损飞机的可允许负载限制,并将该数据构造成机动限制飞行包线,这将限制关键结构载荷保持在安全允许边界内[10]。美国伊利诺伊大学对机翼、襟翼、机身等结构单独建模,以大角度控制舵面偏转来预测翼型截面数据,使用±180°高角度数据模拟全飞行包线的机动特性,为解决空气动力学和飞行动力学中的挑战性问题提供了解决方案[11]。美国西弗吉尼亚大学基于非线性动态反演和人工神经网络增强的模型,跟随自适应飞行控制律开发和飞行模拟过程,测试了超声速战斗机模型,以评估飞机不同子系统故障或损坏的情况,包括对故障严重程度的估计和对可实现状态的预测,从而全面评估了故障对飞行包线的影响[12]。英国德蒙福特大学分析了飞机在稳定飞行条件下的性能和机动能力,并针对三种不同的飞行器模型,在其机动飞行包线内重建了可达到的平衡状态,全面且一致地表示了其局部稳定性图[13]。

在国内,西安飞机设计研究所、沈阳飞机工业(集团)有限公司、北京航空航天大学、西北工业大学、空军工程大学、南京航空航天大学等单位,在飞行包线区域划分方法、飞行包线估算方法、全飞行包线下的飞机性能设计方法、飞行包线保护方法、飞行包线对飞行安全的影响机理等方面开展了一系列的研究工作。西安飞机设计研究所针对速度、高度对飞机气动特性和耗油率的影响,研究了全飞行包线内飞机的升阻比与耗油率比值、升阻比等参数特性,划分出了喷气式飞机最佳巡逻方式的高度和速度[14]。沈阳飞机工业(集团)有限公司从飞行包线的定义和影响因素等方面入手,详细分析了军用飞机的飞机构型、飞行参数、发动机使用限制、大气状况等因素对飞行包线的限制和影响[15]。北京航空航天大学基于无人机的遥测气动参数,利用线性系统理论结合可达集理论,提出了一种综合性的计算飞行包线极限飞行参数的方法,求解了无人机的飞行包线[16]。西北工业大学根据机翼故障状态下的气动参数,估算了该状况下的飞行包线,建立了离散飞行包线数据库,可利用该数据库对飞行包线进行修正[17]。空军工程大学根据矩阵扰动分析理论,计算了发动机模型状态矩阵特征值,划分了航空发动机的飞行包线区域[18]。南京航空航天大学针对各种复杂的操作限制对现代直升机飞行包线的影响,设计了基于自适应神经网络的自适应包线保护系统,使用单隐层神经网络对静态神经网络预测值与实际飞行响应之间的误差进行修正,并进行了飞行仿真试验验证[19];以中央燃油箱为对象,研究了全飞行包线下新型耗氧催化惰化系统的性能变化规律,分析了催化效率等关键参数对其性能的影响机理[20]。

综上所述,国内外研究重点在飞机全飞行包线的飞行动力学建模上,即在±180°数据范围内分析飞机性能特征的变化规律,并以此为基础,研究关键设计参数、内部故障、外部条件等因素对飞行包线的影响机制,探究飞行包线对飞行安全的影响机理,突破自适应飞行包线保护、飞行包线极限飞行参数解算等关键技术。

1.3.2　多状态故障分析理论

不同于只有"失效"和"正常"两种状态的常见单元,组成飞机系统结构的单元中很多元件具有多种故障状态,如阀门开关的状态就有"正常""部分卡阻"和"完全失效"等状态。飞机系统由多个具有多状态的单元组成,在不同单元的不同状态组合下,系统状态如何确定、状态概率如何计算成为操纵品质评估需解决的新问题。

在国外,NASA、美国北达科他州立大学、法国洛林大学、意大利米兰理工大学、以色列电力公司等机构,针对多状态系统的可靠性评估等问题开展了研究。NASA针对系统多状态和不交的特点,提出了计算复杂模型不可靠度的新算法,可生成反应系统未发生故障的割集,该算法具有快速、精确、易集成等优势[21]。美国北达科他州立大学针对由随机关联部件组成的复杂系统维修优化问题,考虑系统部件从功能完备状态到完全故障状态的退化过程,捕捉系统部件之间的双向交互,通过蒙特卡罗模拟计算预测系统可靠性[22]。法国洛林大学针对利用历史数据优化多部件系统的维修策略问题,提出了基于人工神经网络的系统级维修成本预测方法,并利用多智能体深度强化学习算法优化了可用于大规模系统的维修决策方法[23]。意大利米兰理工大学针对多状态的生产和运输系统,基于蒙特卡罗模拟技术,考虑系统整体状态依赖性的影响,提出了多状态部件复杂动力学建模方法[24];针对由多状态元素构成的多状态系统的度量问题,基于蒙特卡罗估计方法,分析了并行部件之间的负载共享性和操作依赖性,在多状态元素性能水平的限制下,有效评估了多状态系统的输出性能[25]。以色列电力公司基于组合随机过程,将经典的可靠性框图方法扩展到可修复的多状态系统,大大减少了多状态模型中的状态数,使其更加适用于解决电力工程的实际应用问题[26];针对多状态系统的"维数灾难"问题,提出了一种考虑冗余的可修多状态系统可靠性评估方法,可准确预测多状态系统的短期和长期性能[27]。

在国内,国防科技大学、东北大学、北京航空航天大学、南京航空航天大学等单位,针对复杂多态系统的可靠性理论建模、分析计算等难题开展了研究。国防科技大学对典型多态关联系统的逻辑结构进行了定义,并分析了虚拟雷达系统组成结构单元的状态,解出了雷达系统的状态概率[28];改进了传统的可靠性框图,提出了根据多状态系统的状态表生成故障树的方法[29];提出了将多态故障树转化成贝叶斯网络的分析方法,将多态故障树映射到贝叶斯网络中,对多态元件组成的二态系统进行可靠性分析,其建模分析能力要强于故障树定量分析[30]。东北大学基于贝叶斯网络建模方法,通过概率分布表描述了各单元状态并进行了求解,有效简化了传统故障树的计算过程[31]。北京航空航天大学针对复杂系统可靠性分析中故障多态、故障机理不明确、底事件失效率难以精确得知等问题,提出了由一系列具有if-then规则的 T-S 逻辑门构成的故障树分析方法[32];针对具有多类不确定性信息的多态系统,提出了一种基于证据通用生成函数理论的多状态系统可靠性分析方法,能够充分利用区间信息和认知信息[33]。南京航空航天大学基于多元离散函数理论,对系统状态结构函数进行了描述,分析了单调多联系统的结构函数,并针对航空发动机系统考察其可靠状态类及其边界条件,计算了系统各种状态下的最大负效用,简化了计算量、减少了计算的复杂度[34];针对多态系统可靠性分析时,部件和系统的故障状态难以准确界定、故障逻辑关系难以精确测度等问题,基于模糊数学和灰色系统理论,构建了一种广义灰色贝叶斯网络模型,为不确定条件下的多态系统可靠性分析提供了完整的解决方案[35]。

综上所述,在多状态系统的故障分析中,传统概率风险分析方法的基础是事件树和故障树,二者在逻辑上将低层次事件与高层次事件联系在一起,初始事件和系统故障的相关概率模型包含一个或多个参数,参数值存在不确定性。而运用贝叶斯网络等方法进行分析时,可以避免与频率估计相关的问题,在参数估计时能够处理定性信息。因此,在进行多状态系统故障分析时,必须尽可能有效地使用已知数据或信息,给出有代表性的不确定性特征,从而估计参数及其关联的不确定性。

1.3.3 模拟器飞行试验技术

模拟器飞行试验是局方认可的适航符合性方法之一(代码:MOC8),该方法通过在工程模拟器上进行适当的模拟试验,以验证有关设计对于相应适航要求的符合性。通过模拟器飞行试验,在工程模拟器上进行人在环的实时评估,开展飞行控制系统故障条件下的操纵品质评定、最小机组工作量演示、最小飞行重量验证、飞行手册使用程序评估,以及其他一些难以在试飞中实现的场景试验。

在国外,NASA、德国航空航天研究试验院(原西德宇航研究院)、英国思克莱德大学、意大利都灵理工大学等机构,基于模拟器飞行试验开展了飞机气动性能建模、操纵品质评估、飞行控制系统设计、机体结构健康监测等研究工作。NASA 基于 F-15B 战斗机模拟数据、飞行测试数据和飞行操作数据,提出了飞机动态模型的实时识别方法,研究了建模结果的信息内容、收敛速度等数据信息管理技术,使用时域中的输出误差方法估计了参数标准误差,并将预测情况与飞行分析结果相比较,以验证所识别飞机动态模型的准确性[36]。德国航空航天研究试验院从试验准备、任务条件、座舱界面、反馈信息、飞机状态、飞机环境以及飞行科目、飞行员评价等方面,研究了操纵品质评估试验中需重点关注的因素[37]。英国思克莱德大学基于飞机飞行控制系统的设计过程,提出了整机及其系统的非线性和线性动力学建模方法,并使用非线性逆动力学控制器设计方法分析了整机的可控性[38]。传统的飞机结构监测方法以机翼左右表面差分位置检测为基础,在可信度方面存在一定缺陷,为此,意大利米灵理工大学提出了一种新的飞机结构监测策略,评估了转矩管失效对最大不对称性的影响,在展开/收回襟翼等典型操作场景中,有效地降低了不对称性的量级[39]。

在国内,上海飞机设计研究院、南京航空航天大学、北京航空航天大学、西北工业大学、空军工程大学、中国民用航空飞行学院等单位,基于模拟器飞行试验开展了操纵品质规范、操纵品质仿真、操纵品质评估等研究工作。上海飞机设计研究院通过研究飞机的操纵品质规范,分析了标准的主要内容,通过对新增条款的分析提出飞机设计型号研制的补充验证工作[40,41]。南京航空航天大学针对现有军用飞机飞行品质规范,采用动态逆方法设计了过失速机动控制律,基于大迎角标准机动任务,提出了适合于大迎角的飞行品质评估方法[42]。北京航空航天大学提出了"时间裕度"的概念来表征飞行操纵风险的可控性,建立了风险概念模型,风险可控性特征变量包括事故概率和事故严重程度,并以着陆过程为分析案例,验证了着陆事故概率和严重程度与时间裕度的负相关关系[43]。西北工业大学基于线性二次高斯/环路传递恢复(linear quadratic Gaussian/loop transfer recovery, LQG/LTR)理论,设计了飞机纵向控制增稳系统,选用了迎角和俯仰角速率的组合作为增稳反馈信号,评估了该系统对增稳效果、鲁棒性、抗干扰能力和操纵品质的仿真效果[44];针对飞机操纵面故障进行了建模,使用带遗忘因子的加权递推最小二乘法,对气动参数进行了辨识,并根据辨识参数计算了平飞速度和升限,从而得到了飞行包线[45]。空军工程大学提出了基于层次分析法和优劣解距离法(technique for order preference by similarity to ideal solution, TOPSIS)相结合的评价方法,构建了综合优选排序模型,根据判断矩阵的一致性检验确定了模型合理性,并利用此模型对起飞阶段的操纵品质进行了评估[46]。中国民用航空飞行学院对飞机横滚转轴、航向轴的评价指标进行了分析,对比了最小二乘法、极大似然法、遗传算法、粒子群算法等方法的计算效果[47]。

综上所述,模拟器飞行试验技术广泛应用于飞机结构、气动、控制、安全、人因等学科领域。其中,基于工程模拟器可开展与操纵品质相关的评估试验,主要包括:控制律与飞行品质评估试验、飞行控制系统需求确认和验证试验、系统安全性评估支持性试验、驾驶舱人在环评估试验等,模拟器飞行试验技术为操纵品质评估提供了重要的解决途径。

1.3.4 操纵品质评估方法

FAA 在咨询通告 AC 25－7D 中,基于 Cooper-Harper 方法和美军标操纵品质评价方法,将飞机最小可接受的操纵品质与飞行包线概率(X_e)、大气扰动等级概率(X_a)以及特定飞行操纵故障概率(X_c)相关联[3]。早在 20 世纪 60 年代,NASA 就提出了适用于飞机操纵品质评估的 Cooper-Harper 主观量表方法[48],确定了操纵品质评估的专业术语和定义,目前国际上普遍接受并持续使用着 Cooper-Harper 量表。NASA 还根据试验评价和任务性能数据定义了飞机的操纵品质,为操纵品质仿真和飞行试验评估的总体设计、执行、开发等方面提供了实践经验[49]。20 世纪 80 年代,Cooper 和 Harper 进一步从试验执行和评价标准等方面,建立了飞行品质评估的流程和方法[50]。波兰热舒夫技术大学建立了描述飞行员努力程度和负荷水平的参数模型,对不同飞行控制算法进行了评级和比较[51]。

21 世纪以来,国内在军用飞机和民用飞机的操纵品质评估方法领域开展了大量的研究工作,中国飞行试验研究院、航空工业综合技术研究所、上海飞机设计研究院、上海航空器适航审定中心等科研院所和民航当局,对有人机和无人机的操纵品质评估准则、评估程度、适航取证方法等进行了研究。中国飞行试验研究院针对无人机的静稳定性和时间延迟等特性,分析了操纵期望参数(control anticipation parameter, CAP)准则、Neal-Smith 准则、Gibson 准则、带宽准则等的适用性,建立了无人机操纵品质的评估准则[52];基于 HQRM 方法研究了在副翼卡阻状态下的操纵品质评定试验任务,并结合规章标准要求提出了典型机动的操纵要求评定准则[53]。航空工业综合技术研究所对比分析了 HQRM 和军用飞机标准的一致性和差异性,提出了单侧升降舵卡阻失效状态下的模拟飞行评估试验程序[54]。上海飞机设计研究院从适航取证的角度出发,构建了 HQRM 数字虚拟仿真验证模型,验证了操纵面急偏、卡阻等故障下的三轴操纵特性,并提出了利用不同故障概率确定适航取证方案的方法[55]。上海航空器适航审定中心针对 HQRM 评估过程,提出了失效清单的确定要求和飞行评估试验设计流程[56]。

此外,北京航空航天大学、西北工业大学、空军航空大学、空军工程大学、中国民用航空飞行学院等高等院校,在操纵品质评估的虚拟验证方法、指标量化方法、评定准则、决策模型、系统工具等方面取得了研究成果。北京航空航天大学提出了基于 HQRM 的数字虚拟飞行试验评估方法,并将该方法应用于典型 EFCS 失效场景进行分析,可快速推导有关适航性的初步结论[57];分析了重新配置和激活飞行控制律对操纵品质的影响机理,通过操纵品质评估,梳理出了受飞行控制律降级影响最大的机动模式[58];针对运输类飞机适航规章(CCAR 25 部),提出了将有关操纵品质的定性指标转化为定量指标的评估方法,可作为操纵品质评估的辅助手段[59];从主观和客观两个方面,评估了不同电传飞机的操纵品质,构建了大迎角飞机的操纵品质评定准则[60]。西北工业大学从军用战斗机的飞行数据出发,构建了操纵品质评估的专家系统,可有效识别飞机的飞行状态和机动动作[61]。空军航空大学分析了操纵品质评估对数据的要求,采用序关系分析法确定了各评估指标的权重,解决了模糊评价法等级评定的烦琐性问题[62]。空军工程大学利用极值分布理论,提出了评估飞行风险小概率事件的基本步骤,针对飞行控制系统的典型故障评估了飞行安全性,验证了极值理论在评估飞行安全小概率事件的可行性[63];针对空地导弹攻击目标过程中的飞行员能力,从飞行员自身素质、基本飞行能力、人在回路影响因素等方面,构建了飞行员能力评估指标体系,利用基于区间的多属性决策方法对飞行员进行了综合评估,解决了人的主观偏差对评估结果的影响[64];针对飞行员驾驶技术的评价,提出了基于反向传播(back propagation,BP)神经网络的评估方法,解决了飞行员驾驶技术评估的复杂性和主观性问题,发现飞行员评价等级结果与生理参数特征、飞行数据特征等存在关联[65]。中国民用航空飞行学院以飞行员生理信号和飞行操作参数为输入,提出了基于 BP 神经网络的飞行训练品质评估方法,评估结果可反映飞行员的实际训练绩效[66]。

综上所述,目前国内外关于操纵品质评估方法的研究缺乏系统性和整体性,未形成涵盖适航要求、失效状态、失效场景、故障模式、评估准则、评估方法、评估模型、评估流程等关键要素在内的运输类飞机操纵品质评估体系。现有针对飞行员训练和军用飞机性能验证的操纵品质评估方法,是否能够满足运输类飞机操纵品质评估与适航验证的需求尚未得到证实,在理论方法研究、适航验证与审定层面还存在空白。

第2章

运输类飞机操纵品质适航要求

2.1 引言

在国际上现有的运输类飞机适航要求体系中,适航条款和符合性方法是其重要的组成部分。欧盟航空安全局(European Union Aviation Safety Agency, EASA)发布的适航条款和符合性方法分别称为审定细则(Certification Specification, CS)、可接受的符合性方法(Acceptable Means of Compliance, AMC),FAA发布的适航条款和符合性方法分别称为联邦航空规章(Federal Aviation Regulation, FAR)、咨询通告(Advisory Circular, AC),中国民用航空局(Civil Aviation Administration of China, CAAC)发布的适航条款和符合性方法分别称为中国民用航空规章(China Civil Aviation Regulation, CCAR)、咨询通告(AC)。目前在审定EFCS飞机时,CAAC接受申请人采用FAA咨询通告AC 25-7D中的HQRM方法,同时制定了专用条件以替换CCAR 25.672(C)条款的要求。尽管AC 25-7D提供了HQRM方法,但没有在实际操作层面对适航符合性验证和审定提供具体指导要求。由于国内对EFCS飞机的适航审定工作刚刚起步,经验相对缺乏,这些问题成为困扰申请人和局方工作的难题。本章通过解读EASA、FAA、CAAC发布的运输类飞机操纵品质相关适航条款和符合性方法,为操纵品质评估与适航验证提供顶层要求。

2.2 操纵品质相关适航条款

EASA、FAA、CAAC发布的与运输类飞机操纵品质相关的适航条款如表2.1所示,主要涵盖了CS/FAR/CCAR 25的B分部(飞行)、C分部(结构)、D分部(设计与构造)、F分部(设备)和G分部(使用限制和资料)中64项条款。

表 2.1　CS/FAR/CCAR 25 与操纵品质相关适航条款

序号	CS/FAR/CCAR 25			条 款 名 称
	分 部	主 题	条款号	
1	B 分部 飞行	总则	25.21	证明符合性的若干规定
2		操纵性和机动性	25.143	操纵性和机动性　总则
3			25.145	纵向操纵
4			25.147	航向和横向操纵
5			25.149	最小操纵速度
6		配平	25.161	配平
7		稳定性	25.171	稳定性　总则
8			25.173	纵向静稳定性
9			25.175	纵向静稳定性的演示
10			25.177	横向和航向静稳定性
11			25.181	动稳定性
12		失速	25.201	失速演示
13			25.203	失速特性
14			25.207	失速警告
15		地面和水面操纵特性	25.231	纵向静稳定性和操纵性
16			25.233	航向静稳定性和操纵性
17			25.235	滑行条件
18			25.237	风速
19			25.239 *	水面喷溅特性、操纵性和稳定性
20		其它 ** 飞行要求	25.251	振动和抖振

＊　CS 无 25.239。

＊＊　《运输类飞机适航标准》(CCAR‐25‐R4)中用的是"其它"一词。

序号	CS/FAR/CCAR 25			条 款 名 称
	分　部	主　题	条款号	
21	B 分部 飞行	其它飞行要求	25.253	高速特性
22			25.255	失配平特性
23	C 分部 结构	飞行机动和突风 情况	25.331	对称机动情况
24			25.333	飞行机动包线
25			25.335	设计空速
26		操纵系统载荷和 操纵面	25.391	操纵面载荷：总则
27			25.393	平行于铰链线的载荷
28			25.395	操纵系统
29			25.397	操纵系统载荷
30			25.399	双操纵系统
31			25.405	次操纵系统
32			25.407	配平调整片的影响
33			25.409	调整片
34			25.415	地面突风情况
35			25.427	非对称载荷
36			25.445	辅助气动力面
37			25.457	襟翼
38			25.459	特殊装置
39		疲劳评定	25.571	结构的损伤容限和疲劳评定
40	D 分部 设计与构造	总则	25.629	气动弹性稳定性要求
41		操纵系统	25.671	操纵系统 总则
42			25.672	增稳系统及自动和带动力的操纵系统

序号	CS/FAR/CCAR 25			条　款　名　称
	分部	主题	条款号	
43	D 分部 设计与构造	操纵系统	25.675	止动器
44			25.677	配平系统
45			25.679	操纵系统突风锁
46			25.681	限制载荷静力试验
47			25.683	操作试验
48			25.685	操纵系统的细节设计
49			25.689	钢索系统
50			25.693	关节接头
51			25.697	升力和阻力装置及其操纵器件
52			25.699	升力和阻力装置指示器
53			25.701	襟翼与缝翼的交连
54			25.703	起飞警告系统
55			25.777	驾驶舱操纵器件
56			25.779	驾驶舱操纵器件的动作和效果
57	F 分部 设备	安全设备	25.1419	防冰
58		其他设备	25.1435	液压系统
59	G 分部 使用限制 和资料	总则	25.1501	使用限制和资料　总则
60		使用限制	25.1503	空速限制：总则
61			25.1505	最大使用限制速度
62			25.1507	机动速度
63			25.1511	襟翼展态速度
64			25.1513	最小操纵速度

2.2.1 飞行分部适航条款

从纵向操纵、航向和横向操纵、最小操纵速度、配平、稳定性总则、纵向静稳定性、纵向静稳定性的演示、横向和航向静稳定性、动稳定性、失速演示、失速特性、失速警告、纵向静稳定性和操纵性、航向静稳定性和操纵性、滑行条件、风速、水面喷溅特性、操纵性和稳定性、振动和抖振、高速特性、失配平特性等方面展开飞行相关条款分析。

EASA、FAA、CAAC 发布的与运输类飞机操纵品质-飞行相关的适航条款如表 2.2 所示。

表 2.2 CS/FAR/CCAR 25 与操纵品质-飞行相关适航条款

部　门	条　款　及　主　题
EASA	CS 25.21 Proof of compliance CS 25.143 General CS 25.145 Longitudinal control CS 25.147 Directional and lateral control CS 25.149 Minimum control speed CS 25.161 Trim CS 25.171 General CS 25.173 Static longitudinal stability CS 25.175 Demonstration of static longitudinal stability CS 25.177 Static directional and lateral stability CS 25.181 Dynamic stability CS 25.201 Stall demonstration CS 25.203 Stall characteristics CS 25.207 Stall warning CS 25.231 Longitudinal stability and control CS 25.233 Directional stability and control CS 25.235 Taxying condition CS 25.237 Wind velocities CS 25.251 Vibration and buffeting CS 25.253 High-speed characteristics CS 25.255 Out-of-trim characteristics
FAA	FAR 25.21 Proof of compliance FAR 25.143 General FAR 25.145 Longitudinal control FAR 25.147 Directional and lateral control FAR 25.149 Minimum control speed FAR 25.161 Trim

部　门	条　款　及　主　题
FAA	FAR 25.171 General FAR 25.173 Static longitudinal stability FAR 25.175 Demonstration of static longitudinal stability FAR 25.177 Static lateral-directional stability FAR 25.181 Dynamic stability FAR 25.201 Stall demonstration FAR 25.203 Stall characteristics FAR 25.207 Stall warning FAR 25.231 Longitudinal stability and control FAR 25.233 Directional stability and control FAR 25.235 Taxiing condition FAR 25.237 Wind velocities FAR 25.239 Spray characteristics, control, and stability on water FAR 25.251 Vibration and buffeting FAR 25.253 High-speed characteristics FAR 25.255 Out-of-trim characteristics
CAAC	CCAR 25.21 证明符合性的若干规定 CCAR 25.143 操纵性和机动性　总则 CCAR 25.145 纵向操纵 CCAR 25.147 航向和横向操纵 CCAR 25.149 最小操纵速度 CCAR 25.161 配平 CCAR 25.171 稳定性　总则 CCAR 25.173 纵向静稳定性 CCAR 25.175 纵向静稳定性的演示 CCAR 25.177 横向和航向静稳定性 CCAR 25.181 动稳定性 CCAR 25.201 失速演示 CCAR 25.203 失速特性 CCAR 25.207 失速警告 CCAR 25.231 纵向静稳定性和操纵性 CCAR 25.233 航向静稳定性和操纵性 CCAR 25.235 滑行条件 CCAR 25.237 风速 CCAR 25.239 水面喷溅特性、操纵性和稳定性 CCAR 25.251 振动和抖振 CCAR 25.253 高速特性 CCAR 25.255 失配平特性

2.2.2 结构分部适航条款

从对称机动情况、飞行机动包线、设计空速、操纵面载荷：总则、平行于铰链线的载荷、操纵系统、操纵系统载荷、双操纵系统、次操纵系统、配平调整片的影响、调整片、地面突风情况、非对称载荷、辅助气动力面、襟翼、特殊装置、结构的损伤容限和疲劳评定等方面展开结构相关条款分析。

EASA、FAA、CAAC 发布的与运输类飞机操纵品质-结构相关的适航条款如表 2.3 所示。

表 2.3　CS/FAR/CCAR 25 与操纵品质-结构相关适航条款

部　门	条　款　及　主　题
EASA	CS 25.331 Symmetric maneuvering conditions CS 25.333 Flight maneuvering envelope CS 25.335 Design airspeeds CS 25.391 Control surface loads：general CS 25.393 Loads parallel to hinge line CS 25.395 Control system CS 25.397 Control system loads CS 25.399 Dual control system CS 25.405 Secondary control system CS 25.407 Trim tab effects CS 25.409 Tabs CS 25.415 Ground gust conditions CS 25.427 Unsymmetrical loads CS 25.445 Outboard fins CS 25.457 Wing-flaps CS 25.459 Special devices CS 25.571 Damage tolerance and fatigue evaluation of structure
FAA	FAR 25.331 Symmetric maneuvering conditions FAR 25.333 Flight maneuvering envelope FAR 25.335 Design airspeeds FAR 25.391 Control surface loads：general FAR 25.393 Loads parallel to hinge line FAR 25.395 Control system FAR 25.397 Control system loads FAR 25.399 Dual control system FAR 25.405 Secondary control system FAR 25.407 Trim tab effects

部　门	条　款　及　主　题
FAA	FAR 25.409 Tabs FAR 25.415 Ground gust conditions FAR 25.427 Unsymmetrical loads FAR 25.445 Auxiliary aerodynamic surfaces FAR 25.457 Wing flaps FAR 25.459 Special devices FAR 25.571 Damage-tolerance and fatigue evaluation of structure
CAAC	CCAR 25.331 对称机动情况 CCAR 25.333 飞行机动包线 CCAR 25.335 设计空速 CCAR 25.391 操纵面载荷：总则 CCAR 25.393 平行于铰链线的载荷 CCAR 25.395 操纵系统 CCAR 25.397 操纵系统载荷 CCAR 25.399 双操纵系统 CCAR 25.405 次操纵系统 CCAR 25.407 配平调整片的影响 CCAR 25.409 调整片 CCAR 25.415 地面突风情况 CCAR 25.427 非对称载荷 CCAR 25.445 辅助气动力面 CCAR 25.457 襟翼 CCAR 25.459 特殊装置 CCAR 25.571 结构的损伤容限和疲劳评定

2.2.3　设计与构造分部适航条款

从气动弹性稳定性要求、操纵系统-总则、增稳系统及自动和带动力的操纵系统、止动器、配平系统、操纵系统突风锁、限制载荷静力试验、操作试验、操纵系统的细节设计、钢索系统、关节接头、升力和阻力装置及其操纵器件、升力和阻力装置指示器、襟翼与缝翼的交连、起飞警告系统、驾驶舱操纵器件、驾驶舱操纵器件的动作和效果等方面展开设计与构造相关条款分析。

EASA、FAA、CAAC 发布的与运输类飞机操纵品质-设计与构造相关的适航条款如表 2.4 所示。

表 2.4 CS/FAR/CCAR 25 与操纵品质-设计与构造相关适航条款

部 门	条 款 及 主 题
EASA	CS 25.629 Aeroelastic stability requirements CS 25.671 General CS 25.672 Stability augmentation and automatic and power-operated systems CS 25.675 Stops CS 25.677 Trim systems CS 25.679 Control system gust locks CS 25.681 Limit load static tests CS 25.683 Operation tests CS 25.685 Control system details CS 25.689 Cable systems CS 25.693 Joints CS 25.697 Lift and drag devices, controls CS 25.699 Lift and drag device indicator CS 25.701 Flap and slat interconnection CS 25.703 Take-off warning system CS 25.777 Cockpit controls CS 25.779 Motion and effect of cockpit controls
FAA	FAR 25.629 Aeroelastic stability requirements FAR 25.671 General FAR 25.672 Stability augmentation and automatic and power-operated systems FAR 25.675 Stops FAR 25.677 Trim systems FAR 25.679 Control system gust locks FAR 25.681 Limit load static tests FAR 25.683 Operation tests FAR 25.685 Control system details FAR 25.689 Cable systems FAR 25.693 Joints FAR 25.697 Lift and drag devices, controls FAR 25.699 Lift and drag device indicator FAR 25.701 Flap and slat interconnection FAR 25.703 Takeoff warning system FAR 25.777 Cockpit controls FAR 25.779 Motion and effect of cockpit controls
CAAC	CCAR 25.629 气动弹性稳定性要求 CCAR 25.671 操纵系统 总则 CCAR 25.672 增稳系统及自动和带动力的操纵系统 CCAR 25.675 止动器

部 门	条 款 及 主 题
CAAC	CCAR 25.677 配平系统 CCAR 25.679 操纵系统突风锁 CCAR 25.681 限制载荷静力试验 CCAR 25.683 操作试验 CCAR 25.685 操纵系统的细节设计 CCAR 25.689 钢索系统 CCAR 25.693 关节接头 CCAR 25.697 升力和阻力装置及其操纵器件 CCAR 25.699 升力和阻力装置指示器 CCAR 25.701 襟翼与缝翼的交连 CCAR 25.703 起飞警告系统 CCAR 25.777 驾驶舱操纵器件 CCAR 25.779 驾驶舱操纵器件的动作和效果

2.2.4 设备分部适航条款

从防冰和液压系统两方面展开对设备相关条款分析。

EASA、FAA、CAAC 发布的与运输类飞机操纵品质-设备相关的适航条款如表 2.5 所示。

表 2.5 CS/FAR/CCAR 25 与操纵品质-设备相关适航条款

部 门	条 款 及 主 题
EASA	CS 25.1419 Ice protection CS 25.1435 Hydraulic systems
FAA	FAR 25.1419 Ice protection FAR 25.1435 Hydraulic systems
CAAC	CCAR 25.1419 防冰 CCAR 25.1435 液压系统

2.2.5 使用限制和资料分部适航条款

从使用限制和资料-总则、空速限制:总则、最大使用限制速度、机动速度、襟翼展态速度、最小操纵速度等方面展开使用限制和资料相关条款研究。

EASA、FAA、CAAC 发布的与运输类飞机操纵品质-使用限制和资料相关的适航条款如表 2.6 所示。

表 2.6 CS/FAR/CCAR 25 与操纵品质-使用限制和资料相关适航条款

部　门	条　款　及　主　题
EASA	CS 25.1501 General CS 25.1503 Airspeed limitations：general CS 25.1505 Maximum operating limit speed CS 25.1507 Maneuvering speed CS 25.1511 Flap extended speed CS 25.1513 Minimum control speed
FAA	FAR 25.1501 General FAR 25.1503 Airspeed limitations：general FAR 25.1505 Maximum operating limit speed FAR 25.1507 Maneuvering speed FAR 25.1511 Flap extended speed FAR 25.1513 Minimum control speed
CAAC	CCAR 25.1501 使用限制和资料 总则 CCAR 25.1503 空速限制：总则 CCAR 25.1505 最大使用限制速度 CCAR 25.1507 机动速度 CCAR 25.1511 襟翼展态速度 CCAR 25.1513 最小操纵速度

2.3　操纵品质相关符合性方法

由于 EFCS 采用控制律来增强飞机的初始操纵品质,运输类飞机适航条款中的很多稳定性和操纵性要求,已无法为配置了该系统的飞机提供足够的、合适的安全标准。与操纵品质相关的适航符合性方法,主要包含在咨询通告 AC 25-7D 附录 E"FAA handling qualities rating method"中。HQRM 基于 EFCS 的设计特征和局限性,考虑了大气条件、飞行包线条件、飞行任务、特定故障条件概率等因素,提供了一种系统的方法来确定最低操纵品质要求。除非特殊规定,HQRM 不替代或超出 25.1301 和 25.1309 条款对机载系统和设备的要求,以及 25.671 和 25.672 条款对操纵系统的要求。

2.3.1　HQRM 相关条款

基于 Cooper-Harper 方法和美军标操纵品质的主观评价方法,FAA 制定了 HQRM 方法,并于 1998 年 3 月 31 日以咨询通告 AC 25－7A 附录 7 的形式发布。截至目前,该方法已修订为 AC 25－7D 附录 E(2018 年 4 月 5 日发布)。

1. AC 25－7D 中有关 HQRM 的要求

1) FAR 25.143 d(6)(a)

使用 HQRM 方法对飞行员诱发震荡(pilot-induced oscillation, PIO)的敏感性进行评估,试验任务应专注于任何可能存在的 PIO 倾向。表 2.7 对比了美军标 MIL－STD－1797A 和 FAA HQRM 方法不同的 PIO 评分等级。

表 2.7　FAA HQRM 的 PIO 评分标准及其与 MIL－STD－1797A 的对比

FAA HQRM 评分等级	PIO 特性描述	MIL－STD－1797A PIO 评分等级
SAT	飞行员无诱发不良操纵动作的倾向	1
	当飞行员突然机动操纵或试图进行紧急控制时,飞机往往会发生不良运动,这些运动可以通过飞行员的技术来防止或消除(不超过最小飞行员补偿)	2
ADQ	当飞行员突然机动操纵或试图进行紧急控制时,容易引起飞机不良运动(不可预测或过度控制),这些动作只能靠牺牲任务绩效,或通过相当多的注意力和努力,才能预防或消除(不超过大量的飞行员补偿)	3
CON	当飞行员突然机动操纵或试图进行紧急控制时,往往会诱发振荡,此时飞行员无法获得足够的绩效,只能通过降低增益才能恢复正常	4
UNSAT	当飞行员突然机动操纵或试图进行紧急控制时,往往会诱发扩散的振荡,飞行员必须通过释放或固定控制器来打开控制回路	5
	干扰或飞行员正常控制都可能诱发扩散的振荡,飞行员必须通过释放或固定控制器来打开控制回路	6

注: SAT. 满意的;ADQ. 足够的;CON. 可控的;UNSAT. 不满意的。

2) FAR 25.181 b(3)(c)

无论增稳系统(stability augmentation system,SAS)冗余如何,只要在批准的运行飞行包线内,在任何系统故障点,飞机都应当安全可控。因此,应该证明,在从运行的 SAS 转换到任何冗余的 SAS 期间,以及从正常运行范围内的任何地方转换到第 25.672(c)节的实际操作范围时,飞机仍是可控的。应该证明飞机的可控性符合 FAA HQRM 定义的以下级别:

(1) 在按 SAS 操纵运行的正常飞行包线中,操纵品质应符合 FAA HQRM 规定的"满意"(SAT)等级;

(2) 在 SAS 正常运行范围内发生故障时,按 FAA HQRM 规定,飞机应为"可控的"(CON),在达到速度和配置要求的短期暂停期间内,将符合下面的第(3)条;

(3) 在主 SAS 到冗余 SAS 的过渡期间,或从正常操作包线转换到实际操作范围时,操纵品质应为 HQRM 定义的"适当"(ADQ)等级;

(4) 在约束的、允许持续安全飞行和着陆的实际运行包线中,操纵品质应符合 HQRM 规定的"满意"(SAT)等级。

3) 附录 E 操纵品质等级评估方法

HQRM 是用于评估飞机操纵品质的、以飞行员任务为导向的方法。

(1) HQRM 使用发生概率和安全效应理念,将最小可接受的操纵品质与处于飞机特定的飞行包线概率(X_e)、遭遇特定等级大气扰动的概率(X_a),以及特定飞行操纵失效的概率(X_c)相关联。HQRM 的整体评定流程如图 2.1 所示。

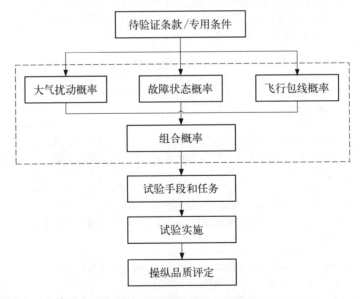

图 2.1　操纵品质评定流程

(2) 特定飞行条件下、特定飞行任务的操纵品质可用三个等级表示:满意的(SAT),足够的(ADQ)和可控的(CON)。FAA 对不同操纵品质等级的定义,以及其与 Cooper-Harper、美军标评分等级的对比,如表 2.8 所示。考虑特定飞行包线

（X_e）、大气扰动等级（X_a）、失效状态概率（X_c），采用该操纵品质等级评价方法，可确定某特定试验条件下的操纵品质是否可接受。

表 2.8　HQRM 操纵品质等级与常规操纵品质等级的对应关系

HQRM	FAA 的定义	C-H*	军用标准	
			等级	品质
满意的（SAT）	在飞行员常规努力和注意力条件下的完整性能标准	1~3	1	满意的
足够的（ADQ）	飞机足以继续安全飞行和着陆,满足全部或规定的降低后的性能,但是伴随有飞行员努力和注意力的增加	4~6	2	可接受的
可控的（CON）	飞机不足以继续安全飞行和着陆,但是可受控地返回到安全飞行状态、安全飞行包线,和/或能提供至少是足够操纵品质的构型	7~8	3	可控的

（3）HQRM 用于评估典型静态和动态操纵时飞机的操纵品质等级。任务示例如表 2.9 所示。对于每项任务,应当定义期望的任务绩效标准。从执行试验的角度来看,试验任务需定义故障状态、飞行包线的区域和/或大气条件。如果需要的话,也可同步使用 Cooper-Harper 操纵品质等级评估量表,以确定给定任务的 HQRM 评级。

表 2.9　评估飞机操纵品质的示例任务

A. 配平和无人值守

飞机的特点是停留在或偏离初始配平或非加速状态:
(1) 对脉冲输入的动态和稳态飞行路径响应(所有三轴);
(2) 对大气扰动的动态和稳态飞行路径响应;
(3) 盘旋稳定性(如在 40°倾斜角时释放控制)

B. 大幅度机动

通常是开环机动,飞行员尝试飞机路径、速度或姿态的重大变化,以评估飞机超出正常操作范围之外的安全能力。机动动作可以在正常飞行包线外开始,并进入飞行包线。这些试验大都是稳定性和操纵性适航验证试验的代表性任务

---

* C-H 指 Cooper-Harper 的评分等级。

B. 大幅度机动		
俯仰/纵向	(1) 收敛半径转弯或对称拉杆/推杆; (2) 以固定的 g、AOA 或 g 限制器减速转弯; (3) 失速或 AOA 限制器进近; (4) 推杆/拉杆配平速度	
滚转	快速倾斜滚转	
偏航	(1) 突然改变航向; (2) 连续航向侧滑	
操作	(1) 从俯仰/滚转的复杂状态中改出; (2) 紧急下降; (3) 爬升/俯冲转弯; (4) 起飞/着陆时脱离风切变的操纵; (5) 起飞/着陆时脱离风切变的操纵-复飞/低速时动力或推力的应用; (6) 达到接地或平飞高度时避免高下降率; (7) 为了防撞而滚转/拉起; (8) 起飞和着陆时在低速或强侧风下改平	
C. 闭环精准调节飞行路径		
一般来说,这些是严格规定边界的飞行员闭环控制任务,预期在日常商业航班中执行。这些控制任务几乎完全在正常飞行包线内,或在正常飞行包线边界之外不远处: (1) 在各种大气扰动和初始偏移下,按仪表着陆系统精确着陆; (2) 编队飞行		
在不同的大气扰动和驾驶舱显示状态下,对这些飞行过程进行速度/高度/航向追踪	(1) 起飞; (2) 爬升; (3) 巡航; (4) 下降; (5) (空中)等待; (6) 构型改变/动力或推力改变; (7) 在上述飞行状态之间转换	

(4) 表2.10 为确定在特定大气扰动水平、特定飞行控制失效状态和特定飞行包线情况下的事件发生概率提供了指导。此外,还描述了如何根据大气条件相互关系修改飞行包线概率的方法。

表 2.10　事件发生概率

A. 飞行包线

类　型	状　态	发生概率 (飞行包线边界处)
正常飞行包线	通常与常规实际操纵和给定构型有关(无论是在全发正常工作还是有一个发动机失效的情况下)	10^0
仍可操作的飞行包线	超出了正常飞行包线范围,通常是警告开始发出的状态	10^{-3}
极限飞行包线	大大超出飞行包线范围,通常与飞机设计极限或 EFCS 保护极限相关	10^{-5}

如何确定某个飞行包线适用的详细信息,请参阅此表和图 2.2、图 2.3。

可能需要考虑几个相关的飞行参数,以确定给定飞行条件下的某个飞行包线。对于更有影响力的飞行参数,如正常飞行路径的攻角、速度和载荷系数,飞行包线的选择可以由几个参数值中的一个确定。由于飞行包线覆盖了很多参数,飞行包线概率可能会根据预期的飞机行为和所分配的任务而略有不同

B. 大气扰动等级

等　级	定　义	发生概率 (飞行包线边界处)
轻微	大气扰动可引起飞机的姿态和高度发生瞬时的、轻微不稳定的变化,侧风风速小于 10 kn	10^0
中等	类似轻微扰动,但更加强烈,可引起飞机的高度和姿态改变,一般表现为飞机指示空速的变化,侧风风速小于 25 kn	10^{-3}
严重	其扰动可引起飞机的姿态和高度发生很大的、突然的偏离,通常引起较大的指示空速偏离,侧风风速显著地超过可以保证飞机最低起降安全的侧风值,侧风风速大于 25 kn	10^{-5}

C. 飞行控制系统失效状态

发生概率(飞行包线边界处)

正常操作：　10^0

可能故障：　$10^{-5} \sim 10^0$

低概率故障：$10^{-9} \sim 10^{-5}$

续　表

D. 改变与大气条件相互关系的飞行包线概率
上述事件发生概率值只在单独考虑时使用。飞机设计和预期操作存在明显的相互关系,在HQRM中解决此问题的方法是修改飞行包线概率值。例如,严重的风切变事件可能导致飞行包线的概率为 10^0,而不是如上所示的 10^{-3} 或 10^{-5}(分别对应于仍可操作的飞行包线或极限飞行包线),因为脱离风切变的操作程序将是拉向 AOA 极限。同样,由于阵风的影响,一架飞机可能会经历从 V_{MO} 巡航速度超速到偏离正常飞行包线范围,此时飞行包线概率将从 10^{-3} 变为 10^0。这种概率调整也适用于 EFCS 故障情况,例如,失去警告或降低飞机稳定性可能会导致偏离正常飞行包线,在这种情况下,飞行包线概率会适当增加

（5）飞行包线（包括飞机的飞行包线边界处）可定义为各种飞行参数的函数，三种不同的飞行包线即正常飞行包线（NFE）、仍可操作的飞行包线（OFE）和极限飞行包线（LFE）。襟翼收上和襟翼放下构型的飞行包线分别如图 2.2 和图 2.3 所示。

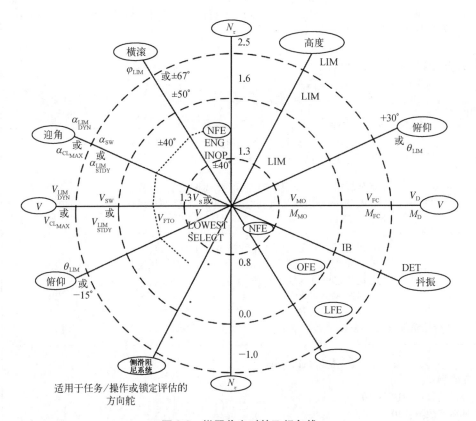

图 2.2　襟翼收上时的飞行包线

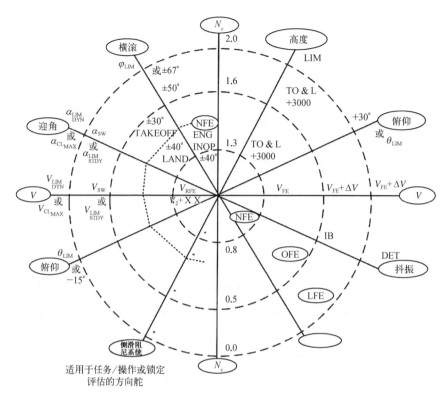

图 2.3　襟翼放下时的飞行包线

（6）表 2.11 给出了组合各种飞行状态参数概率以确定最小可接受操纵品质等级的方法，该方法如图 2.4 所示。

表 2.11　确定最小可接受操纵品质等级的组合方法

A. 分析故障/确定飞行操纵失效概率（X_c）
（1）预估故障概率值/检查故障间的相互依赖性； （2）设备在最低设备清单（MEL）下无法签派； （3）服务困难记录（持续适航）
B. 确定飞行状态下的飞行包线概率（X_e）和大气扰动概率（X_a）
C. 如果飞行包线概率与大气状态相关联，则修改飞行包线概率
D. 重复识别所有 $X_c \cdot X_a \cdot X_e \geqslant 10^{-9}$ 的情况
E. 确定飞行状态（$X_c \cdot X_e$）
（1）可能飞行状态：　　$10^{-5} < (X_c \cdot X_e) < 0$； （2）不可能飞行状态：　$10^{-9} < (X_c \cdot X_e) < 10^{-5}$

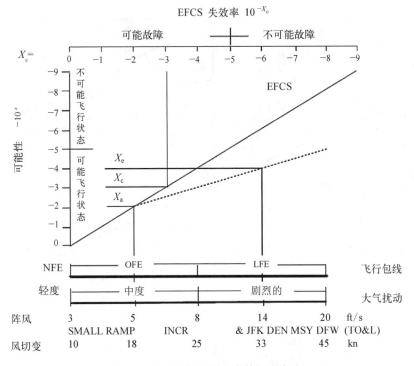

图 2.4 确定操纵品质要求的概率方法

(7) 表 2.12 列举了在给定的飞行条件下确定最小可接受操纵品质等级的方法,相对于评估故障条件的概率,结合了飞行包线状态和大气扰动水平。表 2.12 并不是指必须测试所有大气扰动水平和飞行包线的组合,而是显示在特定环境状态(即大气扰动水平)、飞行包线的特定区域中以及在特定系统故障状态下,任务的最小可接受操纵品质等级。

表 2.12 最小操纵品质等级要求

飞行状态 ($X_c \cdot X_e$)	大气扰动(X_a)								
	轻微湍流(10^0)			中度湍流(10^{-3})			重度湍流(10^{-5})		
	飞行包线(X_e)								
	NFE	OFE	LFE	NFE	OFE	LFE	NFE	OFE	LFE
	1	10^{-3}	10^{-5}	1	10^{-3}	10^{-5}	1	10^{-3}	10^{-5}
可能状态	S	S	A	A	C	C	C	C	C
不可能状态	A	A	C	C	C		C		

注:NFE. 正常飞行包线;OFE. 仍可操作的飞行包线;LFE. 极限飞行包线;S. 满意的;A. 足够的;C. 可控的。

30

2.3.2　HQRM 应用流程和方法

依据 AC 25 - 7D 确定 HQRM 适航符合性评定的流程,主要包含以下四部分关键内容:

(1) 大气扰动、飞行操纵失效和飞行包线的单一概率确定以及组合概率计算;

(2) 飞行任务的选择;

(3) 操纵品质等级的评定;

(4) 基于操纵品质评定结果的适航符合性验证。

该试验涉及飞行控制专业、操纵性稳定性专业以及模拟器专业,该试验是针对特定的飞行控制系统故障,在模拟器上进行故障试验,评估故障对飞机操纵品质的影响。飞行控制系统故障条件下的操纵品质评估,需要根据试验的可实现性和风险程度,选择试飞或者模拟器试验。图 2.5 表明了飞行控制系统故障评估试验的总体流程。

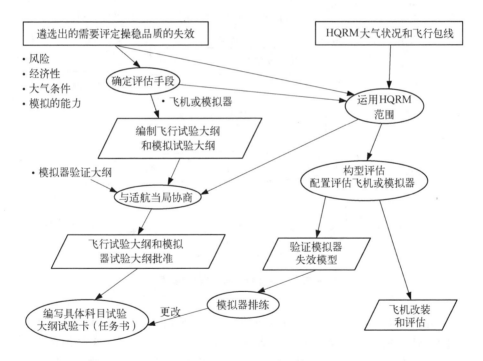

图 2.5　评估计划流程

1. HQRM 失效清单的确定

1) 清单的遴选

确定失效状态清单是进行 HQRM 评估的前提条件。失效状态清单主要考虑对操纵品质有影响的飞行控制系统失效状态,从系统安全性分析(system safety assessment, SSA)的失效状态清单中进行遴选。在遴选过程中,主要从功能危害性分析(functional hazard analysis, FHA)、失效模式和影响分析(failure mode and effects analysis, FMEA)、系统接口分析(interface analysis, IA)等角度出发,考虑所有的飞行控制系统(包括高升力系统)失效。这里的飞行控制系统失效具有广义性,包括液压系统、动力装置等失效而引起的飞行控制系统失效。HQRM 需要考虑失效概率小于每小时 10^{-9} 的单点失效和失效概率大于每小时 10^{-9} 的组合失效,这些失效对飞机的操纵品质有影响或本身就具有非同寻常的过渡响应。失效状态清单遴选流程如图 2.6 所示。

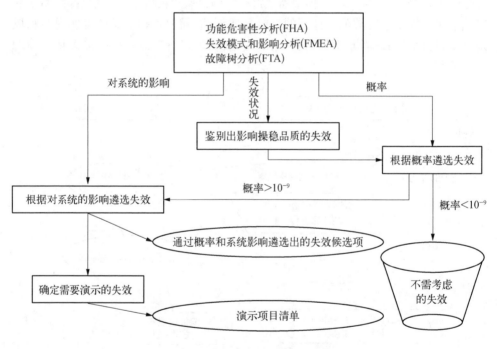

图 2.6 失效清单遴选流程示意图

在遴选清单过程中,确定单个部件失效情况时,主要考虑飞行操纵、飞机监控、过渡响应、系统重构等对操纵品质有显著影响的失效状态,这些部件失效主要通过 FMEA 得到;确定组合失效情况时,主要考虑用来验证分析假设,或用来验证"最小可接受控制"非极不可能的组合失效。此外,还要考虑在 FHA 中因功能失效引起飞行员工作负荷变化的假设、有关全部丧失非关键系统的资源保障分析(resource assurance analysis, RAA)假设,以及其他在服役中发生事故/事件报告的失效。

2）失效对操纵品质影响的评定准则

在判定是否需要对失效进行 HQRM 评估时,首先要确定哪些失效会对操纵品质产生影响。对操纵品质产生影响主要从飞机响应和飞行员操纵两个方面进行评估,评估内容应包括以下方面:

（1）对飞行员完成任务的杆力和杆位移的影响;

（2）对飞机的动稳定性和静稳定性的影响;

（3）无飞行员操纵输入的状态过渡响应;

（4）在相应飞行包线内对完成任务操纵能力的影响;

（5）引起振动(抖振、发动机叶片脱落、模态抑制等);

（6）是否引起主要飞行数据的全部丧失或错误;

（7）对飞机继续安全飞行和着陆能力的影响;

（8）失效对系统的影响要求飞行员采取与以往不同的操纵。

对上述内容的评估是一项跨专业工作,需要相关专业间协调和协作。同时要强调试飞员在此项工作中的重要作用,对模拟器进行提前规划,让试飞员尽早介入。如果失效仅影响环境控制系统、导航系统、显示系统(主飞行数据显示除外)、飞行性能、双发延伸航程运行(extended twin engine operations，ETOPS),则通常可以认为其对操纵品质没有影响。

3）清单的优化

可以进一步优化经操纵品质和失效概率评估得到的失效清单,减少试验成本和时间。把具有相似失效影响的失效归到一组,通过计算结果、风洞试验数据、以往的工程经验等进行分析对比,确定出最临界的失效或组合失效,从临界意义上被覆盖的其他失效则不必进行试验演示。

在确定这些失效和失效组合后,申请方应与适航当局协商,达成一致意见后,确定出优化后的试验演示失效清单。

4）典型失效状态

a. 飞行试验演示的失效

（a）液压系统失效:单个系统失效、双系统失效;

（b）飞行控制模式失效:备份模式、直接模式;

（c）选定的部件或系统失效:扰流板急偏、两个无线电高度表失效、升降舵感觉系统失效在低杆力情况、减速板手柄卡阻在打开位置、两个迎角风标失效、自动襟翼/失速保护系统失效;

（d）高升力系统失效:前缘襟翼非对称失效、后缘襟翼非对称失效、缝翼无法伸出、缝翼/襟翼收上位置着陆;

（e）模拟双发失效时冲压空气涡轮(ram air turbine，RAT)释放;

（f）大气数据不一致。

b. 模拟器试验演示的失效

　　(a) 作动器失效:未探测的副翼动力控制组件急偏、一侧副翼作动器卡阻、外侧扰流板急偏、升降舵动力控制单元(power control unit, PCU)急偏、未探测的升降舵 PCU 丧失;

　　(b) 操纵器件失效:副翼感觉和定中系统脱开、两个驾驶盘脱开、盘力传感器失效、方向舵感觉和定中系统脱开、有通告的方向舵配平滑移、双侧驾驶杆脱开、升降舵卡在大杆力情况;

　　(c) 操纵器件卡阻:盘卡阻、杆卡阻、脚蹬卡阻;

　　(d) 高升力系统失效:未通告的缝翼伸出、失去缝翼;

　　(e) 大气系统失效:总压、静压。

　2. HQRM 评估试验

　1) 操纵品质要求

　　操纵品质要求可分为飞机平衡、稳定性和操纵性要求三部分。

　　纵向运动中力和力矩平衡的要求主要体现在对不同飞行状态下的杆力和杆位移要求,横侧运动中力和力矩平衡要求则主要体现在对副翼和方向舵操纵效能的要求上。此外,对副翼杆力和方向舵脚蹬力也有相应的条款规定。

　　纵向稳定性要求主要体现在对长短周期模态特性的要求上。其中,长周期模态反映了飞机在受到扰动后速度和轨迹方面的变化,运动参数变化缓慢。该模态的基本要求是保证运动参数不能发生迅速的非周期发散。短周期模态运动参数变化较快,飞行员不易控制,因此短周期模态特性一直是操纵品质的重要指标。纵向控制增稳系统是纵向飞行控制系统的内回路,改善的只是短周期模态的特性,因此纵向稳定性主要考虑短周期模态特性,而暂时不考虑长周期模态特性。纵向操纵性要求体现在飞行员的操纵反应参数上,反映了对短周期频率的要求,可以与短周期模态特性一起考虑。

　　横侧向稳定性要求体现在滚转收敛、荷兰滚和螺旋模态的要求上。其中,螺旋模态特性发生与发展缓慢,且与横侧操纵无关,因此对此模态的要求是即使不稳定,只要倍幅时间不要太短即可。另外两个模态的模态特性运动参数变化较快,且与飞机的横侧操纵有关,因此对其模态特性均提出较严格的要求。在横侧操纵运动中,副翼是主要操纵面,故横侧操纵性主要体现在对副翼操纵的动态特性要求,如飞机的滚转性能、滚转角速率振荡和机动飞行中飞行员座位处侧向加速度限制等。

　　在适航审定实践中,HQRM 等级评估与安全性分析、危害性等级评估的关系往往被忽视甚至割裂,两者的评估可以在同一次试验演示中完成,而不必分别做试验评估。国外机型通常在一次试飞中同时进行 HQRM 评估和按照 FAR 25.1309 的安全性影响评估。

　　HQRM 评估的结论还需要经过进一步工程判断,如果两个机组评估结论存在较大不一致,或者评估结论与工程判断明显违背,需要安排独立机组再次进行试验以确认结论。HQRM 评估与手册程序有密切关系,在评估过程中可以对手册程序进一步优化。

　　2)飞行任务选择

　　操纵品质评定时,具体选用哪种飞行任务与具体的飞行控制系统故障形式有关。例如,对于滚转控制功能失效的故障模式(副翼失效等),需选用可以体现副翼操纵的机动任务,如飞机从一侧向另一侧的迅速滚转等。AC 25-7D 给出了备选的飞行任务,如表 2.13 所示。

表 2.13　HQRM 评估时的飞行任务

飞行包线	操纵模式		可选考核飞行任务
正常飞行包线	配平和无意的操纵		对三轴脉冲输入下的动力学特性和飞行轨迹响应
			大气扰动下的动力学特性和飞行轨迹响应
			螺旋稳定性(例如:从 40°滚转角下开始演示)
正常飞行包线	飞行轨迹的精确闭环跟踪		在各种扰动和初始偏离下的仪表着陆系统精确着陆
			编队飞行(如供机动跟踪用的模拟器)
			在各种大气扰动额驾驶舱显示状况下,对下述飞行过程进行速度/高度/航向跟踪:起飞、爬升、巡航、下降、等待、构型/功率改变以及各飞行状态之间的过程
正常飞行包线或仍可操作的飞行包线	大幅开环机动	俯仰/纵向操纵	收敛转弯或对称拉杆/推杆
			以固定的过载或迎角/过载限制器进行减速转弯
			失速或按迎角限制器的最大限制迎角进场
			推/拉杆偏离配平速度
		滚转操纵	从一侧向另一侧的快速滚转
		偏航操纵	突然的航向改变
			稳定航向侧滑
		协调配合操纵	从滚转/俯仰颠簸中改出
			紧急下降

续　表

飞行包线	操纵模式		可选考核飞行任务
正常飞行包线或仍可操作的飞行包线	大幅开环机动	协调配合操纵	爬升转弯/俯冲转弯
			起飞/着陆过程中的风切变回避机动
			低速下的复飞
			在接地或拉平时减小下沉率的操纵
			基于碰撞回避的滚转/拉起
			在误操作或较大侧风下的起飞和着陆拉平

3）试验演示一般流程

对于验证手段的选择,可以根据失效情况采用供应商试验室试验、铁鸟台试验、系统综合试验、工程模拟器试验、飞行试验等手段,具体选择流程如图 2.7 所示。

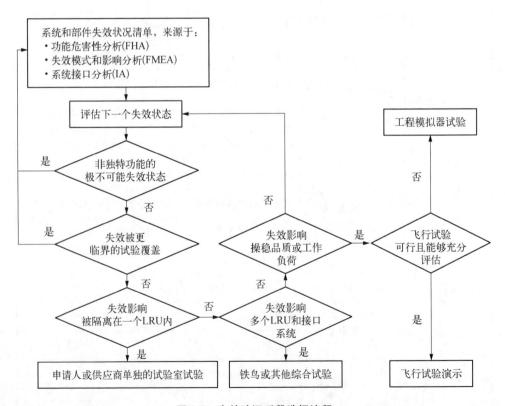

图 2.7　失效验证手段选择流程

当鉴别出需要使用模拟器试验或飞行试验来进行验证时,适航当局一般可接受的原则是:飞行试验为第一优先手段。因为飞行试验代表的是真实的飞行情况,如果飞行试验风险极高或者实施飞行试验不现实,即需要特殊的大气条件(如风切变、湍流等)、实现成本过于高昂、无法在真实飞机上进行故障模拟等,那么可以考虑使用模拟器。如果确定使用模拟器进行操纵品质评估,在试验前必须对模拟器本身进行鉴定,确保逼真度能够满足试验要求,并要得到局方认可。需要说明的是,同样的失效状况可以要求多种试验。

操纵品质的合格审定试验通常包括飞行试验和工程模拟器试验,评估的一般程序为:

(1) 加载 HQRM 评估需要的大气扰动(仅工程模拟器);

(2) 按要求状态配平飞机;

(3) 使用以下一种或几种手段组合进行失效状态模拟:飞机的控制开关、为飞行试验改装的专用模拟装置、软件、飞行试验程序、信号控制(工程模拟器);

(4) 评估失效的状态过渡特性;

(5) 如必要,重新配平飞机;

(6) 在相应包线内进行 HQRM 要求的飞行机动;

(7) 评估操纵品质,给出 HQRM 评价等级和飞行员评语。

4) 试验设施

操纵品质的合格审定试验通常包括飞行试验和工程模拟器试验,对于较为危险的情况一般使用工程模拟器试验结合飞行试验进行符合性验证。

工程模拟器主要用于验证控制律和操纵品质,主要由计算机、驾驶舱和数据传输线组成,如图 2.8 所示。主仿真计算机用于计算飞机和飞机各系统的数学模型,视景系统计算机用于视景仿真计算,仪表显示计算机计算驾驶舱仪表显示值,接口

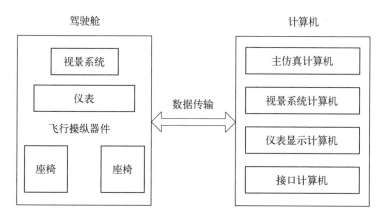

图 2.8　工程模拟器主要构架

计算机用于接收和发送仪表显示器、驾驶舱、主仿真计算机之间的数据。驾驶舱主要由视景系统、仪表、飞行操纵器件和飞行员座椅构成。

5）试验条件

根据某民用飞机的飞行控制系统 FHA，在巡航阶段发生单个升降舵卡阻是一种严酷度为第Ⅲ类的失效事件。剩余的升降舵和水平安定面的俯仰控制功能，应该能满足运输类飞机适航规章的要求，以克服该失效事件对飞机的影响。

稳定性和操纵性是操纵品质的两个最基本内容，为了对在正常飞行包线（NFE）内失去单个升降舵控制功能的操纵性进行评估，需分析模拟器试验条件。

（1）选择失效状态。选择单个升降舵卡阻进行模拟器试验，该失效状态是 FAR 25.671(c) 条中给出的典型失效状态。FAA 在 AC 25.671 中给出了建议符合性试验应考虑的卡阻位置，在具体试验中还应该结合具体型号飞机的设计特点来确定舵面卡阻位置。

（2）飞机飞行状态。配置最不利的重量和重心位置，即大重量和前重心。

（3）试验数据采集。需要采集的数据有升降舵偏度、俯仰角速度、法向过载，其中俯仰角速度反映了纵向稳定性，法向过载反映了机动性。

6）机动动作选取

飞行员在飞行过程中只能根据飞行安全和完成预定任务的难易程度来评价飞机操纵品质，并不能直接说明对某一操纵品质要求条款内容及其指标的评价意见。因此，试飞之前应先制定试飞的机动动作。试飞的机动动作应根据飞行包线、任务、飞机构型及属性制定。

a. 纵向和横侧向稳定性

对于纵向和横侧向的稳定性，可通过检验飞机本体和飞行控制系统的模态特性来分析。在所有机动动作中，用于评价飞机模态特性的动作有单脉冲、倍脉冲、阶跃、3211 和正弦扫频种，其具体操纵要求如表 2.14 所示。

表 2.14　纵向与横侧向稳定性操纵要求

序号	动作名称	目　的	要　　求	备　注
1	单脉冲	检查初始响应；检查阻尼和频率；参数识别	（图示，含 0.5 s 标注） 动作完成后稳定 3~5 s；开环操纵	对于纵向、横向和航向，杆蹬从最大行程的和全行程逐步增加

序号	动作名称	目　的	要　求	备　注
2	倍脉冲	同上	 动作完成后稳定 3~5 s;开环操纵	幅值增加,顺序同上
3	阶跃	检查初始响应;检查阻尼和频率;参数识别;稳态杆力梯度	 到达给定幅值后,保持 3~7 s;开环操纵	幅值增加,顺序同上对于纵向,为尽可能保持速度、高度不变,可先使飞机俯冲再拉杆
4	3211	检查初始响应;检查阻尼和频率;参数识别;检查返回品质	 动作完成后稳定 3~5 s;开环操纵	幅值增加,顺序同上
5	正弦扫描	测量系统动态品质;参数识别	 离散扫描;连续扫描频率为 0.3~0.4 Hz	—

表 2.14 中,除正弦扫频用于频域分析,其他动作均用于时域分析。

上述动作中,以阶跃和单脉冲分析起来最方便,可以采用这两个动作检验飞机的模态特性。由于飞机在阶跃操纵之后,飞行参数变化较大,分析起来有较大的误差。而在脉冲之后,飞行参数的变化较小,分析起来相对来说误差较小。因此,为了较精确地评价飞机模态特性,可选取单脉冲为试飞动作。

如果飞机纵向采用的是积分式控制增稳系统,则不需要对飞机的速度稳定性进行测试;如果采用的是比例式控制增稳系统,还需对飞机的速度稳定性进行专门的测试。

b. 纵向操纵性

除了纵向脉冲之外,可以通过"拉杆到30°""拉杆到10°""推杆到-10°""推杆到-30°"四个动作来评价纵向操纵性,其操纵要求如表 2.15 所示。

表 2.15 纵向操纵性操纵要求

序号	动作名称	目　的	要　求	备　注
7	拉杆到 $\theta=30°$	俯仰姿态控制的预测性	尽可能快拉杆;闭环操纵,保持 $\theta=30°$	给出飞行员评分
8	拉杆到 $\theta=10°$	俯仰操纵人机闭环品质(飞行员高增益条件)	尽可能快拉杆;闭环操纵,保持 $\theta=10°$	给出飞行员评分
9	推杆到 $\theta=-30°$	俯仰姿态控制的预测性	尽可能快推杆;闭环操纵,保持 $\theta=-30°$	给出飞行员评分
10	推杆到 $\theta=-10°$	俯仰操纵人机闭环品质(飞行员高增益条件)	尽可能快推杆;闭环操纵,保持 $\theta=-10°$	给出飞行员评分

动作 7、9 与 8、10 的作用基本相同,而动作 8、10 不仅可以检验俯仰姿态控制的预测性,还可以检验俯仰操纵人机闭环品质,因此选取"拉杆到10°"和"推杆到-10°"作为评价纵向操纵性的动作。

c. 横侧向操纵性

飞机的滚转性能可以通过全滚来检验,操纵要求如表 2.16 所示。

表 2.16　横侧向操纵性操纵要求

序号	动作名称	目　的	要　求	备　注
6	全滚	检查初始响应;稳态滚转频率;恢复品质;滚转中的 N_y、N_z、β 响应	 猛压杆,$\varphi = 360°$ 时间杆;先开环再闭环操纵	从最大行程的 1/4、1/2 和全行程逐步增加

通过检查全滚过程中 N_z 与 β 的时间响应过程可以检验飞行员座位处侧向加速度;通过检查全滚过程中 ω_x 的时间响应过程可以检验飞机的滚转角速率振荡。

d. 操纵协调性

纵向与横向的操纵协调性可以通过反向倾斜(bank to bank, BTB)来评价,操纵要求如表 2.17 所示。

表 2.17　横纵向操纵协调性操纵要求

序号	动作名称	目　的	要　求	备　注
13	BTB 保持 θ 不变	操纵协调性;纵横向操纵力;滚转初始响应;控制姿态能力	保持速度和高度为常数;左右迅速压杆,达到给定滚转角;保持俯仰角为常数	给出飞行员评分
14	BTB 保持 G 不变	控制倾斜角和过载的能力;其余同上	保持过载为常数;其余同上	给出飞行员评分

BTB 用于评估大迎角滚转轴的操纵要求,与飞机滚转快慢密切相关。保持俯仰角不变的 BTB 动作,适用于俯仰角速度及低速时的 C∗指令式控制增稳系统;保持过载不变的 BTB 动作,适用于过载及高速时的 C∗指令控制增稳系统。

方向舵的主要用途是配合副翼进行协调操纵。现代战斗机一般都有副翼-方向舵交联(aileron-rudder interconnect, ARI),副翼偏转的同时,方向舵会通过 ARI 偏转进行协调操纵,以不产生侧滑,减轻飞行员的负担。当有些情况需要侧滑飞行时(如侧风着陆等),还需另外检验横航向间的操纵协调性,可以通过定常侧滑来检验横航向的协调性。定常侧滑的操纵要求如表 2.18 所示。

表 2.18　定常侧滑操纵要求

序号	动作名称	目　　的	要　　求	备　　注
15	协调侧滑	纵、横向操纵协调性;稳态侧滑品质和侧风着陆能力	保持速度和高度;压杆蹬舵,保持航向不变	给出飞行员评分

e. 整机操纵品质

检验整机操纵品质的动作有：空空跟踪、空地跟踪、密集编队和精确着陆四种,其中"精确着陆"适用于运输类飞机操纵品质评估,其操纵要求如表 2.19 所示。

表 2.19　整机操纵品质操纵要求

序号	动作名称	目　　的	要　　求	备　　注
23	精确着陆	同上	按跑道上制定标志着陆;在一定高度和距离故意偏离跑道中心线,然后修正到中心线,精确着陆;其余同 20	给出飞行员评分

f. 极限状态限制器

检验极限状态限制器的动作有减速转弯、筋斗和最大滚转或俯仰操纵,其操纵要求如表 2.20 所示。

表 2.20　极限状态操纵要求

序号	动作名称	目　　的	要　　求	备　　注
17	减速转弯	检查迎角限制器及控制力随 α/n_y 的变化	保持高度;分别从慢车、额定和加力状态,减速水平转弯达到最大倾斜角,拉杆到最大行程;开环控制	给出飞行员评分
18	筋斗	检查迎角限制器	拉杆到底并保持;开环操纵	给出飞行员评分
19	最大滚转或俯仰操纵	在纵横向耦合情况下的迎角限制器的检查;纵横向协调性;最大杆力;最大角速率	先快速拉杆到底后,迅速回杆滚转;纵向拉杆最大;开环操纵	给出飞行员评分

2.3.3　飞行员评价原则和要求

按照 FAA 的定义,飞机在故障下的操纵要达到"足够的",其飞行特性对于持续飞行和着陆时是足够的,满足全部的或包含一部分降级的性能,但要付出较高的体力和注意力。对于所选择的飞行任务,飞机应该仍能具有一定的纵向操纵能力来完成飞行任务。

HQRM 操纵品质等级的定义属于定性描述,内容过于笼统,实际评定时飞行员往往难以把握,很可能给出并不准确的结果。例如,某次副翼卡阻训练飞行中,飞机在进行 60°滚转角过程中历时 9 s,飞行员凭此给出的 HQRM 评定结果为"C"。如参考 CS 25 对双发飞机滚转性能的要求(7 s 内滚转 60°),以及 CCAR 25 部对单发飞机滚转性能的要求(11 s 内滚转 60°),这样的结果并不准确。分析研究后发现,将飞机在正常状态下的规章要求与表 2.21 所述结合起来进行 HQRM 评定,往往会得到更为准确的试验结果。

在操纵品质评估中,允许根据故障(以及故障与包线、大气扰动的组合)对操纵品质的要求降级,操纵品质评价的要求如表 2.22 所示。其中,"S""A""C"为 HQRM 方法中规定的操纵品质等级,分别代表操纵品质是"满意的""足够的"和"可控的"。对于具体的飞行控制系统故障、飞行包线和大气扰动组合情况,若飞机在完成对应的考核任务过程中,其操纵品质优于或等于表 2.22 所示的操纵品质等级,则认为飞行控制系统故障条件下的操纵品质满足要求。

表 2.21　操纵品质评价准则

FAA 的定义	HQRM	C-H	军用规范	
			等级	品质
在常规的飞行员体力和注意力时飞机满足全部性能标准	满意的(S)	1~3	1	满意的
飞机足以继续安全飞行和着陆,满足全部的或规定的降低后的性能,但是伴随有飞行员体力和注意力的增加	足够的(A)	4~6	2	可接受的
飞机不足以继续安全飞行和着陆,但是对于返回到安全飞行状态,安全飞行包线和/或改变形态能提供至少是足够的操纵品质	可控的(C)	7~8	3	可操纵的

表 2.22　操纵品质评价的要求

飞行控制系统故障和飞行包线的组合概率(X_c+X_e)	大气扰动(X_a)								
	轻　微			中　度			重　度		
	飞行包线(X_e)								
	NFE	OFE	LFE	NFE	OFE	LFE	NFE	OFE	LFE
可能的状态($10^{-5} \sim 10^0$)	S	S	A	A	C	C	C	C	C
不可能的状态($10^{-9} \sim 10^{-5}$)	A	A	C	C	C		C		

注：S. 满意的；A. 足够的；C. 可控的。

　　表 2.23 给出了规章标准对几种典型机动的操纵要求。通常情况下,若飞机在系统故障下的机动响应满足表 2.23 的要求,则可认为其操纵品质是满意的。

表 2.23　规章对典型机动的操纵要求

典 型 机 动	规章(标准)	操　　纵　　要　　求
双发横向操纵	CS 25	飞机应能在不超过 7 s 的时间内,从一侧的 30° 滚转角滚转至另一侧的 30° 滚转角
极限协调侧滑	CCAR 25	(1) 在适用于飞机使用的侧滑角范围内,副翼和方向舵操纵位移和操纵力应与侧滑角成正比; (2) 在侧滑角大于飞机正常使用的范围内,脚蹬力不得反向,并且增加方向舵偏度必须使侧滑角增加
着陆时的纵向操纵	GJB 185 – 1986	在整个着陆过程中,俯仰操纵力应是拉力,对于轰运类飞机不应超过 230 N

　　国外某机型对表 2.22 所示的评价要求进行了细化,如表 2.24 所示,以此形成的评估方案更具可操作性。

　　满意的(S):在飞行员常规的体力和注意力下能够满足全部性能标准。

　　足够的(A):足以继续安全飞行和着陆,满足全部或规定的降级后的性能,但是需要飞行员增加体力和注意力。

表 2.24　国外某机型 HQRM 评价要求

故障概率	轻微大气扰动(10^0)			中等大气扰动(10^{-3})			严重大气扰动(10^{-5})		
	正常包线	使用包线	限制包线	正常包线	使用包线	限制包线	正常包线	使用包线	限制包线
	10^0	10^{-3}	10^{-5}	10^0	10^{-3}	10^{-5}	10^0	10^{-3}	10^{-5}
$10^{-1}\sim10^0$	S	S	A	S	A	C	A	C	
$10^{-2}\sim10^{-1}$	S	S	A	S	C		A		
$10^{-3}\sim10^{-2}$	S	A	C	A	C		C		
$10^{-4}\sim10^{-3}$	S	A	C	A			C		
$10^{-5}\sim10^{-4}$	S	C		C					
$10^{-6}\sim10^{-5}$	A	C		C					
$10^{-7}\sim10^{-6}$	A								
$10^{-8}\sim10^{-7}$	C								
$10^{-9}\sim10^{-8}$	C								

可控的（C）：不足以继续安全飞行和着陆，但是可控，可以回到安全的飞行状态，安全的飞行包线和构型使操纵品质至少是足够的。

阴影面积部分代表出现概率小于或等于 10^{-9}。

第3章

典型飞机飞行控制律设计特征分析

3.1 引言

飞机电传飞行控制技术的发展经历了"基础研究→地面试验验证→空中飞行验证→应用于军用飞机→民机部分应用→民机采用全电传控制并实现主动控制功能"的发展过程。以波音、空客系列为代表的典型型号民航客机（B737 - 300/B777/B787、A320/A330/A340/A380），以及以达索、湾流系列为代表的典型型号公务机（G650、Falcon7X），其电传飞行控制系统的结构组成、三轴控制律、模式转换、包线保护等方面存在差异。本章针对典型型号运输类飞机电传飞行控制系统，对比研究其设计理念和设计原则的共性和差异，具体研究路线如图3.1所示。

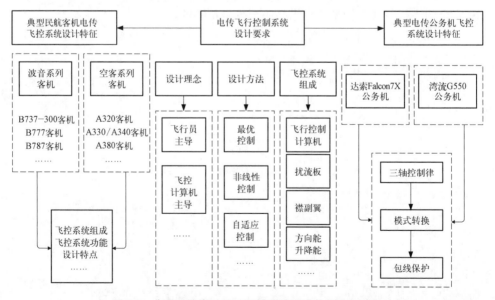

图 3.1 典型运输类飞机飞行控制律设计特征分析路线

46

3.2　典型民航客机飞行控制律设计特征分析

3.2.1　波音系列客机的飞行控制律

1. B737－300 客机

B737－300 客机自动飞行控制系统由数字式飞行控制系统(digital flight control system, DFCS)、自动油门系统和偏航阻尼系统组成。

DFCS 包括两个飞行控制计算机(flight control computer, FCC)、一个模式控制面板(mode control panel, MCP)和四个自动驾驶(A/P)作动筒(俯仰、滚转各两个)。DFCS 根据飞行管理系统(flight management system, FMS)指定的飞行要求或 MCP 指定的飞行模式,由 FCC 计算产生的飞机操纵指令,驱动执行机构(作动筒、马达)以控制飞机的飞行,并且收集各种传感器反馈的状态和控制信号进行比较,不间断校正以保证飞机始终准确地按飞机计划规定的航路飞行。

DFCS 完成以下四个方面的功能。

(1) 自动驾驶(A/P)和飞行指引(F/D): DFCS 最重要的功能,对应不同的飞行阶段,它们各自有不同的工作方式。F/D 可以全程衔接,其功能是在电子飞行仪表系统(electronic flight instrument system, EFIS)提供指引条给飞行员作飞行指示,对飞行状态无影响,其工作方式需和 A/P 方式配合。A/P 的工作方式可以由飞行员在 MCP 上进行选择,分为俯仰和横滚两类,但必须在正常飞行程序范围之内,且符合衔接逻辑。在飞行过程中,FCC 也会根据逻辑改变工作方式,在改变之前以预位方式给飞行员提示。飞行方式衔接和预位的飞行模式指示器(flight mode annunciator, FMA)会显示在电子姿态指引仪(electronic attitude director indicator, EADI)上。

(a) 俯仰方式具体有:起飞/复飞(TO/GA)、垂直速度(V/S)、复飞高度获得(ALT ACQ)、高度保持(ALT HLD)、垂直导航速度(VNAV SPD)、垂直导航路径(VNAC PTH)、MCP 速度(MCP SPD)、下滑道(G/S)和改平(FLARE)。

(b) 横滚方式具体有:航向选择(HDG SEL)、水平导航(LNAV)和全向信标/航向道(VOL/LOC)。

A/P 有两个通道,其衔接开关在 MCP 上,在进近和复飞时才可以同时衔接,其他情况中只有单通道工作。在操纵手柄和 MCP 上都有断开开关,FCC 自身也有断开逻辑。A/P 指令由双通道的 A/P 作动筒驱动副翼和升降舵的动力控制单元(power control unit, PCU)实施姿态控制,安定面的配平由安定面配平伺服马达动作,同时也由安定面的中位偏移机构带动马赫作动筒影响升降舵的位置。

(2) 速度配平:在飞机刚离地还没有接通 A/P 时,飞机处在大推力和低空速状态下,有可能发生抬头过大而造成失速,需要去操纵安定面来保证飞机速度的稳定性,速度配平是不能切断的。在飞机离地 10 s 后速度配平开始工作,FCC 计算配平指令,由安定面配平通道驱动安定面配平机构进行配平,在接通 A/P 之后自动脱开。

(3) 马赫配平:飞机在高马赫区飞行时,升力焦点后移,为保证速度的稳定性,防止反操纵现象,需要配平飞机的低头力矩,马赫配平是不可切断的。当马赫数大于 0.62 时开始动作,FCC 计划配平指令,经集成飞行系统附件单元选择通道后,马赫配平筒驱动电子飞行控制组件(electrical flight control unit, EFCU),带动升降舵的 PCU 使升降舵运动。

(4) 高度警戒:当飞机接近或偏离 MCP 预选高度时,飞行员获得声光提示,在距离预选高度 900 ft* 时,出现"嘀"提示并打开高度警戒灯至 300 ft。在偏离预选高度达 300 ft 时,出现"嘀"提示并闪烁高度警戒灯至偏离 900 ft。

2. B777 客机

B777 客机的主飞行控制系统为电传飞行控制系统,它具有以下设计特点:

(1) 控制面采用先进的控制律进行全时间控制;

(2) 改进控制特性,保留常规系统的良好特性,去掉不良特性;

(3) 提高可靠性和维修性;

(4) 采用杆/盘、脚蹬操纵方式;

(5) 采用"包线保护""主-主"的设计理念;

(6) 系统采用了两类计算机,作动器控制电子装置(actuator control electronics, ACE)和主飞行计算机(primary flight computer, PFC);

(7) 以机械控制的水平安定面和两对多功能扰流板作为系统的终极备份等。

ACE 主要是一种模拟设备,其功能是控制传感器接口,并模拟伺服回路控制作动器。电传飞行控制系统有 4 个相同的 ACE,它将飞行员控制器位置和舵面位置信号转换成数字信号,然后通过 ARINC629 总线传给 PFC。PFC 由英国 GEC-Marconi 航空电子公司研制,其作用是计算控制律,采用上述位置信号计算舵面指令,然后将舵面指令通过 ARINC629 总线传回 ACE,由 ACE 转换成模拟信号来控制作动器。系统中有 3 个 PFC(即 3 个通道),每个 PFC 内有 3 组微处理器(即 3 条支路)。PFC 内部如果有一条支路发生故障,只切断那条支路,该通道仍可继续工作;如果有两条支路发生故障,则切断该通道。飞行员可选择备用控制模式,扳动驾驶舱内的直接模式开关,就可以将系统由数字系统转变为纯模拟系统(直接模式)。

3. B787 客机

B787 客机的飞行控制系统全面采用电传操纵技术。该系统是在 B777 的基础

---

* 1 ft=3.048×10^{-1} m。

上发展延伸而来,并进行了全面的优化设计。该系统所有的操作都是通过驾驶舱、FCE 和各个操纵面组成的闭环系统来完成的。

与 B777 相比,B787 客机飞行控制系统的设备集成度更高。B787 客机将 B777 客机的 15 个组件集成到了 4 个 FCE 设备架上。电路卡数量由 B777 的 169 个下降到 53 个,降低了成本,减轻了重量,缩小了设备空间,减少了导线和接头的数量,增加了系统的可靠性。

3.2.2　空客系列客机的飞行控制律

1. A320 客机

空客 A320 是第一架采用电传飞行控制系统的民用飞机,在其电传系统的余度设计中,主飞行控制系统共配备 7 台数字计算机,其中:

(1) 2 台升降舵副翼计算机(elevator aileron computer, ELAC),为升降舵、副翼和水平安定面提供控制;

(2) 3 台扰流板升降舵计算机(spoiler elevator computer, SEC),实现传感器故障时的重构控制律计算,为扰流板、升降舵和水平安定面提供控制;

(3) 2 台飞行增稳计算机(flight augmentation computer, FAC),完成方向舵行程限制的计算和方向舵配平控制,并通过偏航阻尼器为方向舵提供控制。

水平安定面(trimmable horizontal stabilizer, THS)和方向舵由直接的电信号链控制,也可由机械链控制,即整个电传系统发生故障时,飞行员仍然可以通过机械备份实施对飞机的操纵。飞行员的主俯仰和滚转控制无机械连接,靠侧向驾驶杆实施电信号直接链控制。

空客 A320 客机自动飞行控制系统总览如图 3.2 所示。

A320 客机的主飞行控制系统为电传飞行控制系统(方向舵为机械控制系统),它具有以下设计特点:

(1) 控制面采用先进的控制律进行全时间控制(方向舵除外);

(2) 改进控制特性,保留常规系统的良好特性,去掉不良特性;

(3) 提高可靠性和维修性;

(4) 采用侧杆、脚蹬控制方式;

(5) 采用"包线限制""主-备"的设计理念;

(6) 系统采用了主计算机和次计算机;

(7) 以机械控制的水平安定面和方向舵作为系统的终极备份等。

主飞行控制系统采用了两类计算机:2 个 ELAC,提供升降舵、副翼和 THS 控制,为所有轴提供正常控制律(为四通道系统);3 个 SEC,提供扰流板、升降舵和 THS 控制,仅能计算重构的控制律;2 个 FAC,通过偏航阻尼器提供方向舵控制,也能计算方向舵行程限制和方向舵配平控制。A320 的电传系统还组合了阵风减载

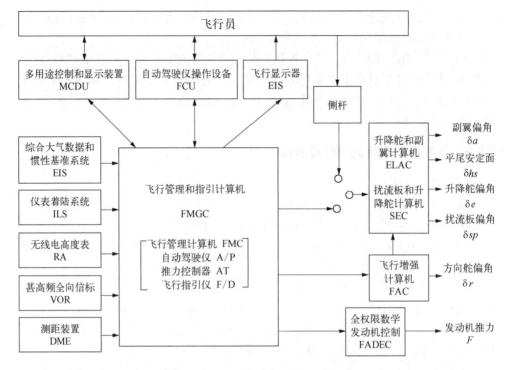

图 3.2　A320 自动飞行控制系统总览图

系统,系统的作用是把翼根处由阵风引起的总的对称向上弯曲力矩(由阵风载荷与1g 引起)减小 15%,从而减轻机翼根部的结构。系统采用安装在机翼中心线上的垂直加速度计,加速度计信号先通过一个抗混淆滤波器,然后经飞行控制计算机送到阵风减载控制面(副翼和两个外侧扰流板)作动器,通过控制面的偏转来减轻阵风载荷。

2. A330/A340 客机

和 A320 相比,A340 体积更大,具有更多的控制面。A340 飞机共有 5 台计算机完成电传操纵,分别为 3 台主飞控计算机(flight control primary computer, FCPC)和 2 台备份飞控计算机(flight control secondary computer, FCSC)。FCPC 控制所有的操纵面,FCSC 控制部分操纵面。A340 已取消了专用的飞行增稳计算机,在俯仰及航向仍保留机械操纵。

1)纵向通道

飞行员指令通过侧杆发送到主飞行控制计算机和备份飞控计算机。飞行管理指引和包线计算机(flight management guidance and envelope computer, FMGEC)输出驾驶仪指令到 FCPC,FCPC 经过控制解算后输出操纵指令到升降舵及水平安定面,当 FCPC 故障后,由 FCSC 来控制升降舵。机械链通过液压马达控制水平安定面,当飞机失去电气控制时,仍有机械备份操纵飞机。

2)航向通道

同纵向通道一样,FCPC 提供主要控制,FCSC 作为备份。飞行员的指令通过脚蹬传给 FCPC 和 FCSC,同时通过机械链操纵方向舵。航向阻尼功能由 FCPC 提供,自动驾驶仪的航向指令由 FMGEC 提供给 FCPC,FCPC 控制相应的舵面完成相关功能。

A330/A340 客机的控制律基本上与 A320 的相同,它具有正常、备用和直接 3 个等级,分别与不同的计算机故障相对应。正常和备用模式都可实现精确控制,飞机处于伺服回路内,可根据实际机动性能调整反馈。备用控制律在多数场合与正常控制律相同,但正常控制律具有全飞行包线保护,备用控制律只有部分包线保护。正常和备用控制律的侧驾驶杆俯仰指令为 G 指令,在杆处于中立位置时指令为 $1g$。直接控制律基本上与机械操纵飞机相似,侧杆指令与舵面偏转成正比,伺服回路由飞行员闭合。A330/A340 的 FCPC 基于英特尔 386 微处理器,3 个主计算机由不同部门采用互不相同的途径研制,以避免公共误差;2 个 FCSC 基于英特尔 186 微处理器;2 个飞行控制数据集中器(flight control data concentrator, FCDC),使飞行控制系统与其他系统连接并提供隔离。计算机的两项主要任务是:① 按控制律计算飞行控制或飞行控制律输入;② 为舵面作动提供电信号。

3. A380 客机

对于 2007 年投入运营的双层舱大型客机 A380,其电传飞控系统比空客其他客机的更先进、更安全、更可靠。它采用了双体系结构,即 2 种不同构型的 4 个独立主飞行控制系统,其中两个采用传统的液压作动系统,另外两个则带有局部电-液作动器系统。这 4 套系统中的任何一套都可以用来对飞机进行控制,这使 A380 的飞行控制在系统独立性和裕度上达到了新的水平。

A380 电传飞控系统除具备常规电传飞控系统的特性外,还具有以下特点:

(1)飞机主飞行操纵面由不同类型作动器驱动,有常规液压作动器、电静液作动器和电备份作动器;

(2)用于应急备份的直接机械连接将被直接电气连接所代替,电信号直接控制电气备用液压作动筒(electrical backup hydraulic actuator, EBHA),尽管没有以前客机上的直接机械链,动力结构与以前相比也有了很大的变化,但 A380 仍提供了相当程度的非相似余度,保证达到苛刻的飞行要求;

(3)增加了滚转操纵面的数量,以保证飞机优良的操纵品质;

(4)其飞行控制计算结构类似于 A330 和 A340 系列的计算机,具有高性能和可靠性。

A380 客机的电传操纵系统虽然具有很好的性能,但由于它是一种高增益系统,与普通飞行操纵系统有着本质的不同,容易由于其本身的变化或外界条件的突然改变而产生飞行员诱发振荡。在设计时不能片面追求操纵性能,更要注意使它不易产生飞行员诱发振荡,对电传飞行控制系统必须进行彻底模拟、分析和验证。A380 飞机飞行控制系统功能如图 3.3 所示。

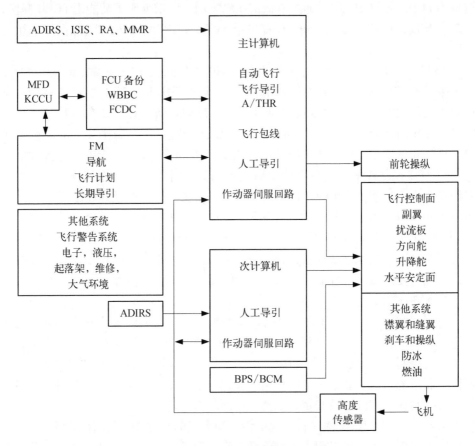

图 3.3　A380 飞机飞行控制系统功能

3.3　典型公务机飞行控制律设计特征分析

3.3.1　Falcon7X 公务机的飞行控制律

达索 Falcon7X 飞机配备有可根据飞行员和自动驾驶仪命令,从 3 条轴线上控制飞机的电传操纵系统。这些命令通过主飞行控制面(2 个副翼、2 个升降舵、1 个方向舵、1 个可配平的水平安定面和两个扰流板),以及副飞行控制面(6 个前缘缝翼、4 个后缘襟翼和 4 个空气制动器),执行如下的控制:

(1)飞机的纵向控制由升降舵和水平安定面来完成;

（2）横向控制由增加了扰流板的副翼完成；

（3）偏航控制由方向舵来完成。

这些飞行控制由液压或者电力驱动,且由侧杆、脚蹬和基座上的控制组件来控制。

1. 三轴控制律

为了从飞行员视角减小降级模式的数量,将主飞行控制系统失效后不同的状态分为 3 种模式：

（1）正常模式：提供完整的功能；

（2）备用模式：在限制的飞行包线内特性与正常模式略为相似,尽管一些保护仍然有效,但实际执行起来与所有保护程序都失效的情况无异；

（3）直接模式：实现安全飞行和着陆最低的功能。

除了之前提出的不同模式,还提供第 4 个独立的备份模式。所有主飞行计算机和次飞行计算机的失效将会导致进入这种模式（正常、备用和直接模式的失效）。与其他模式不同的是,当飞行员试图恢复上一个模式时,可以暂时运行备份模式。

2. 模式转换

正常模式、备用模式、直接模式、备份模式之间的转换关系如图 3.4 所示。

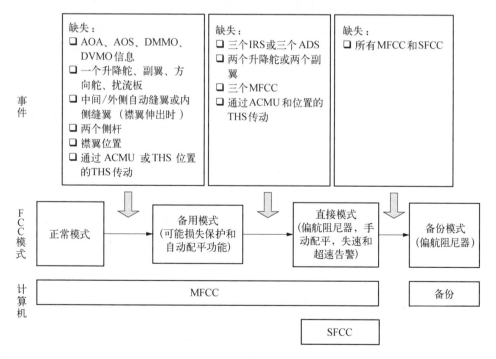

图 3.4　控制律模式转换关系图

3. 保护

当进行预测飞机行为和飞机最大可用性能的应急演习时,保护程序可以防止飞机结构过载、超速、失去控制和过度的姿态。

1）结构过载保护

当达到空气动力学要求时,提供这些功能: 在偏航轴上,这个功能可以防止在静态和动态条件下垂直尾翼上的载荷超过限制。

2）超速保护

当飞机速度超过最大允许空速或者最大使用马赫数时,超速保护功能是为了防止飞机速度超过飞行员输入的俯仰和机翼等级的速度。

3）失速保护

失速保护是通过限制迎角来防止飞机在处于最大可用升力时失速。

4）过度姿态保护

俯仰姿态限制程序用于防止飞机因为速度过低而导致迎角失效,并且用来帮助限制最大允许空速/最大使用马赫数。

3.3.2 G650 公务机的飞行控制律

湾流公司在 G550 型公务机上采用了一种俯仰轴反馈飞行控制系统,并以之为代表构成了湾流高级飞行控制(advanced flight controls, AFC)计划的一部分。AFC 计划是为了探索纯机械操纵的可取之处,以应用于商业运营的运输类飞机。G550 生产飞机采用液压升压、机械信号驱动飞行控制舵面。AFC 飞机使用改装的 G550 机身,其中飞行扰流板和升降舵执行机构已经完全用电控的方式取代。执行机构由远程电子单元(remote electronics unit, REU)控制,这些单元由中央 FCC 发出信号。通过将飞机惯性传感器数据和大气传感器数据传送到 FCC 中,可以设计反馈控制系统以改善处理特性,增加稳定性和可控性,并有助于减轻飞行控制系统故障模式。

与 G550 采用传统液压助力系统不同,G650 采用电传飞行控制系统,这也意味着 G650 不仅成为湾流公司首款采用电传飞行控制系统的飞机,也使之成为继达索公司"Falcon7X"之后的第二款电传公务机。湾流公司选择电传飞行控制系统是因为其能够减轻重量,在保证操纵品质的情况下,允许较宽的重心移动范围,并且可以提高高速稳定性等。

与波音 777 和巴西航空工业公司 E170/190 类似,G650 驾驶舱保留着传统的操纵盘,这是一套有利反馈的伺服系统,其左右侧的机械连接可以增强环境感知能力。操纵盘、方向舵踏板和其他控制开关为机载双通道数字飞行控制计算机提供输入,其四余度飞行控制系统在硬件和软件组合上均是非相似的,计算机的每一个通道都可以独立控制飞机的每一个主飞行控制操纵面,包括升降舵、副翼、上/下方向舵和滚转扰流板。操纵面包括 6 块多功能扰流板、后缘襟翼和全动水平安定面（湾流公司首次采用）。早期模式依靠配平操纵面进行正常俯仰配平，外加襟翼/安定面位置协调系统，以减小飞机外形改变时产生的俯仰配平力。安定面作动器具有襟翼/安定面自动协调、马赫数配平及手动配平功能，这一配平安定面增强了俯仰配平能力，同时还减小了俯仰控制部件。

1. 三轴控制律

G650 的主飞行控制系统（PFCS）是电传飞行控制系统，包括双横滚驾驶盘、升降舵操纵杆、脚蹬板、减速板操纵杆、襟翼操纵杆等传统的驾驶舱操纵装置，安装位置能使两个飞行员可达。飞行控制计算机（FCC）提供了 PFCS 与其他所有可用的飞机系统资源之间的通信链路，是正常模式指令控制律和包线保护等高层次飞行控制功能的来源，且与平面显示系统配合实现空速计算、报错、天气显示信息等功能。

PFCS 在正常模式下所有部件和资源功能都正常，但在故障或资源缺失的情况下，PFCS 可在简化的操作模式下工作，这种故障情况下的简化是为了将对飞机驾驶舱操作的影响降到最低，可将发生故障时正常模式和简化模式之间的转换作为飞行机组工作负荷测试的一部分来进行评价。

电传飞行控制系统由一系列飞行控制律控制，控制律扩大了机体基本特性来提供特定的每 G 杆力、每 kn 杆力、长周期振荡阻尼、短周期振荡阻尼、荷兰滚阻尼等特性，攻角限制器（又称为 α 限制器）代替了自动推杆器来提供失速预防功能。控制律其他的一些特征还包括高速限制特征等，如下所述。

1）模式

主飞行控制律模式是正常模式，在正常模式下，还有关于地面控制、起飞着陆控制、高速保护控制、攻角限制控制的子模式。当输入不足以支撑正常模式，系统降级到备用模式，在备用模式下提供有基本偏航阻尼器，存在机体特性最小增益。如果 FCC 所有 4 个通道的指令和监控线路产生冲突或关闭，FCC 将回到直接模式。在 FCC 所有四个通道都无法计算控制律的极端情况下，将转换到备份飞控单元，其中包括了与备用模式和直接模式下使用的相似的控制律。控制律模式之间的转换如图 3.5 所示。

2）正常模式

正常模式包括两个主要的飞行状态下的子模式：起飞着陆模式（TL）和巡航模式（NzU）。起飞着陆模式是在起飞和着陆阶段使用电缆替代俯仰控制律，当起落架或襟翼手柄不在收上位置时激活。正常模式的这一子模式提供了对飞行控制舵面的直接控制，包括通过俯仰配平输入对水平安定面的控制。当 TL 模式工作时，横轴（航向轴）或攻角限制没有任何改变。TL 模式为机组提供更高的、与在地面相近的操纵控制权；NzU 模式存有配平空速（由飞行员俯仰配平设置控制），配平空速

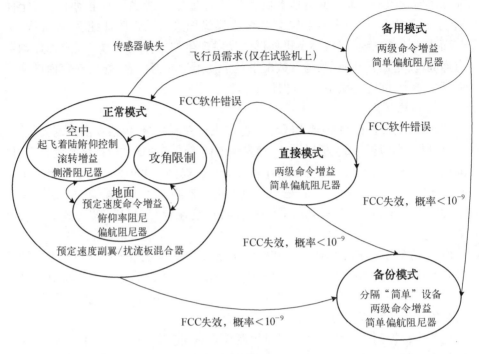

图 3.5　控制律模式图

的偏差通过控制律发出俯仰指令。例如,如果真实速度比存储于控制律中的配平空速大,上仰指令由控制律中的速度稳定回路生成(上仰的大小由允许范围内每 kn 速度驾驶杆力控制),如果飞行员不依靠驾驶杆输入抵消速度稳定性,速度将减少到配平空速。

当攻角向最大允许的攻角值增加时,控制律将进行攻角限制。在攻角限制时,飞行员通过俯仰输入控制攻角,驾驶杆置于后方的最大位置控制最大允许的攻角值。当攻角值刚刚大于最大允许值时,振杆器被激活。当降落飞机(转换到"地面")或减小攻角(转换到正常模式)时,可退出攻角限制。

3) 备用模式

当出现传感器数据不足以支撑正常模式工作的情况时,控制律转到备用模式。在备用模式下,飞行员俯仰、滚转、脚蹬输入被一系列固定增益放大,从而来控制升降舵、副翼、滚转扰流板、方向舵。低增益是当襟翼、起落架收起,飞机将做高速飞行时获得;高增益是当襟翼、起落架放下,飞机将做低速飞行时获得。备用模式下也有偏航率阻尼器。

4) 飞行员控制的分离

如果俯仰或滚转控制时发生机械卡阻,通过对工作的控制器施加外力可移动未卡阻的控制器,控制律可使用正副驾驶位控制端输入的平均值,因此工作的控制器将拥有正常系统一半的权限。由于取消不在中间位置的卡阻控制需要一些补偿,正确使用配平(包括紧急状态下合适的滚转配平)可减少平衡飞行需要的长期输入力,提供额外的飞机控制权限。方向舵面板没有分离的能力,卡阻的脚蹬必须利用偏航配平或非对称的推力来反向移动。

2. 模式转换

1) 转换到备用控制律的情况

a. 少于两个(热)空气数据源可用

(a) 空气数据系统包括 4 个独立的传感器;

(b) 缺少大气总温(TAT)/真空速(TAS)、攻角(AOA)或者机组氧气系统(AOS)不会导致切换到备用模式。

b. 缺少惯性基准组件(IRU),IRU 与其他惯性数据源之间的误配

(a) 必须至少有一个 IRU;

(b) 3 个 IRU 和 2 个姿态航向基准系统(AHRS)正常可用。

c. 与安定面控制之间的通信缺失

(a) 双余度通道;

(b) 通信缺失致使紧急稳定性配平转换。

2) 备用/直接控制律特征

a. 俯仰

飞行员输入升降舵位置指令。

b. 滚转

飞行员输入副翼/扰流板位置指令。

c. 偏航

(a) 飞行员输入方向舵位置指令;

(b) 为偏航阻尼(临时)清除方向舵偏航率反馈。

d. 配平

(a) 通过稳定动作进行俯仰配平;

(b) 通过滚转配平电机进行滚转配平;

(c) 通过 FCC 里的电子脚蹬偏离进行偏航配平。

两指令增益,通过襟翼和起落架手柄位置设定。

3) 正常模式控制律特征。

a. 攻角限制

代替自动推杆器。

b. 滚转轴增稳

减少传动失效。

c. 高速保护

将 V_D 减少到 385 kn(飞行高度小于 10 000 ft 时更低)。

d. 机翼卸载

在提高的载荷因子(G)范围内副翼对称偏转。

e. 减速板自动收起

(a) 减少减速板手柄的卡阻/失效;

(b) 减速板收起至油门杆角度的 90% 左右。

3. 保护

正常模式下的飞行包线保护包括以下几种。

1) 高速保护

(1) 当速度超过最大操纵速度时,正常巡航控制律下的俯仰稳定性缓慢增强,飞行员推杆到头的指令将速度下降到低于俯冲速度的值;

(2) 在 V_{MO} 为 340 kn 时将 V_D 下降到 385 kn,或在 V_{MO} 为 300 kn 时将 V_D 下降到 352 kn;

(3) 只适用于动压速度区域,不影响 M_D;

(4) CAS 显示:

High Speed Protect Active

2) 攻角限制

(1) 在 0.75 标准攻角处(NAOA),俯仰限制指示(PLI)出现;

(2) 在 0.93 NAOA 处(减速率小于 1.5 kn/s)进入 FCS 攻角限制模式,显示:

FCC AOA Limiting

如果减速率大于 1.5 kn/s 则在 0.88 NAOA 处进入;

(3) 在 FCS 攻角限制模式,增加 0.01 NAOA(抖杆);

(4) 在最大攻角限制处减小 0.01 NAOA,显示:

Stall Protection Active

(5) 在 0.97 NAOA 处,最大攻角由 FCS 限制,如果减速率大于 1.5 kn/(°)则在 0.95 NAOA 处实现。

第4章

飞行控制系统安全性建模方法

4.1 引言

飞行控制系统(以下简称飞控系统)是运输类飞机的核心系统之一,随着航空技术的发展,航空电子系统、火控系统、推力矢量控制系统等系统和飞控系统呈现出相互融合的趋势。飞控系统的规模越来越大,系统结构、行为、功能以及数据交联关系越来越复杂,已经发展成为一种涉及机械、控制、电子、液压和软件多个领域的复杂系统。在飞控系统的设计与评估过程中,需要对飞控系统进行完全、彻底的安全性分析,详细了解飞控系统的静态结构和动态运行信息,建立飞控系统安全性模型,并进行定性、定量分析,发现飞控系统设计中隐含的危险以及造成危险的原因和路径,确定危险发生的后果和可能性,为飞行控制关键失效场景识别、失效状态识别、操纵品质评估等提供重要依据。本章针对典型运输类飞机飞控系统的特点,结合耦合效应带来的关联失效影响,分别提出基于AltaRica 的飞控系统安全性建模方法和基于广义随机 Petri 网的飞控系统安全性建模方法。

4.2 基于 AltaRica 的飞控系统安全性建模方法

4.2.1 飞控系统关联失效模式

飞控系统除自身的主飞控分系统(包括座舱操纵分系统、电传飞控分系统、机械备份操纵分系统)、高升力控制分系统以及自动飞控分系统外,还连接着航电系统、动力系统、起落架系统、座舱照明系统等复杂系统,各系统设备以及功能之间联系紧密,若某一功能失效,将会引起其他相关联的功能失效。

以无线电高度表为例,无线电高度表是测量飞机到地面垂直距离用的机载无线电设备,是重要的仪表之一,由收发机、天线和指示器组成。收发机产生射频信号,从发射天线发射到地面,地面反射的信号经接收天线接收,收发机对送回的信号进行处理,最终得到飞机的飞行高度值。收发机将高度值和信号的有效性标志值送往两条数据总线,其中:总线 1 的数据送到飞行管理计算机和自动油门计算机;总线 2 的数据送到近地警告计算机、防撞系统计算机、数字飞行数据采集组件、雷达收发机及显示电子组件。在这一过程中,若无线电高度表参数输入错误,则会导致飞控计算机与飞行员输出错误指令,若作动器执行错误指令,可能会导致作动器或操纵面失效,因此无线电高度表失效与作动器或操纵面失效之间存在关联失效。该关联失效模式案例如图 4.1 所示。

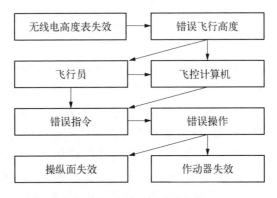

图 4.1　关联失效模式案例

4.2.2　AltaRica 的基本语法与组件

关联失效是功能、设备间的相关性导致的,对关联失效进行建模需要明确系统中各个设备与功能之间的关系以及故障逻辑[67]。AltaRica 语言是一门形式化建模语言,它可以描述正常情况下系统的功能行为,也可以描述系统的失效行为,采用 AltaRica 语言可以真实反映系统的结构或系统运行机制,其数据流元素支持组件间的交互,适用于关联失效的建模。建模过程中,可使用线性时序逻辑对其进行规约,由于其自身易于修改和维护,使得故障建模和分析也易于修改和维护,给系统的建模和分析带来了极大的方便。因此,本章提出基于 AltaRica 语言的形式化建模方法,对飞控系统进行安全性建模与分析。

AltaRica 模型的基本组件是节点,一个节点主要由以下部分组成,如表 4.1 所示[68]。

转换中的动作和断言是指令,在 AltaRica 数据流中指令可以是表 4.2 中任一种形式。

表 4.1 AltaRica 模型基本组件节点组成部分及详细描述

序号	节点组成	详 细 描 述
1	类	声明一个具有特定特征的类别,即盒子(封装了一个 GTS)的类型。AltaRica 模型由一系列类声明组成。类可以嵌套其他类的实例,实现对研究系统的分级描述
2	布尔	表示数据流的逻辑类型
3	事件	系统中定义的条件,可以被触发,并在触发时引起状态转换
4	重置	表示对数据流进行重置
5	状态	用来描述系统的状态。这些变量在有限域内取值(例如布尔型或者枚举型字符常量)或者无限区间(例如整型、浮点型数字或者字符常量)内取值
6	初始化	用来对组件内状态变量进行初始化赋值
7	流变量	流变量分为输入和输出流变量,用来描述节点与其他组件的交互信息,表示其他组件间的逻辑关系
8	转换	转换是三元组$<e, G, P>$,其定义为 $e: G \to P$,其中 e 是标记转换的事件,G 是关于状态和流变量的布尔条件,称为转换的哨,P 是对状态变量进行新状态计算所执行的动作。当哨满足时,转换 $e: G \to P$ 将会触发
9	断言	一组约束,用来描述传递函数,建立流变量到状态变量或另一个流变量的链接
10	子节点	表示节点的层次结构,sub 表示当前的节点包含子节点,同时指定当前子节点实例化类型
11	嵌套	表示一个组件中嵌套另一个组件,内嵌组件为外部组件的一部分

表 4.2 AltaRica 数据流指令形式

序号	AltaRica 数据流指令形式
1	空指令"skip"
2	赋值"$X := E$",其中 X 是变量,E 是表达式
3	条件指令"if C then I",其中 C 是布尔表达式,I 是指令
4	指令块 $\{I_1, \cdots, I_n\}$,其中 $I_1, \cdots, I_n$ 是指令
5	也可以采用一些派生的形式,例如"if-then-else"和"switch-case"指令,但是它们须使用上述指令重写

状态变量仅在转换的赋值语句中进行赋值;流变量仅在断言中进行赋值。一个流变量最多进行一次赋值。而且,尽管一些工具接受在断言中使用"if then",但仍仅在转换的动作中使用。断言必须遵守数据流的特性:当流变量 w 处于赋值语句的右端且其左端是流变量 v 或者当变量 u 处在赋值语句的右端且其左端是 v 而 u 依赖于 w,则流变量 v 依赖于流变量 w。当没有变量依赖其自身时(定义中不存在回路),可将断言称为数据流式的。

　　根据指令是否处于转换中的动作还是处于断言中,指令会用不同的翻译方式。转换中的动作用于改变模型局部状态。流变量用于描述在模型不同组件中传递的信息。它们的取值依赖于状态变量的取值。因此,在转换触发后流变量均须重新计算。

　　假设 σ 是转换"$e:G{\rightarrow}P$"触发之前的变量赋值,对变量赋值 σ 应用指令 P,计算如下一个新的变量赋值语句 τ。首先,令 $\tau=\sigma$,那么:

　　(1) 如果 P 是"skip",τ 保持不变;

　　(2) 如果 P 是赋值"$X:=E$",则将 $X(\tau)$ 设为 $E(\sigma)$;如果 X 的值已经发生变化,则显示出错;

　　(3) 如果 P 是条件语句 if C then I 并且 if(C)为真,那么指令 I 将应用于 τ,否则 τ 保持不变;

　　(4) 如果 P 是指令块 $\{I_1, \cdots, I_n\}$,那么指令 I_1, $\cdots$, I_n将直接应用于 τ。

　　上述机制很重要,赋值语句的右侧和条件表达式的条件都是在 AltaRica 语言的背景下进行计算。这种方式会产生重要的影响:结果不依赖于指令块中指令的顺序。块中的指令是平行执行的。因此,变量不能进行两次赋值。同时,条件指令如"if $X{<}5$ then $X:=X+1$"是合理的:如果(X)小于 5,那么将(X)设置为(X)+1,否则保持不变。

　　假设 A 为断言,并假设 τ 为转换动作执行后所确定的赋值。执行 A 须计算一个新的(流变量)变量赋值 π,首先重置所有的流变量为默认值 $[X=\mathrm{reset}(X)]$ 以及初始化空集合 D 来存储已计算的流变量。接下来:

　　(1) 如果 A 是"skip",则 π 保持不变;

　　(2) 如果 A 是赋值"$X:=E$"且 D 中包含表达式 E 中所有流变量,则将(X)设为(E),且将 X 添加到 D;

　　(3) 如果 A 是条件指令"if C then I"并且 if(C)为真,那么指令 I 将应用于 π,否则 π 保持不变;

　　(4) 如果 A 是指令块 $\{I_1, \cdots, I_n\}$,那么指令 $\{I_1, \cdots, I_n\}$ 将不断应用于 π 直到无法为流变量赋值。

　　一个复杂系统有一系列有限的状态变量 s_1, $\cdots$, s_n,每一个 s_i 的取值满足 S_i 的定义域,以及一系列有限的流变量 f_1, $\cdots$, f_n,每一个 f_i 的取值满足 F_i 的定义域。

　　每个组件都有有限数量的流变量和状态变量。流变量是节点的输入和输出：它们是节点与其环境之间的链接。状态变量是能够记忆当前或先前功能模式的内部变量（例如故障模式）。在研究的模型中，这些变量（流和状态）是布尔值或枚举的。然后，每个节点还拥有修改状态变量值的事件。这些事件是诸如失败，人类行为或对一个输入值的改变的反应之类的现象。

　　状态变量和流变量是不同的，区别在于状态变量是本地的、内部的，就像处于系统的黑盒之中，外部环境无法直接影响到状态变量的值；而流变量是用于在组件和环境之间交换信息。很多时候，流变量和状态变量并不是完全独立的且在它们之间存在着很强的联系，所以一些流变量和状态变量的笛卡儿乘积中的元素不会存在组件的配置中。一个简单的电子开关如图 4.2 所示，此开关存在一个状态变量，包含一个二元值域，状态变量的取值取决于开关是打开还是闭合的；同时存在两个流变量表示两个连接器的电压。

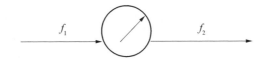

图 4.2　简单电子开关

　　因此，一个组件的配置集合是状态变量和流变量的笛卡儿乘积的子集。$c \in C$ 的这部分投影被称为可观测的部分，这在多组件交互时非常重要。

　　AltaRica 模型的一个重要特征是状态和流的取值虽然可能是无限的，但通常是离散的。这种情况可能发生在流变量用来表示如温度、压力、电压等连续量，由于这些连续量的值是通过传感器获得的，可以认为这些值也已经被离散化采样了。在上面的例子中，电压具有两个离散值：high 和 low，因此，一个组件只会发生离散的变化，这种变化称为转换（transition），这些转换由两类事件（event）引起：

　　（1）内部事件：是组件可获知的事件，可能因为他们存在于组件的内部，也可能组件对于该事件的发生是敏感的；

　　（2）不可知事件，表示为 ε：组件的配置改变是因为不被感知的外部事件。

　　例如：若有人推上了开关，开关的状态会发生变化，可能是电压变低，这是一个开关可感知的事件；另一方面，若开关是一个包含发电机的电路的一部分，此时若发电机失效，也会导致电压变低。这种情况下，即使两个电压值已变为 0，也不能绝对地认为开关感知了"电力失效"这个事件。

　　定义 1：接口转换系统由一个五元组表示：

$$A = \langle E, O, C, \pi, T \rangle \tag{4.1}$$

其中，E 是事件的集合；O 是观测值的集合；C 是配置集合；π 是建立在每个 $c \in C$ 和

可观测部分 $\pi(c) \in O$ 之间的映射;T 是转换的集合;对于任意的 $c \in C$ 至少包括 $\langle c, \varepsilon, c \rangle$。

在一些配置情况下,为确保某个事件在没有其他更高优先级事件需要处理的情况下才可以发生,具有事件优先级的接口转换系统如下定义。

定义 2:令 E 是事件的集合。建立在 E 上的优先级关系是一个严格的偏序集 $<E$。

一个具有事件优先级的接口转换系统的元组形式表示为 $B = \langle E, <E, O, C, \pi, T \rangle$,其中 $<E$ 是优先级顺序。$\langle E, O, C, \pi, T \rangle$ 是一个接口转换系统。

定义 3:若 $B = \langle E, <E, O, C, \pi, T \rangle$,$A$ 是一个接口转换系统 $\langle E, O, C, \pi, T \rangle$。那么 B 中的接口转换系统 A 必须解决优先级限制。将 $A|<E$ 表示为接口转换系统 $\langle E, O, C, \pi, T|<E \rangle$,$T|<E$ 是所有转换的集合。从相同的配置出发,若不能存在两个相同优先级的事件为了确定 $A|<E$ 是一个接口转换系统,就必须检查集合 C 中所有元素,并且对于任何 $\forall e \in E_+$ 中的不可知事件都是具有不可比较的优先级。也可以认为一个具有空优先级序列 $<E$ 的情况下 $A|<E=A$。

AltaRica 语言允许继承性的系统描述,除了基本组件、接口转换系统,还有其他元素:AltaRica 节点,它是组件的集合(接口转换系统或者其他组件)并且在控制器监督下进行交互。本章在下面用接口转换系统来对节点进行定义(比如节点对一些事件是如何反应的以及如何与其他一些组件交换信息),假设一个节点中的组件是另外一个节点,则可以用另外一个接口转换系统来替换这个组件。可以认为,在节点的定义中,所有的节点组件实际上都是接口转换系统。

4.2.3 基于 AltaRica 的建模方法

AltaRica 是代码形式的建模语言,为了面向建模应用,需要实现以 AltaRica 语言为底层逻辑的图形化建模,为整机级-系统级-部件级提供基于复杂模型的可视化的安全性建模分析方法[69]。基于 AltaRica 语言的图形化建模方法定义如下,主要可操作对象有:

(1) 功能模块(block)或设备;
(2) 函数;
(3) 连接器;
(4) 块(block)状态;
(5) 函数状态;
(6) 逻辑多项式;
(7) 定量分析数据(MTTF、MTTR……);
(8) 用户数据(任何有关数据,例如:维护的意义、测试驱动等)。

基于 AltaRica 语言的图形化建模方法可以通过使用图形化接口建模并修改这

些对象,生成模型的总体框架,并进行传统可靠性分析[如故障树(FT)和失效模式、影响和危害性分析(FMECA)等]。建模元素主要分为组件、连接器、流和类型四个大类。

1. 组件(brick)

组件是模型的基本要素,对应到实际系统的组件,可以为组件设定名称、图片、事件状态等;组件主要分为子集组件,零件组件和函数组件三个类型。

子集组件(或者中间组件):包含一个或多个中间组件,并说明这些组件流变量之间的关系,系统的顶组件是一种特定的中间组件。

零件组件(或者基本组件):包含行为特征,并使用连接器与其他组件的状态相连接。

函数组件:没有任何状态,不处理故障,并与其他组件相连接。

如图 4.3 所示: I_1、I_2 是输入连通器, O_1、O_2 是输出连通器。组件可以插入图片以便增强可读性。

图 4.3　组件连通器结构图

2. 连通器(connector)和流(flow)

连通器用来连接各个组件,流用来描述不同组件之间的数据流动,组件通过流和连通器与其他组件相连接。在基于 AltaRica 语言的图形化建模方法中,需要定义流的方向,用于模拟系统中的故障传播。连通器是组件上规定输入输出流的点,可以连接中间组件和基本组件等,提供更为复杂的层次关系。

连通器分为函数源组件、函数代码、连通器代码、方向和类型。

函数源组件:指示流的来源组件。

函数代码:代表两个组件之间函数的名称,指示流的来源流变量的名称。

连通器代码:代表输入/输出连通器的名称,指示流输入到本组件所对应的流变量名称。

方向:指示该流相对于本组件是输入流还是输出流。

类型:指示连接器的类型。

3. 类型

类型用来描述组件或连接器的性质,有两大主要类型集:既能修饰静态模型也能修饰动态模型的"可编辑可数类型"和只能用来修饰动态模型的"可编辑范围类型"。更常用的类型是"可编辑可数类型",因为该类型允许用马尔可夫链的方式在函数、系统或设备中定义"状态"。缺省情况下,使用"固定"类型的属性,如:"固定可数类型",Nominal/Failed/Wrong;"固定数字类型",Float,Boolean, Integer。

基于 AltaRica 语言的图形化建模流程分为四个步骤:划分系统层次、建立组件模型、设置事件、使用连接器连接组件。首先将系统划分为不同层次,底层为基本组件层,上层为不同层次的中间组件层,这样将一个系统划分成了若干个基本组件和中间组件;为每个组件建立 brick,并设置自己的流变量、状态变量、输入输出逻辑关系等;为这些 brick 设置失效事件同步事件等,并用连接器连接起来。

4.2.4 案例分析

伺服作动系统是飞控系统的关键系统之一,是对用于控制飞机各个气动控制面所对应的作动系统的总称,由伺服控制器与伺服作动器及相应的附件构成,如图4.4 所示。

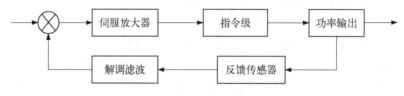

图 4.4　伺服作动系统原理图

伺服控制器是伺服系统的控制装置,其基本功能包括信号综合线路、前置放大校正输出线路及反馈信号的处理与增益设置电路等。此外,还包括状态检测、故障监控、故障隔离、系统重构、通道均衡等余度管理功能。伺服控制器是伺服作动系统的重要组成部分,它既是伺服作动器的控制器,又是作动器与飞行控制计算机的接口装置。伺服控制器通常安装在飞行控制计算机内,作为飞控计算机的一部分,也有的采用控制盒的形式独立安装。伺服控制器有模拟和数字两种形式,当前以模拟伺服控制器为主。伴随着飞行控制计算机由集中控制向分散控制发展,伺服控制器也由模拟式向数字式发展,并与伺服作动器结合在一起,形成高集成的伺服作动系统。

伺服作动器是为实现电气至机械运动之间的信号转换并驱动飞机气动面作机械运动的目的而设计的执行机构,是飞行控制系统的执行部件,直接与被控对象连接。因此,伺服作动器的性能与可靠性的好坏对飞行控制系统乃至整个飞机的性能与安全至关重要。所以伺服作动器在飞行控制系统中通常认为是关键部件。在飞行控制系统当中,常规的电液伺服作动器仍然占据着主要地位。新型的作动器,像机电作动器、电静液作动器目前只是作为备份或者用在辅助操纵当中。伴随着电传操纵的广泛应用,余度作动器已经广泛应用于各类飞机的伺服作动系统当中。

本章以主备-并联伺服作动系统(EBHA)为例,详细阐述基于 AltaRica 语言图形化建模方法的建模流程以及分析流程。为方便分析,将 EBHA 分为三个部分:

（1）电液伺服作动器的电气-机械部件：包括传感器、伺服控制器、伺服阀、蓄能器、液压源等；

（2）电动静液作动器（EHA）的电气-机械部件：包括电源、驱动电子部件、电机、柱塞泵等；

（3）两者共用的机械部件：包括功能转换阀、作动筒等。

系统的结构如图 4.5 所示。

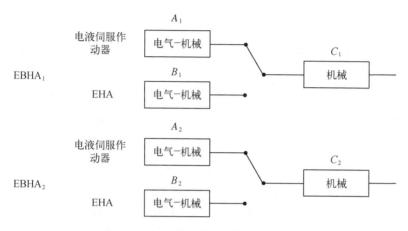

图 4.5　主备-并联伺服作动系统

该 EHBA 系统分为两个子系统 EHBA$_1$ 和 EHBA$_2$，为并联关系。每个 EHBA 子系统有一个备份，当子系统中电液伺服作动器失效后，EHA 作为备件开始工作，若 EHA 失效，则 EHBA 子系统失效。首先创立组件，连通器和流，如图 4.6 所示。其

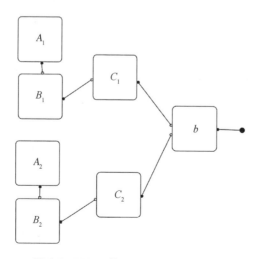

图 4.6　EHBA 的 AltaRica 图形化模型

次需要根据故障逻辑,设立每个组件中的输入输出逻辑,图 4.7~图 4.10 给出了 B_1 和 C_1 的输入输出故障逻辑图。

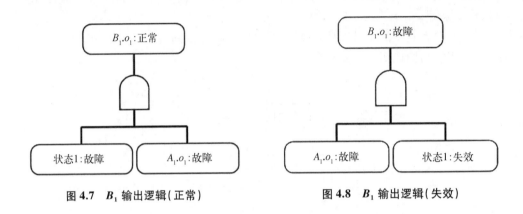

图 4.7　B_1 输出逻辑(正常)　　　　　图 4.8　B_1 输出逻辑(失效)

A_1 与 A_2 均为电液伺服作动器,EBHA 开始正常工作时启用 A_1 与 A_2,则 A_1 与 A_2 的输出仅与自身失效与否有关。B_1 与 B_2 在 A_1 与 A_2 失效后启用,则 B_1 与 B_2 的输出必须要以 A_1 与 A_2 的失效为前提,如图 4.6 所示,为与门关系。C_1 与 C_2 与前面的部件为串联关系,在输出中用或门表示,有任意一个部件失效,则整个部件失效。b 表示整个 EBHA 系统,与 $EBHA_1$ 和 $EBHA_2$ 为并联关系,在输出上用与门表示。

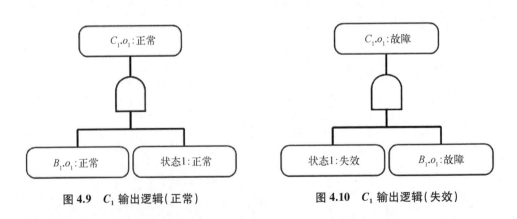

图 4.9　C_1 输出逻辑(正常)　　　　　图 4.10　C_1 输出逻辑(失效)

建立好模型后,设置各状态故障率与仿真时间。可生成故障树,进一步计算各事件发生概率和重要度,对故障树最小割集等进行定量分析。以 b 故障作顶事件为例,得到故障树如图 4.11 所示。

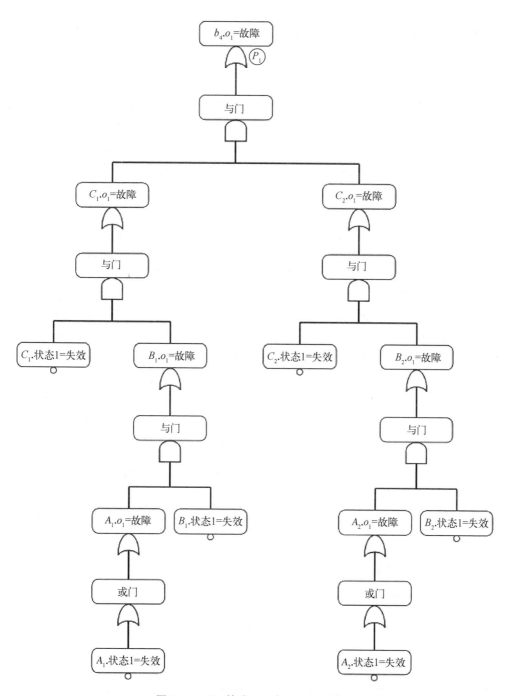

图 4.11　以 b 故障为顶事件生成故障树

4.3 基于广义随机 Petri 网的飞控系统安全性建模方法

4.3.1 广义随机 Petri 网

飞控系统安全性建模的关键问题在于为各组件设计一种合理的结构模型和矩阵描述,模拟故障扰动对组件输出的影响,并对组件状态实时监控。

广义随机 Petri 网(generalized stochastic Petri net, GSPN)是一种具有随机性和并发性的模型,广泛用于描述和分析复杂系统。GSPN 基于 Petri 网的基本概念,在此基础上引入了时间参数以表达系统中的随机行为。本小节对 GSPN 的定义和一些基础概念进行介绍。

在 GSPN 中,系统的状态由标记(token)分布来表示。标记在库所(place)之间通过变迁(transition)传递。GSPN 中有两类变迁:即时变迁(immediate transition)和时延变迁(timed transition)。即时变迁的发生不受时间限制,而时延变迁的发生需要等待一定的时间。时延变迁通常用指数分布的随机变量表示其等待时间。

假设一个 GSPN 由库所集合 P、变迁集合 T 以及有向弧集合 F 组成,可表示 GSPN 为一个三元组:

$$G = (P, T, F) \tag{4.2}$$

库所和变迁之间的连接关系由有向弧表示。设 F_{pt} 表示从库所 p 到变迁 t 的弧权重,F_{tp} 表示从变迁 t 到库所 p 的弧权重,则有向弧集合 F 可以表示为

$$F = F_{pt}, F_{tp} \mid p \in P, t \in T \tag{4.3}$$

GSPN 的状态由库所中的标记分布表示。设 N_p 表示库所 p 的标记数,则 GSPN 的状态可以表示为向量:

$$N = (N_1, N_2, \cdots, N_n) \tag{4.4}$$

其中,$n = |P|$ 表示库所的数量。

变迁的发生遵循一定的概率分布。对于时延变迁,可定义其发生速率 λ_t。设 R_t 表示变迁 t 的发生速率,则有

$$R_t = \lambda_t \cdot \prod_{p \in P} \binom{N_p}{F_{pt}} \tag{4.5}$$

其中,$\binom{N_p}{F_{pt}}$ 表示从库所 p 中选择 F_{pt} 个标记的组合数。

GSPN 的动态行为可以用一个概率转移矩阵 Q 表示。设 Q_{ij} 表示从状态 i 转移

到状态 j 的概率速率，则概率转移矩阵 Q 可以表示为

$$Q_{ij} = \sum_{t \in T} R_t(i) \cdot \delta_{ij}(t) \tag{4.6}$$

其中，$\delta_{ij}(t)$ 表示变迁 t 发生后状态 i 和状态 j 之间的差异。

为了计算 GSPN 的稳态概率分布，需要求解以下平衡方程：

$$PQ = 0 \tag{4.7}$$

其中，P 表示各状态的概率向量。求解平衡方程可以使用线性代数方法，如高斯消元法、雅可比迭代法等。

GSPN 中的变迁发生遵循以下规则：

（1）若一个变迁的所有输入库所都有足够的标记，则称该变迁是使能的（enabled）；

（2）若多个变迁同时使能，则根据其类型（即时或时延）和优先级（priority）进行选择；

（3）即时变迁和时延变迁的优先级计算方式如下：

（a）即时变迁的优先级由其权重（weight）表示，用正整数表示，值越大，优先级越高；

（b）若一个库所中有多个即时变迁使能，则它们以概率 $w_i \big/ \sum\limits_{j=1}^{n} w_j$ 选择，其中 w_i 为变迁 i 的权重，n 为使能的即时变迁数量；

（c）若没有即时变迁使能，则从使能的时延变迁中选择一个发生，选择概率与其等待时间的指数分布相关。

在 GSPN 分析中，通常关心系统的性能指标，如平均响应时间、系统吞吐量等。这些性能指标可以通过求解 GSPN 的稳态概率分布得到。设 $P(i)$ 表示系统处于状态 i 的概率，则 GSPN 的稳态概率分布满足以下平衡方程：

$$\sum_{i=1}^{N} P(i) \cdot r_{ij} = P(j) \cdot \sum_{i=1}^{N} r_{ji}, \quad j = 1, \cdots, N \tag{4.8}$$

其中，N 为可达状态的数量；r_{ij} 表示从状态 i 转移到状态 j 的速率。此线性代数问题可通过求解线性方程组或使用数值方法如 Gauss-Seidel 迭代等求解。

在计算 GSPN 的稳态概率分布时，除了线性代数方法，还可以使用蒙特卡罗方法。蒙特卡罗方法通过模拟 GSPN 的变迁发生过程，估计各状态的概率。设 N_i 表示在模拟过程中系统处于状态 i 的次数，则状态 i 的概率估计为

$$\hat{P}(i) = \frac{N_i}{\sum\limits_{j=1}^{N} N_j} \tag{4.9}$$

其中,N 为可达状态的数量。蒙特卡罗方法的优点是计算复杂性与状态空间的大小无关,但需要较长的模拟时间才能得到精确的概率估计。

为了评估 GSPN 的性能,可计算各变迁的吞吐量。对于变迁 t,其吞吐量 T_t 表示单位时间内发生的次数,可以表示为

$$T_t = \sum_{i=1}^{N} P(i) \cdot r_{it} \tag{4.10}$$

其中,r_{it} 表示状态 i 下变迁 t 的发生速率。通过吞吐量,可以评估系统的处理能力和资源利用率。

4.3.2　广义随机 Petri 网扩展

在 GSPN 中,除了基本的库所、变迁以及连接它们的有向弧外,还引入了一些其他元素以表示更复杂的系统行为。以下是几种常见的 GSPN 扩展元素。

抑制弧(inhibitor arcs):抑制弧是一种特殊的弧,用于表示当某个库所的标记数超过一定阈值时,对应的变迁无法使能。设抑制弧连接库所 p 和变迁 t,阈值为 h,则当 $N_p > h$ 时,变迁 t 不能使能。

等级弧(equal arcs):等级弧是一种特殊的弧,用于表示多个具有相同性质的资源。设等级弧连接库所 p 和变迁 t,权重为 w,则变迁 t 的使能条件为 $N_p \geq w$。

累积弧(accumulative arcs):累积弧是一种特殊的弧,用于表示标记可以累积到一个库所中。设累积弧连接变迁 t 和库所 p,权重为 w,则变迁 t 发生后,库所 p 的标记数将增加 w。

颜色库所(colored places):颜色库所是一种特殊的库所,其中的标记具有不同的颜色。颜色可以用于表示具有不同属性的资源。颜色库所使得 GSPN 能够更简洁地表示具有大量相似资源的系统。

高级变迁(high-level transitions):高级变迁是一种特殊的变迁,其使能和发生条件可以用逻辑表达式表示。逻辑表达式中可以包含库所的标记数、颜色等信息。通过高级变迁,可以表示更复杂的系统行为。

随机变迁选择策略(stochastic transition selection policies):在某些情况下,需要考虑系统中多个时延变迁之间的竞争。随机变迁选择策略可以用于表示在多个时延变迁使能时的选择策略。常见的策略包括最早完成优先(earliest firing first,EFF)和随机选择(random choice)。

通过引入扩展特性,GSPN 能够表示更为复杂的系统行为,并为分析提供了更多的可能性。

4.3.3　广义随机 Petri 网的共享和合成

GSPN 的基本运算包括插入、删除、替换、化简、合成和分解等[70]。

GSPN 的合成运算是指把两个或多个网合成一个网。在系统建模时,如果一个复杂的系统能够明显地划分成若干个子系统,那么对每个子系统分别单独构建 GSPN 模型,然后通过 GSPN 的合成运算得到整个系统的模型。

GSPN 中最基本的合成运算是共享合成和同步合成。对于待合成的两个网,共享合成要求两个网只有公共库所,没有公共变迁,相反,同步合成要求两个网只有公共变迁,没有公共库所。共享合成网和同步合成网均可以很好地保持合成它的子网的一些结构性质,此处仅对共享合成进行讨论。

定义 1:设 $\mathrm{PN}_i = (P_i, T_i, F_i, M_i^0)$,$i = 1, 2$,则 PN_1 和 PN_2 的共享合成网为

$$\mathrm{PN} = \mathrm{PN}_1 \cup \mathrm{PN}_2 = (P_1 \cup P_2, T_1 \cup T_2; F_1 \cup F_2, M^0) \tag{4.11}$$

其中,共享合成网的初始标识为

$$M^0(p) = \begin{cases} M_i^0(p), & \text{若 } p \in P_i - (P_1 \cap P_2) \ (i = 1, 2) \\ M_1^0(p) + M_2^0(p) - 1, & \text{若 } p \in P_1 \cap P_2 \end{cases}$$

$$\tag{4.12}$$

共享合成网的图形描述如下图所示:PN_1 和 PN_2 分别如图 4.12(a) 和图 4.12(b) 所示,其中 p_3 是它们的公共库所。那么 PN_1 和 PN_2 的共享合成网 $\mathrm{PN} = \mathrm{PN}_1 \cup \mathrm{PN}_2$,如图 4.12(c) 所示。

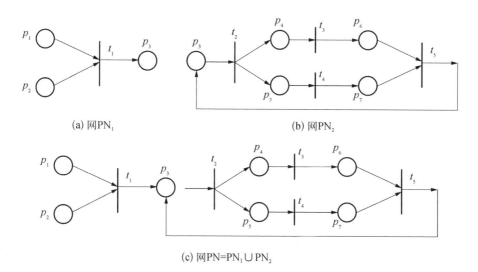

(a) 网 PN_1 (b) 网 PN_2

(c) 网 $\mathrm{PN} = \mathrm{PN}_1 \cup \mathrm{PN}_2$

图 4.12 两个网的共享合成网

4.3.4　故障注入方法

故障注入方法是按照事先选定的故障类型,用人工的方法有意识地产生故障并施加于特定的被测系统中,以诱发系统错误和失效的发生,同时观测和检查系统注入故障后的反应信息,并对回收信息进行分析,从而为试验者提供有关结果的试验过程[71]。故障注入的原本用途是通过观察和分析系统在出现故障之后的行为反应,实现对系统的可靠性评价。而本章利用故障注入技术的目的是将故障扰动输入注入飞控系统本体的组件模型中,让系统更易于接收并处理模拟机控制管理中心发送的组件故障信号,并影响整个飞控系统的输出状态。

根据故障注入的概念,故障注入的原理可用图 4.13 所示的行为循环层次结构模型进行说明。故障注入的过程由以下四个步骤组成:

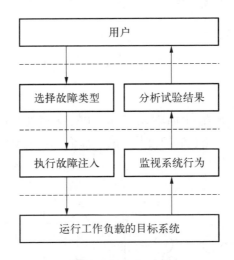

图 4.13　故障注入原理

(1) 选择故障模型:由用户选择故障模型,包括故障注入的时间、位置和故障持续时间等信息;

(2) 执行故障注入:由控制模块根据故障模型生成模块产生的模型,选择适当的故障注入机制,注入故障模块向目标系统注入故障;

(3) 监视系统行为:故障注入完成后,信息回收模块回收结果并进行相应的分析;

(4) 分析试验结果:用户根据回收到的信息,发现新的故障或者分析故障覆盖率。

目前,故障注入从技术实现上可分为以下三类。

1）基于硬件的故障技术

硬件实现的故障注入技术就是使用额外的硬件将故障注入目标系统硬件中。根据故障和位置将硬件实现的故障注入方法分为接触式和非接触式硬件注入两类。

2）基于模拟的故障技术

基于模拟的故障技术是利用某种标准硬件描述语言(如 VHDL)为目标系统建立硬件仿真模型,然后在该模型内部注入故障。优点是可探测早期的设计错误,可大大降低后期纠正这些错误的开销,主要缺点是仿真过程的时间消耗很大,限制了可模拟的硬件和软件行为的总数量。

3）软件实现的故障技术

软件实现的故障注入是根据一定的故障模型,通过修改目标系统的内存映像来模拟系统硬件或软件故障的发生。软件实现的故障注入技术根据故障注入的时刻可分为运行前和运行时注入两类。该方法的缺点是只能将故障注入软件能达到的地方、容易对被测系统造成入侵、时间精度低等。

与另外两种故障注入方法相比,仿真注入具有以下优点:

（1）该方法在系统设计阶段即可应用,对注入的故障可精确监控;

（2）基本上不受目标可访问性的限制。可将故障注入仿真模型内的任何位置,避免了故障注入的局限性;

（3）没有附件硬件设备和目标系统接口电路的限制,同时可以避免因注入故障导致的器件或系统损坏;

（4）易改动、便于量化,通过反复修改参数和更换元器件可以对所有故障进行充分考察和评估。

4.3.5　案例分析

同样以主备-并联伺服作动系统为例[72],详细阐述广义 Petri 网安全性建模方法的建模流程以及分析流程。

主备-并联伺服作动系统的广义随机 Petri 网如图 4.14 所示,其中:p11、p21 表示电液伺服作动器的电气-机械部分处于工作状态,p13、p23 表示电液伺服作动器的电气-机械部分处于故障状态,p14、p24 表示电静液作动器的电气-机械部分处于备用状态,p12、p22 表示电静液作动器的电气-机械部分处于工作状态,p15、p25 表示电液伺服作动器和电静液作动器共用的机械部分处于工作状态,p16、p26 表示 EBHA$_1$ 和 EBHA$_2$ 处于故障状态,pa 表示整个舵面失效的 EBHA 个数,pf 表示整个伺服作动系统失效。

系统开始状态为两个系统电气-机械部分的主系统和机械系统工作,电气-机械部分的备份系统处于冷备份状态,即 p11、p21、p15、p25 中各有一个标识。如果在某一时刻系统 1 的电气-机械部分发生故障,变迁 t11 触发,p11 的标识消失,p13 中增加一个标识,同时变迁 t12 触发,p13 和 p14 中的标识消失,p12 中增加一个标识,此时系统 1 的电气-机械系统转为备份工作形式。如果系统运行过程中机械部分故障或者电气-机械部分的备份系统故障,变迁 t13 或 t14 触发,p16 和 pa 中将增加一个标识。p16 中的标识将使系统 1 停止运行,pa 中的标识达到两个时,变迁 tf 触发,整个系统进入故障状态。

建立主备-并联伺服作动系统的广义随机 Petri 网模型后,如图 4.15、图 4.16 所示,可利用 Oris 软件计算库所的概率,进而计算重要度等参数,进行定量分析;也可计算可达图,进行定性分析。

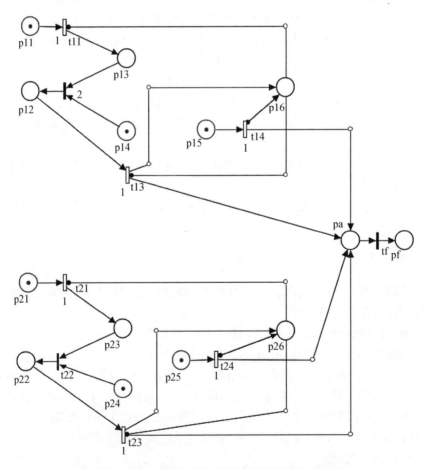

图 4.14 主备-并联伺服作动系统的广义随机 Petri 网

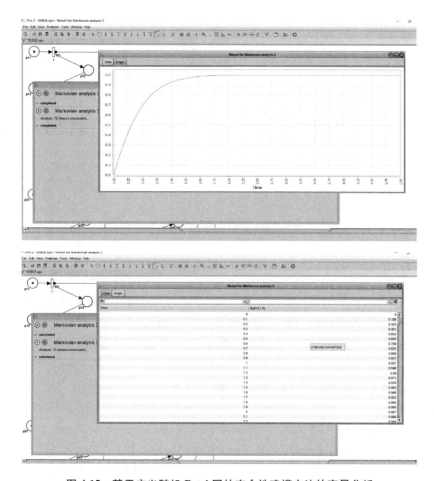

图 4.15　基于广义随机 Petri 网的安全性建模方法的定量分析

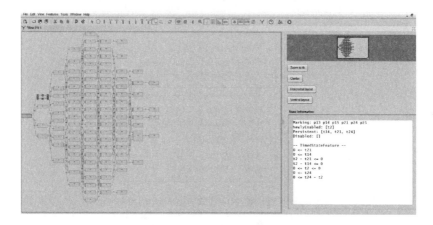

图 4.16　基于广义随机 Petri 网的安全性建模方法的定性分析

第5章

飞行控制关键失效场景和失效状态识别方法

5.1 引言

从满足适航和安全性要求的角度出发,总结飞机系统安全性的主要分析方法,研究关键失效场景和失效状态的识别方法和具体流程,对典型运输类飞机的失效场景案例进行研究和分析。整理飞机系统安全性分析过程中的功能危险评估(functional hazard assessment, FHA)、初步系统安全性评估(preliminary SSA, PSSA)和系统安全性评估(SSA)等方法,给出三种评估的应用阶段;对故障树分析(fault tree analysis, FTA)、故障模式影响分析(FMEA)以及特殊风险分析(particular risk analysis, PRA)、共模故障分析(common mode analysis, CMA)与区域安全性分析(zonal safety analysis, ZSA)方法进行深入研究,阐明各方法在民用飞机系统安全性评估中的作用与应用阶段,给出各个方法的实施步骤和分析报告;结合适航审定关注的失效场景分析问题,研究分析典型运输类飞机的失效场景案例。具体研究路线如图 5.1 所示。

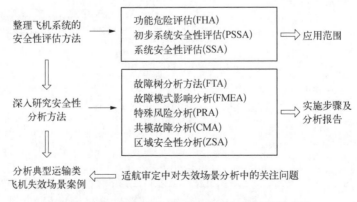

图 5.1　电传公务机典型失效场景分析方法研究路线

5.2　适航审定在失效场景分析中关注的问题

功能危害性分析(FHA)是失效场景分析的核心,相应的审查工作贯穿于适航审定的整个阶段,需要在概念设计阶段和要求确定阶段进行评审,并在计划实施阶段得到最终批准。局方对 FHA 的审查本质上是流程审查,局方的关注重点是 FHA 依据的充分性、流程的规范性和正确性,以及数据记录的完整性。

5.2.1　适航审定各阶段 FHA 的审查要求

在飞机的适航审定中,飞机系统安全性的审查是指按照《航空器型号合格审定程序》(AP – 21 – AA – 2011 – 03R4) 中的审定阶段划分,对 25.1309 的符合性进行审查。AC 25.1309、AMC 25.1309、SAE ARP 4754A 和 SAE ARP 4761[*] 是审查方接受的符合性指导材料,作为审查工作开展的依据。

飞机的安全性评估工作贯穿于飞机整个设计生命周期,尽管 FHA 工作在设计研发工作的早期开始,但 FHA 会随着系统详细设计工作和后续安全性分析工作进行更新。表 5.1 给出了在适航审定的各个阶段建议进行的 FHA 工作。

表 5.1　适航审定各阶段相应的 FHA 工作

适航审定阶段	对应的设计研发阶段	FHA 相 关 工 作
概念设计阶段	概念设计阶段	形成飞机级 FHA,提交局方评审; 形成系统初步 FHA,提交局方初步评审
要求确定阶段	初步设计阶段 详细设计阶段前期	定期更新飞机级 FHA,提交局方评审; 形成系统 FHA,系统初步设计评审后提交局方评审
符合性计划制定阶段	详细设计阶段后期 系统试制和试验阶段前期	定期更新飞机级 FHA,提交局方评审; 定期更新系统级 FHA,提交局方评审
计划实施阶段	系统试制和验证阶段后期	飞机级 FHA 最终版本提交局方批准; 系统级 FHA 最终版本提交局方批准
证后管理阶段	—	通过安全性数据的持续监控和收集,对 FHA 的结果进行进一步的确认;相关信息反馈到安全性数据库中,供飞机改进和改型使用

---

[*]　2023 年 12 月,已更新至 SAE ARP 4754B 和 SAE ARP 4761A 版本。

5.2.2　系统 FHA 审查中局方关注的问题

在对 FHA 的审查中,局方重点关注以下问题。

1. 关注系统的全部功能是否已被正确地识别和定义

系统功能正确和完整的识别是开展系统安全性评估工作的重要基础和前提条件,在系统功能定义工作尚不完善的情况下,难以保证本系统功能危害性评估结果的正确性和完整性。因此局方关注申请方是否已按照正确、规范的流程进行和完成了系统功能的识别、定义、分析和分配工作。

2. 关注系统 FHA 工作的输入是否正确和完备

局方关注系统 FHA 分析工作的输入,包括飞机级 FHA、通用数据文档、相关设计文档是否正确和完备。

特别地,局方关注飞行阶段划分和定义是否已正确和完整,飞行阶段划分和定义的正确性和完整性将直接影响系统 FHA 分析结果的正确性和完整性。局方要求申请方提交正式的关于飞行阶段划分和定义的设计文件,同时要求申请方确认系统相关设计及 FHA 分析工作是否遵照该飞行阶段划分和定义进行。

3. 关注 FHA 工作是否依据了正确的、系统的分析过程,并执行了正确的分析方法

局方关注申请方是否按照 SAE ARP 4754A 和 SAE ARP 4761 的要求,按照正确、系统的分析过程和正确的分析方法进行了系统 FHA 分析工作。包括:

1) 故障定义是否清晰明确

如:"舵面卡阻""舵面急偏""舵面振荡""功能部分丧失"定义是否清晰明确。

2) 功能失效分析是否完整

根据以往工程经验可知,在完成 FHA 分析工作时,须至少考虑 4 大类功能失效情况:"功能全部丧失"(total loss of function)、"部分功能丧失"(partial loss of function)、"无意中执行"(inadvertent functioning)和"错误的执行"(erratic functioning)。

3) 环境和应急构型清单是否正确完整

局方关注是否建立了正确完整的环境和紧急构型清单,并分析了对失效状态的影响。

4) 是否具备足够的工程经验支持

FHA 的影响分析,特别是对于高层级功能的失效状态影响分析,往往依赖于工程经验和专家知识,局方关注申请方在分析失效状态影响时是否具有足够的经验和专家知识支持。

4. 关注 FHA 分析支持性材料的完整性

在 FHA 分析过程中,申请方除了保存系统 FHA 的分析结果,还须保存分析过程中各环节中产生的分析数据、支持性数据等,保证 FHA 分析结果的可追溯性。

因此,申请方应保留主系统 FHA 分析过程中相关信息,建立 FHA 分析结果与分析数据、支持性数据的可追溯性。相应分析数据和支持性数据须按要求提交局方评审或参考。

特别地,对于非灾难级的失效状态,要保留和提供必要的证据表明失效状态未被错误地降低,例如:"灾难级"失效状态被错误地确定为"危险级"失效状态。

5.3　关键失效场景和失效状态的识别方法和流程

5.3.1　安全性评估流程

安全性评估过程利用分析性证据表明对适航要求的符合性。该过程包括系统研制期间所实施并更新的具体评估,以及与其他系统研制支持过程的相互作用。主要的安全性评估过程如下。

(1) 功能危险评估(FHA):检查飞机和系统的功能,识别潜在的功能失效,对具体失效状态相关的危险进行分类。在研制过程早期就应开展 FHA,并随所识别的新功能或失效状态适时更新。

(2) 初步系统安全性评估(PSSA):确定具体系统和产品的安全性要求,提供预期系统架构满足安全性要求的初步说明。在整个系统研制过程中,需对 PSSA 进行适时更新。

(3) 系统安全性评估(SSA):通过收集、分析和利用文件证明,验证所实施系统满足 FHA 和 PSSA 确定的系统安全性要求。

(4) 共因分析(CCA):建立和确认系统间在物理和功能上的分离和隔离要求,验证已满足这些要求。

安全性评估程序与系统研制过程的对应关系如图 5.2 所示。

以某在研民用飞机为对象,开展整机级 FHA 分析。

5.3.2　飞机及其功能描述

该飞机为双发单通道客机,其基本功能是在三维空间中以飞行方式运载人员和物品至目的地。整机级功能是从飞机使用者需求的角度出发,按照功能的归属关系分出三层整机级功能。其中,顶层功能定义了飞机满足可以在一定的地面环境条件下起飞,在空中方向或轨迹可控,提供可以人居的环境(包含具备处理空中可预见的紧急事件的功能),能够准确到达目的地并实施着陆。

确定整机级功能清单如表 5.2 所示。

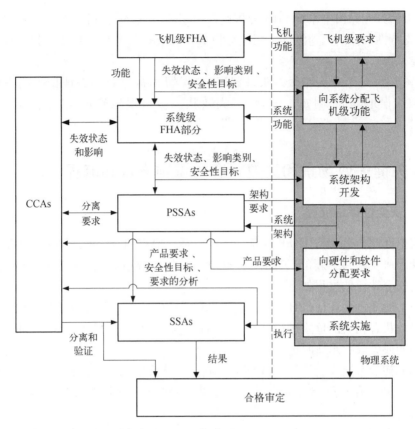

图 5.2 安全性评估程序与系统研制过程对应关系

表 5.2 整机级功能清单

第一层功能	第 二 层	第 三 层
提供动力	提供推力及控制	—
	提供反推力及控制	—
飞行控制	升/阻控制	—
	滚转控制	—
	俯仰控制	—
	偏航控制	—
	偏航阻尼	—

第一层功能	第　二　层	第　三　层
飞行控制	协调转弯	—
	放宽静稳定性	—
	阵风减缓	—
	飞行包线保护	失速保护
		过速保护
		倾侧角保护
		俯仰姿态保护
		过载保护
地面控制	速度控制	—
	方向控制	—
	构型控制	—
	空地过渡	—
	地面支撑	—
自动飞行操纵	自动驾驶	—
	飞行指引	—
	自动油门	—
	自动着陆	—
	飞行导引	—
防撞回避	空中防撞与告警	—
	近地提示与告警	—
通信	机/地通信	—
	机/机通信	—
	机内通信	—

第一层功能	第　二　层	第　三　层
导航	空速信息	—
	地速信息	—
	航向信息	—
	侧滑信息	—
	方位信息	—
	垂直速度信息	—
	高度信息	—
	姿态信息	—
	气象信息	—
	飞行管理	—
货物装卸	—	—
环境控制	空气调节	调压
		调温
		通风
	照明	—
	防火	—
	防冰/除雨	机翼前缘防冰
		发动机短舱防冰
		风挡防冰除雨
		探头/传感器防冰
		结冰探测
旅客舒适性	餐饮	—
	供水/废水处理	—
	物品存储	—

续　表

第一层功能	第　二　层	第　三　层
旅客舒适性	机上娱乐	—
	隔热降噪	—
旅客安全性	地面应急撤离	—
	水上救生	—
	乘员保护	—

5.4　典型失效场景案例分析

5.4.1　飞行控制失效场景

评估初始飞行系统功能危害性级别如表 5.3 所示。

表 5.3　初始飞行系统功能危害性评估工作表

系统功能：提供飞行控制功能		系统子功能：提供飞行控制功能				
风险类别	功能：1. 灾难性的；2. 危险的；3. 重要的；4. 小的；NE. 无影响的	DvAL：A. 灾难性的；B. 危险的；C. 重要的；D. 小的；E. 无影响的				
FHA追踪序号	子功能	风险	飞行阶段	对飞机或机组的影响	风险类别Funct.DvAL	影响/风险类别验证	功能关系/言论	验证要求
2701A	提供飞行控制功能	无法控制飞行控制系统						
		（a）失去所有 FCC 通道	滑行	对飞机：无重要影响；对机组：中断飞行；工作量轻微增加	NE	E	N/A	N/A	N/A
—	—	—	—	—	—	—	—	—
—	—	—	—	—	—	—	—	—

85

5.4.2 环境事件、紧急构型和特殊飞行状态示例

有关环境事件、紧急构型与事件和特殊飞行状态如表 5.4、表 5.5 和表 5.6 所示。

表 5.4 环境事件

状　　态	发 生 概 率
正常结冰	无定量预测
严重结冰	5×10^{-3}/飞行循环
降落/起飞过程中逆风超过 25 kn	10^{-2}/飞行循环
降落/起飞过程中顺风超过 10 kn	10^{-2}/飞行循环
降落/起飞过程中横风超过 15 kn	10^{-2}/飞行循环
极限负阵风	10^{-5}/飞行循环
适度大气状态	10^{-3}/飞行循环
严重大气状态	10^{-5}/飞行循环
DO-160E 中定义的雷击	无定量预测
DO-160E 中定义的高强度辐射	无定量预测
冰雹	无定量预测
鸟撞	无定量预测

表 5.5 紧急构型与事件

事　　件	发 生 概 率
电子冒烟	10^{-5}/飞行循环
电子火灾	3×10^{-7}/飞行循环
货仓起火	10^{-7}/飞行循环
机舱/APU/厕所起火	10^{-6}/飞行循环

续　表

事　　件	发 生 概 率
着陆时起落架向上	10^{-7}/飞行循环
轮胎爆裂/轮胎报废/轮缘释放	无定量预测
发动机/APU 转子破裂	10^{-7}/飞行循环
驾驶舱失压(结构或密封失效)	10^{-6}/飞行循环

表 5.6　特殊飞行状态

状　　态	发 生 概 率
在认定的飞行包线以外飞行	10^{-3}/飞行循环
CG 和重量在允许范围以内	无定量预测
即将失速(超出警告阈值)	10^{-5}/飞行循环
告诉超过 VMO/MMO	10^{-2}/飞行循环
中断起飞	10^{-3}/飞行循环
高能量中断起飞	10^{-6}/飞行循环
着陆过程中巡回	10^{-2}/飞行循环
拒绝着陆	10^{-5}/飞行循环
强制着陆	10^{-7}/飞行循环
ETOPS 着陆	无定量预测
水上迫降	10^{-8}/飞行循环
紧急疏散	$6×10^{-6}$/飞行循环

5.4.3　飞控系统典型失效状态案例

有关飞控系统灾难性的、危险的、重要的和小的和无影响的失效状态如表5.7~
表 5.10 所示。

表 5.7 灾难性的失效状态

状 态	危 险 程 度
失去所有 FCC 通道	灾难性的
正常模式下发生错误命令或增益	灾难性的
失去滚转轴最小可接受控制副翼	灾难性的
不能减轻单副翼浮动控制律	灾难性的
刚体单副翼摆动超过结构限制	灾难性的
失去单副翼震颤抑制	灾难性的
失去滚转轴感受中心和阻尼能力	灾难性的
不能减轻单副翼满舵控制律	灾难性的
两个机组滚动输入都损失或堵塞	灾难性的
持续满舵	灾难性的
刚体舵振动超过结构限制	灾难性的
失去舵面震颤抑制	灾难性的
失去偏航轴感受中心和阻尼能力	灾难性的
瞬态舵(显示器减轻满舵)	灾难性的
失去正常或直接/交替状态下最小可接受控制俯仰	灾难性的
单吊卡满舵	灾难性的
刚体单吊卡震荡超过结构限制	灾难性的
失去单吊卡震颤抑制	灾难性的
吊卡拆分超出允许限度	灾难性的
失去俯仰轴感受中心和阻尼能力	灾难性的
非指令失速预防激活	灾难性的
机组俯仰输入损失	灾难性的

续　表

状　　态	危 险 程 度
水平刀与机械手发生机械断开	灾难性的
不受约束的水平稳定器运动超出容许公差	灾难性的
无命令水平稳定器超出起飞配平毫无预警地起飞	灾难性的
速度刹车无指令部署	灾难性的
无指令速度刹车部署在毫无预警地起飞	灾难性的
地面扰流板无指令性部署	灾难性的
滚转轴最小可接受手柄的外侧和中间扰流板的损失	灾难性的
单扰流片满舵控制律无法减轻	灾难性的
非命令扰流板振荡超过结构限制	灾难性的

表 5.8　危险的失效状态

状　　态	危 险 程 度
单副翼持续满舵	危险的
滚转轴感觉或阻尼能力退化	危险的
方向舵配平失控	危险的
偏航阻尼能力丧失	危险的
非显示地面扰流板功能丧失	危险的

表 5.9　重要的失效状态

状　　态	危 险 程 度
BFCU 错误命令备用扩充部件	重要的
无法移动单副翼：在正常的位置卡住	重要的

续　表

状　　态	危 险 程 度
副翼,阻尼旁路的损失	重要的
滚转配平失控	重要的
无法提供滚转控制状态 CAS 指示	重要的
无法移动方向舵: 在正常情况下表面或船员输入的位置卡住	重要的
方向舵: 浮动和阻尼	重要的
偏航轴感觉和阻抗能力退化	重要的
无法提供偏航控制状态 CAS 指示	重要的
正常情况下机组偏航输入位置丢失或卡住	重要的
无法移动单吊卡: 正常位置卡住	重要的
无法移动单吊卡: 浮动和阻尼	重要的
俯仰轴感觉或阻尼能力退化	重要的
无法提供防止失速功能	重要的
无法提供俯仰控制状态 CAS 指示	重要的
失去正常模式下俯仰平稳控制能力	重要的
无法提供俯仰平稳控制状态 CAS 指示	重要的
速度控制器功能无指令丢失	重要的
无法移动速度控制器: 正常位置飞行员输入电平卡住	重要的
无法移动扰流板: 正常位置卡住	重要的
扰流板: 浮动	重要的
无法提供速度控制器控制状态 CAS 指示	重要的
无法提供地面扰流板控制状态 CAS 指示	重要的

表 5.10　小的和无影响的失效状态

状　　　　态	危　险　程　度
滚转配平能力丢失	小的
方向舵配平能力丢失	小的
俯仰配平指示丢失	小的
无法向 CMC 发送滚装控制状态信息	无影响的
无法向 CMC 发送偏航控制状态信息	无影响的
无法向 CMC 发送俯仰控制状态信息	无影响的
无法向 CMC 发送俯仰配平控制状态信息	无影响的
无法向 CMC 发送速度控制器状态信息	无影响的
无法向 CMC 发送地面扰流板控制状态信息	无影响的

第**6**章

面向操纵品质等级的故障选定方法

6.1 引言

本章在咨询通告 AC 25 - 7D 的基础上,细化正常、使用和限制飞行包线下飞机过载、姿态、高度和发动机状态等因子的特性,提出飞行包线状态的确定方法。从飞行包线等级、大气扰动等级以及系统故障状态等飞机所处状态入手,分析系统多状态故障的概率计算方法,为操纵品质等级状态和故障清单的确定提供具体实施流程。针对操纵品质等级评估飞行试验清单,对故障的具体选定方法进行研究。提出飞机系统单元多状态故障的描述方法,并利用贝叶斯理论在多状态单元概率计算中的优势,对系统状态概率进行求解。建立最低操纵品质等级与飞行包线、大气状态及系统状态间的关系模型,并以俯仰控制增稳系统为例,基于贝叶斯网络计算多状态故障概率,确定不同状态下系统应满足的最低操纵品质要求,为操纵品质评估清单的选定提供方法。

6.2 操纵品质影响因素分析

HQRM 应用于评估进行典型静态和动态演习时飞机的操纵品质,影响操纵品质的因素可以分为飞机结构条件(飞行包线)、外部环境条件(大气扰动)、飞行任务条件以及特定系统故障四个方面。

6.2.1 飞行包线

飞行包线是与飞机过载有关的速度高度边界,各高度的速度范围介于最大平飞速度和最小平飞速度之间[15]。将飞机所处飞行包线的状态分为三类:正常飞行包线(NFE)、使用飞行包线(OFE)和极限飞行包线(LFE)[73]。无论是在全发工作还是在发动机失效状态下,正常飞行包线通常与例行运行或规定状态有关;使用飞行包线超出了正常飞行包线范围,通常是警告开始发布的状态;极限飞行包线与飞机设计极限或 EFCS 保护极限相关,它远远超出飞行包线范围。典型的飞行包线如图 6.1(a)所示,过载与速度、高度之间的关系如图 6.1(b)、(c)所示。

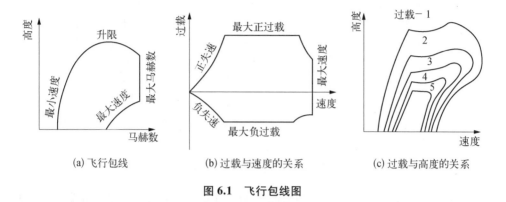

(a) 飞行包线　　　　　(b) 过载与速度的关系　　　　(c) 过载与高度的关系

图 6.1　飞行包线图

最大平飞速度由发动机可用推力和需用推力决定,发动机可用推力曲线与需用推力曲线的交界处即为最大平飞速度位置:

$$V_{\max} = \sqrt{\frac{2T_a}{C_D\rho aS}} = \sqrt{\frac{2T_R}{C_D\rho S}} \tag{6.1}$$

其中,T_a 为发动机可用推力,随速度和高度的变化而变化,且与发动机工作状态有关;T_R 为发动机需用推力,与飞机所受阻力有关;C_D 为阻力系数,与高度、飞机的迎角和大气状态等有关;ρ 为大气密度,随高度变化而变化;S 为飞机参考面积,为飞机固有特性。

最小平飞速度为

$$V_{\min} = \sqrt{\frac{2W}{C_{L,\max}\rho S}} \tag{6.2}$$

其中,$C_{L,\max}$ 为最大升力系数,与飞机迎角及大气状态有关;W 为飞机重量,为飞机固有特性。

由最大平飞速度和最小平飞速度的公式可知,影响飞行包线轮廓的主要因素为飞机自身重量和机翼面积、飞机飞行迎角、飞机姿态、发动机工作状态以及大气环境。

6.2.2　大气扰动

风可以分为常值风和变化风,常值风主要对飞机的平均速度产生影响,它对于操纵品质的影响会从飞行包线方面分析,变化风对飞行的影响主要有两个类型:大气湍流和风切变。图 6.2 为变化风场的测量结果,从中可以看出,不仅风速的脉动分量在变,而且风速的均值也发生变化。

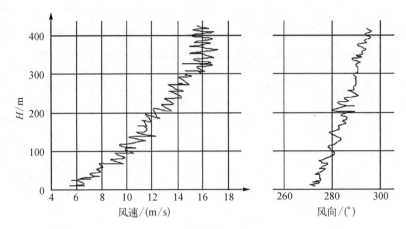

图 6.2 变化风场的测量结果

将扰动产生的影响分为轻微、中等和严重三个等级：轻微大气扰动可瞬时引起飞机的姿态和高度发生轻微的、不稳定的变化，一般侧风风速小于 10 kn(约 18.5 km/h)。中等大气扰动类似轻微扰动，但更加强烈，可引起飞机的高度和姿态发生改变，通常引起飞机指示空速的变化，一般侧风风速最大可以达到 25 kn(约 46.3 km/h)。严重大气扰动通常引起较大的指示空速变化，会让飞机产生在姿态和高度上大的、突然的偏离，此种条件下侧风风速显著地超过可以保证飞机最低起降安全的侧风值。

6.2.3 飞行任务

表 6.1 给出了针对所有装有电传飞行控制系统的飞机的典型任务示例[74]。

表 6.1 FAA 适航指令提供的典型任务示例

A. 配平和无人值守运行	
飞机处于或偏离初始"配平"或非加速状态的特性： (1) 对脉冲输入(3 轴方向)的动态和稳态飞行航迹的响应； (2) 对大气湍流的动态和稳态飞行轨迹的响应； (3) 螺旋稳定性(例如在 40°坡度角时松杆)	
B. 大幅度机动	
俯仰/纵向	(1) 绕紧转弯或对称拉起/推杆； (2) 以固定 g 或按迎角或过载限制器减速转弯； (3) 失速或迎角限制器进近； (4) 推/拉杆偏离配平速度

续　表

B. 大幅度机动	
横滚	迅速从一侧向另一侧横滚
偏航	(1) 突然改变航向； (2) 定航向侧滑
运行	(1) 俯仰和（或）横滚颠倾改出； (2) 紧急下降； (3) 爬升/俯冲转弯； (4) 起飞/着陆风切变规避机动； (5) 起飞/着陆风切变规避机动-由低速起复飞/施加功率或推力； (6) 在接地时或拉平高度上阻止高下沉率； (7) 空中避撞横滚/拉起； (8) 欠速或大侧风下的起飞和着陆拉平
C. 飞行航迹的精确闭环规则	
在驾驶舱显示状况和各种大气扰动条件下,跟踪以下飞行过程进行高度/航向/速度:	(1) 起飞； (2) 爬升； (3) 巡航； (4) 下降； (5) 空中停车； (6) 改变形态/改变功率或改变推力； (7) 上述各种飞行状态之间的过渡

6.3　基于贝叶斯网络的概率计算模型

本节提出基于贝叶斯网络的故障状态筛选方法,识别飞机系统故障对整机故障概率的影响,判断该系统故障状态下飞机应满足的最低操纵品质等级。

6.3.1　多故障状态描述

将具有多状态特征单元的状态分为正常、部分故障、完全失效三种。用介于 1 和 0 之间的数 m 来表示单元的状态。

$m = 0$ 时,表示单元完全失效；$0 < m < 1$ 时,单元处于故障状态,m 越接近 0 代表故障程度越高；$m = 1$ 时,表示单元处于正常状态。单元处于完全失效、故障、正

常状态的概率分别用 p、k、q 表示,满足 $p + q + k = 1$。对于只包含正常和失效两种状态的普通元件所组成的串联或并联系统,其状态特征是不适用于多状态元件组成的系统的,需重新分析串并联系统的状态及概率。

1. 多状态单元串联

如图 6.3 所示的多状态单元串联系统,由 n 个相同单元串联而成,各单元的状态分别为 T_i($T_i = 0$,0.5,1),处于 T_i 状态的概率分别为 p、k、q,满足:

$$p = P(T_i = 0)$$
$$k = P(T_i = 0.5)$$
$$q = P(T_i = 1) \tag{6.3}$$
$$p + q + k = 1$$

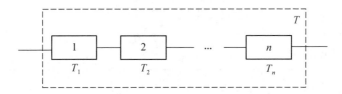

图 6.3　多状态单元串联系统

系统特征表现为:所有单元中任一单元完全失效,则系统完全失效;只有所有单元都处于正常工作状态,系统才处于正常状态;其余状态下,系统处于部分故障状态,故障程度为各单元状态的组合。系统状态 T 有 $\{0, 0.5^n, 0.5^{n-1}, \cdots, 0.5^1, 1\}$ 共 $n+2$ 种状态,可表示为

$$T = \prod_{i=1}^{n} T_i = \begin{cases} 0, & \text{任一单元完全失效} \\ 0.5^t, & t \text{ 个单元故障,其余正常},\ 1 \leqslant t \leqslant n \\ 1, & \text{所有单元正常工作} \end{cases} \tag{6.4}$$

系统处于 T 状态时的概率为各组成单元状态概率的连乘积:

$$p_s = P(T = 0) = \sum_{i=1}^{n} C_n^i p^i (1 - p)^{n-i}$$

$$q_s = P(T = 1) = \prod_{i=1}^{n} q_i = q^n \tag{6.5}$$

$$k_s = P(T = 0.5^t) = C_n^t k^t q^{n-t}$$

2. 多状态单元并联

如图 6.4 所示的多状态单元并联系统,由 n 个相同单元并联而成,各单元的状态分别为 $T_i(T_i = 0, 0.5, 1)$。系统特征表现为:只有所有单元都完全失效时,系统才处于失效状态;所有单元中任一单元正常工作,则系统正常工作;其余状态下,系统处于部分故障状态,故障程度为各单元状态的组合。系统状态 T 有 $\{0, 0.5, 1\}$ 三种状态,可表示为

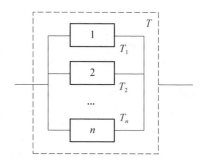

图 6.4 多状态单元并联系统

$$T = \max\{T_1, T_2, \cdots, T_n\} = \begin{cases} 0, & \text{所有单元完全失效} \\ 0.5, & t \text{ 个单元故障,其余完全失效} \\ 1, & \text{任一单元正常工作} \end{cases} \quad (6.6)$$

系统处于 T 状态时的概率为各组成单元状态概率的连乘积:

$$p_s = P(T = 0) = \prod_{i=1}^{n} p_i = p^n$$

$$q_s = P(T = 1) = \sum_{i=1}^{n} C_n^i q^i (1-q)^{n-i} \quad (6.7)$$

$$k_s = P(T = 0.5) = \sum_{t=1}^{n} C_n^t k^t q^{n-t}$$

3. 多状态单元串并联

对于如图 6.5 所示的某系统结构,系统元件和模块的状态及概率如表 6.2 所示。

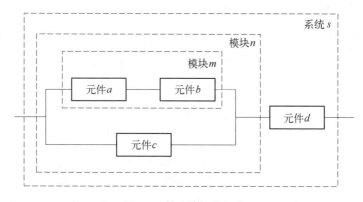

图 6.5 某系统结构组成

表 6.2　某系统元件和模块状态及概率表

元　件	正常状态(1)	故障状态(0.5)	故障状态(0)
a	0.8	0.1	0.1
b	0.9	—	0.1
c	0.9	—	0.1
d	0.7	0.2	0.1

可以先计算模块 m、n 三个状态的概率,然后推出整个系统的故障状态及概率:

$$
\begin{aligned}
&P(m=1)=P(a=1)P(b=1)=0.72\\
&P(m=0)=P(a=0)+P(b=0)-P(a=0)P(b=0)=0.19\\
&P(m=0.5)=P(a=0.5)P(b=1)=0.09\\
&P(n=1)=P(m=1)+P(c=1)-P(m=1)P(c=1)=0.972\\
&P(n=0)=P(m=0)P(c=0)=0.019\\
&P(n=0.5)=P(m=0.5)P(c=0)=0.009\\
&P(s=1)=P(n=1)P(d=1)=0.680\,4\\
&P(s=0)=P(n=0)+P(d=0)-P(n=0)P(d=0)=0.117\,1\\
&P(s=0.5)=P(n=1)P(d=0.5)+P(n=0.5)P(d=1)=0.200\,7\\
&P(s=0.25)=P(n=0.5)P(d=0.5)=0.001\,8
\end{aligned}
\tag{6.8}
$$

于是,系统正常概率为 0.680 4,完全失效概率为 0.117 1,故障程度为 0.5 的概率为 0.200 7,故障程度为 0.25 的概率为 0.001 8。

6.3.2　飞行包线状态的确定方法

飞行包线状态包括正常、使用和限制三种状态,其划分由飞机襟翼状态、发动机工作状态、过载 N_z、飞机迎角 AOA 等共同作用完成。建立划分飞行包线状态的因素的集合:

$$
\begin{aligned}
FE=[&\text{Flap, Eng, Flight Phase, } N_z,\text{ Pitch,}\\
&V,\text{ AOA, Roll, Altitude, Buffet}]
\end{aligned}
\tag{6.9}
$$

其中,Flap 代表飞机襟翼状态,包含收起和放下;Eng 代表发动机工作状态,分为正常工作和不工作;Flight Phase 代表飞行阶段,分为起飞、巡航以及着陆阶段;N_z、Pitch、V、AOA、Roll、Altitude 和 Buffet 分别代表过载、俯仰、速度、攻角、横滚、高度和抖振。

正常、使用和限制飞行包线的轮廓范围依次增大,各下的飞机特性数据如表 6.3 所示。将各飞行包线轮廓的范围依次定为集合 N、O、L,确定飞行包线状态的流程如图 6.6 所示。

表 6.3　不同飞行包线内的飞机特性

飞行包线状态		正　常	使　用	限　制
襟翼收起	过载	$[0.8, 1.3]$	$[0, 1.6]$	$[-1.0, 2.5]$
	俯仰	$[-15°, 30°]$	$[-15°, 30°]$	$[-15°, 30°]$
	速度(发动机正常工作)	$[1.3V_S, V_{MO}]$ 或 $[V, V_{MO}]$	$[V_{SW}, V_{FC}]$ 或 $[V_{LIMSTDY}, V_{FC}]$	$[V_{LIMDYN}, V_D]$ 或 $[V_{CLMAX}, V_D]$
	速度(发动机不工作)	$[V_{FTO}, V_{MO}]$		
	攻角	—	α_{SW} 或 $\alpha_{LIMSTDY}$	α_{LIMDYN} 或 α_{CLMAX}
	横滚	$[-40°, 40°]$	$[-50°, 50°]$ 或 $[-67°, 67°]$	φ_{LIM}
	高度	LIM		
	抖振	—	IB	DET
襟翼放下	过载	$[0.8, 1.3]$	$[0.5, 1.6]$	$[0, 2.0]$
	俯仰	$[-15°, 30°]$	$[-15°, 30°]$	$[-15°, 30°]$
	速度	$[V_{RFE}, V_{FE}]$ 或 $[V_2+XX, V_{FE}]$	$[V_{LIMSTDY}, V_{FE}+\Delta V]$ 或 $[V_{SW}, V_{FE}+\Delta V]$	$[V_{LIMDYN}, V_{FE}+\Delta V]$ 或 $[V_{CLMAX}, V_{FE}+\Delta V]$
	攻角	—	α_{SW} 或 $\alpha_{LIMSTDY}$	α_{LIMDYN} 或 α_{CLMAX}
	横滚	$[-40°, 40°]$	$[-50°, 50°]$ 或 $[-67°, 67°]$	φ_{LIM}
	横滚(着陆/发动机不工作)	$[-40°, 40°]$		
	横滚(起飞)	$[-30°, 30°]$		
	高度	TO&L+3000	TO&L+3000	LIM
	抖振	—	IB	DET

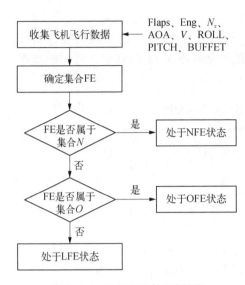

图 6.6　飞行包线状态确定流程

主要流程为：

（1）收集飞行状态数据，包括襟翼、发动机状态、迎角等；

（2）将收集的数据填入集合 FE 中；

（3）判断 FE 是否属于集合 N，若 $FE \in N$，则飞行包线为正常包线，得出结论；若 $FE \notin N$，则进入下一步；

（4）判断 FE 是否属于集合 O，若 $FE \in O$，则飞行包线为使用包线，得出结论；若 $FE \notin O$，则飞行包线为限制包线。

注：不考虑超出限制飞行包线以外的条件。

由于大气扰动在飞机结构外部影响着飞机飞行操纵，使得飞机抖振、产生姿态变化等，严重大气扰动有时会对飞行包线的状态产生影响，但此时飞行包线的概率应依然使用正常飞行状态的概率，如下。

（1）严重的风切变。飞机上设计了用于规避风切变的程序，在遇到风切变时，飞机会将迎角拉向迎角限制值，此时飞行包线处于使用飞行包线或限制飞行包线状态，此时概率为 10^{-3} 或 10^{-5}，但实际上的概率应为 10^{0}。

（2）突风。飞机会由于突风而经受超速，从巡航速度进入使用飞行包线，在这种情况下，飞行包线的概率应为 10^{0}，而不是 10^{-3}。

某些系统故障也会改变飞行包线状态，此时飞行包线的概率依然使用系统故障之前正常飞行包线状态的概率值。可能导致飞行状态改变的系统故障为：①丧失警告；②飞机稳定性降低。

对于飞行包线，正常、使用、限制飞行包线三种状态边界处的发生概率 X_e 分别为 10^{0}、10^{-3}、10^{-5}；轻微、中等、严重大气扰动三种状态边界处的发生概率 X_a 分别为 10^{0}、10^{-3}、10^{-5}；系统状态概率则由底事件组合概率确定。

系统由多个元件或串联或并联构成，其故障状态及故障概率 X_c 由最底层元件的故障决定。根据功能不同分类，元件可以分为动力元件、计算元件、传递电信号元件、传递机械信号元件、电液信号转换元件等，其故障分为：功能部分丧失、功能完全丧失、功能错误等。不同元件的不同故障会导致不同的系统故障，计算故障概率可采用典型的贝叶斯网络模型。

6.3.3　故障概率与操纵品质等级关系模型

飞行包线状态、大气扰动状态、飞行任务以及特殊故障共同影响着操纵品质。根据飞行包线、大气扰动、系统故障事件概率与安全性影响机理的关系,建立最低操纵品质与处于飞行包线中某一特定位置的概率 X_e、遭遇某个大气扰动等级的概率 X_a 和某一特定飞行操纵故障的概率 X_c 的关系,执行过程如图 6.7 所示。

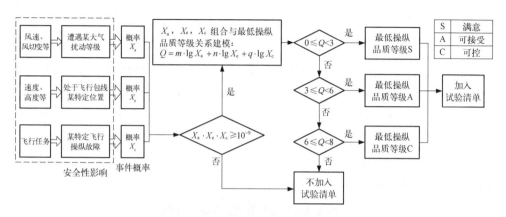

图 6.7　最低操纵品质等级确定过程

最低操纵品质等级与处于飞行包线中某一特定位置的概率 X_e、遭遇某个大气扰动等级的概率 X_a 和某一特定飞行操纵故障的概率 X_c 之间的关系模型如下:

$$Q = m \cdot \lg X_a + n \cdot \lg X_e + q \cdot \lg X_c \tag{6.10}$$

根据 Q 值确定此状况下飞机应满足的最低操纵品质等级,最低操纵品质等级与 Q 之间的关系如表 6.4 所示。

表 6.4　最低操纵品质等级与 Q 之间的关系

Q	$0 \leqslant Q < 3$	$3 \leqslant Q < 6$	$6 \leqslant Q < 8$	$8 \leqslant Q$
最低操纵品质等级	满意(S)	可接受(A)	可控(C)	—

故障状态发生时飞机应满足的最低操纵品质等级一般为:满意、可接受和可控。若某故障状态无最低操纵品质等级要求,则该故障不加入飞行试验的清单。

6.3.4　模型求解

规章中将飞行状态定义为"可能"(发生概率为 $10^{-5} \sim 10^{0}$)和"不可能"(发生概率为 $10^{-9} \sim 10^{-5}$),两种飞行状态与最低操纵品质等级关系如表 6.5 所示。

表 6.5　飞行状态与最低操纵品质等级关系表

飞行状态($X_c \cdot X_e$)	轻 微 扰 动			中 等 扰 动			严 重 扰 动		
	NFE	OFE	LFE	NFE	OFE	LFE	NFE	OFE	LFE
可能($10^{-5} \sim 10^0$)	S	S	A	A	C	C	C	C	C
不可能($10^{-9} \sim 10^{-5}$)	A	A	C	C	C	—	C	—	C

对于飞行包线,正常、使用、限制飞行包线三种状态边界处的发生概率 X_e 分别为 10^0、10^{-3}、10^{-5};轻微、中等、严重大气扰动三种状态边界处的发生概率 X_a 分别为 10^0、10^{-3}、10^{-5};飞行状态概率($X_c \cdot X_e$)同时考虑飞行包线和系统状态,在可能、不可能状态的边界概率为 10^0、10^{-5}、10^{-9}。

表 6.6 是在飞行包线状态(X_e)和飞行状态($X_c \cdot X_e$)边界条件概率的限制下,确定系统状态概率的边界。

表 6.6　根据飞行状态边界确定系统状态概率边界

飞行包线边界概率(X_e)	10^0			10^{-3}			10^{-5}		
飞行状态概率($X_c \cdot X_e$)	10^0	10^{-5}	10^{-9}	10^0	10^{-5}	10^{-9}	10^0	10^{-5}	10^{-9}
系统状态概率(X_c)	10^0	10^{-5}	10^{-9}	10^0	10^{-2}	10^{-6}	10^0	10^0	10^{-4}

此时可以重新计算飞行状态的边界,如表 6.7 所示。

表 6.7　根据系统状态边界计算得到的飞行状态边界

飞行包线边界概率(X_e)	10^0			10^{-3}			10^{-5}		
系统状态概率(X_c)	10^0	10^{-5}	10^{-9}	10^0	10^{-2}	10^{-6}	10^0	10^0	10^{-4}
飞行状态概率($X_c \cdot X_e$)	10^0	10^{-5}	10^{-9}	10^{-3}	10^{-5}	10^{-9}	10^{-5}	10^{-5}	10^{-9}

删除重复项,加入大气扰动的状态,考虑概率对数值的绝对值,得到飞行状态的边界条件,如表 6.8 所示。

表 6.8　根据大气扰动确定的状态边界

大气扰动边界	0	0	0	0	0	0	0	3	3	3	3	3	3	3	5	5	5	5	5	5	5
飞行包线边界	0	0	0	3	3	3	5	5	0	0	0	3	3	3	5	5	0	0	0	3	3	3	5	5
系统状态	0	5	9	0	2	6	0	4	0	5	9	0	2	6	0	4	0	5	9	0	2	6	0	4
飞行状态	0	5	9	3	5	9	5	9	0	5	9	3	5	9	5	9	0	5	9	3	5	9	5	9

将飞机遭受的大气扰动、飞行包线和系统故障状态集合定义为整机状态,其发生概率($X_c \cdot X_e \cdot X_a$)低于 10^{-9} 的状态下,一般不对最低操纵品质做出要求,即整体发生概率为 10^{-9} 为可控(C)等级边界,结合大气扰动和飞行包线的边界概率条件,得到可控飞行状态边界概率,如表 6.9 所示。

表 6.9　根据整机状态边界选定的系统状态概率边界

大气扰动边界概率	10^0	10^0	10^0	10^{-3}	10^{-3}	10^{-3}	10^{-5}	10^{-5}	10^{-5}
飞行包线边界概率	10^0	10^{-3}	10^{-5}	10^0	10^{-3}	10^{-5}	10^0	10^{-3}	10^{-5}
整机状态概率	10^{-9}	10^{-9}	10^{-9}	10^{-9}	10^{-9}	10^{-9}	10^{-9}	10^{-9}	10^{-9}
系统状态概率	10^{-9}	10^{-6}	10^{-4}	10^{-6}	10^{-3}	10^{-1}	10^{-4}	10^{-1}	10^0

删除超出项,加入大气扰动后的状态边界如表 6.10 所示。

表 6.10　根据整机状态确定的状态

大气扰动边界	0	0	0	3	3	3	5	5
飞行包线边界	0	3	5	0	3	5	0	3
系统状态	9	6	4	6	3	1	4	1
整机状态	9	9	9	9	9	9	9	9

删除表 6.8 与表 6.10 的重复项,得到需要考虑的状态边界的组合,如表 6.11 所示。

表 6.11　根据飞行状态和整机状态确定的状态边界

序　号	1	2	3	4	5	6	7	8	9	10	11	12	13	14	15
大气扰动边界	0	0	0	0	0	0	0	0	3	3	3	3	3	3	3
飞行包线边界	0	0	0	3	3	3	5	5	0	0	0	3	3	3	5
系统状态	0	5	9	0	2	6	0	4	0	5	9	0	2	6	0
飞行状态	0	5	9	3	5	9	5	9	3	5	9	3	5	9	5
整机状态	—	—	—	—	—	—	—	—	—	—	—	—	—	—	—

运输类飞机操纵品质评估与适航验证方法

续　表

序　号	16	17	18	19	20	21	22	23	24	25	26	27	28	29	30
大气扰动边界	3	5	5	5	5	5	5	5	5	0	3	3	3	5	5
飞行包线边界	5	0	0	0	3	3	3	5	5	5	0	3	5	0	3
系统状态	4	0	5	9	0	2	6	0	4	4	6	3	1	4	1
飞行状态	9	0	5	9	3	5	9	5	14	9	6	6	6	4	4
整机状态	—	—	—	—	—	—	—	—	9	9	9	9	9	9	9

删除飞行概率超出 10^{-9} 的项,得到矩阵 X 和等级矩阵 S_1、S_2:

$$X = \begin{bmatrix} \lg X_a \\ \lg X_e \\ \lg X_c \end{bmatrix} = -\begin{bmatrix} 0 & 0 & 0 & 0 & 0 & 0 & 0 & 3 & 3 & 3 & 3 & 3 & 3 & 3 & 3 & 3 & 3 & 5 & 5 & 5 & 5 & 5 & 5 & 5 & 5 \\ 0 & 0 & 3 & 3 & 3 & 5 & 5 & 0 & 0 & 0 & 3 & 3 & 3 & 5 & 5 & 5 & 0 & 0 & 0 & 3 & 3 & 3 & 3 & 5 & 5 \\ 0 & 5 & 9 & 0 & 2 & 6 & 0 & 4 & 0 & 5 & 9 & 6 & 0 & 2 & 6 & 3 & 0 & 4 & 1 & 0 & 5 & 9 & 4 & 0 & 2 & 6 & 1 & 0 & 4 \end{bmatrix}$$

(6.11)

$$S_1 = [0\ 0\ 3\ 0\ 3\ 3\ 6\ 6\ 3\ 3\ 8\ 6\ 6\ 6\ 8\ 6\ 6\ 8\ 6\ 8\ 6\ 6\ 8\ 6\ 8\ 8]$$

(6.12)

$$S_2 = [3\ 3\ 6\ 3\ 6\ 6\ 8\ 8\ 6\ 6\ 9\ 8\ 8\ 8\ 9\ 8\ 8\ 9\ 9\ 8\ 9\ 8\ 8\ 9\ 9\ 8\ 9\ 9]$$

(6.13)

系数矩阵 $[m\ \ n\ \ q]$ 满足:

$$[m\ \ n\ \ q] \cdot X > S_1$$ (6.14)
$$[m\ \ n\ \ q] \cdot X \leqslant S_2$$

解不等式得出系数矩阵范围为

$$[-1.046\ 0\quad -0.964\ 2\quad -0.550\ 5]$$ (6.15)
$$[-0.960\ 7\quad -0.705\ 3\quad -0.357\ 5]$$

取中间值,得到:$m = -1$,$n = -0.83$,$q = -0.45$,于是操纵品质等级与飞行包线、大气扰动和特定故障概率之间的关系模型为:$Q = -\lg X_a - 0.83 \cdot \lg X_e - 0.45 \cdot \lg X_c$。

由模型系数的大小可知:对飞机操纵品质影响最大的因素主要是大气扰动,其次则是飞行包线;系统故障的影响小于大气扰动和飞行包线,但仍是不可忽略的。

104

6.4　多状态故障选择的应用算例

本节分析控制增稳系统各种故障应符合的最低操纵品质等级。控制增稳系统将飞行员的操纵指令与飞机的响应构成闭环,操纵信号主要由机械通道和电气通道传达[75]。控制增稳系统的主要装置包括杆力传感器、人工感觉装置、串联舵机、指令模型等,主要结构如图 6.8 所示。

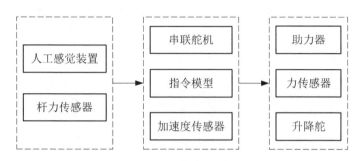

图 6.8　俯仰控制增稳系统结构图

控制增稳系统是在增稳系统的基础上加入驾驶杆力传感器和指令模型,俯仰控制增稳系统对升降舵进行控制,它决定着飞机的俯仰运动特性,其信号传递流程如图 6.9 所示。

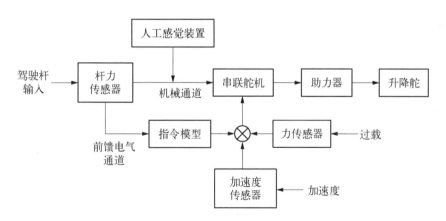

图 6.9　俯仰控制增稳系统信号传递图

图 6.9 中,杆力传感器、力传感器、加速度传感器、人工感觉装置和指令模型的主要故障模式表现为传递信号功能丧失和传递错误信号;串联舵机和助力器的主要故障模式表现为完全丧失力矩输出和力矩输出低于标准;升降舵的故障模式表

现为升降舵无法偏转和升降舵部分偏转。

根据俯仰控制增稳系统中各组件的故障模式和条件概率[76]，代入表 6.12 中的底事件概率值，联系飞行包线和大气扰动状态，构建面向飞机俯仰运动的故障模型（图 6.10）。

表 6.12 俯仰控制增稳系统底层组件的故障概率

组 件	故 障 模 式	故障率/h^{-1}	组 件	故 障 模 式	故障率/h^{-1}
传感器	传递信号功能丧失(0)	$2.6×10^{-6}$	助力器	力矩输出完全丧失(0)	$2.1×10^{-6}$
	传递错误信号(0.5)	$8×10^{-7}$		力矩输出低于标准(0.5)	$9×10^{-7}$
人工感觉装置	传递信号功能丧失(0)	$4.2×10^{-6}$	指令模型	传递信号功能丧失(0)	$4×10^{-7}$
	传递错误信号(0.5)	$1.4×10^{-6}$		传递错误信号(0.5)	$6×10^{-7}$
舵机	力矩输出完全丧失(0)	$3.2×10^{-6}$			
	力矩输出低于标准(0.5)	$2.3×10^{-6}$			

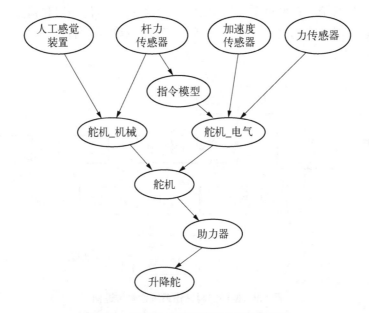

图 6.10 针对俯仰控制增稳系统故障模型

通过正向计算，得到俯仰控制增稳系统中各个舵机的状态及概率，如表 6.13 所示。

表 6.13　俯仰控制增稳系统中各舵机状态概率

组件	状态	概率	组件	状态	概率
机械舵机	完全丧失机械输出（0）	10^{-7}	舵机	完全丧失输出（0）	5.8×10^{-6}
	机械输出部分丧失（0.5）	4.5×10^{-6}		输出部分丧失（0.25）	7.3×10^{-11}
	正常（1）	0.999 985 5		输出部分丧失（0.5）	1.95×10^{-5}
电气舵机	完全丧失电气输出（0）	1.2×10^{-5}		输出部分丧失（0.75）	8.0×10^{-6}
	电气输出部分丧失（0.5）	5.1×10^{-6}		正常（1）	0.999 966 7
	正常（1）	0.999 983 3			

　　将俯仰控制增稳系统与飞行包线、大气扰动不同状态代入故障概率与操纵品质关系模型，求解不同状态下应满足的最低飞行操纵品质等级要求，结果如表 6.14 所示。筛选符合要求的 Q 值，确定俯仰操纵系统发生故障时，应加入飞行试验清单的组合状态及最低操纵品质，如表 6.15 所示。

表 6.14　不同故障的模型结果

Q		俯仰控制增稳系统				
大气扰动	飞行包线	正常	偏转 75%	偏转 50%	偏转 25%	不偏转
轻微	正常	0	2.29	2.12	4.56	2.36
	使用	2.49	4.78	4.61	7.05	4.85
	限制	4.15	6.44	6.27	8.71	6.51
中等	正常	3	5.29	5.12	7.56	5.36
	使用	5.49	7.78	7.61	10.1	7.85
	限制	7.15	9.44	9.27	11.7	9.51
严重	正常	5	7.29	7.12	9.56	7.36
	使用	7.49	9.78	9.61	12.1	9.84
	限制	9.15	11.4	11.3	13.7	11.5

表 6.15 俯仰操纵系统应加入飞行试验清单的组合状态

最低操纵品质等级				
故 障 组 合		俯仰控制增稳系统		
大气扰动	飞行包线	正 常	偏转 75%/偏转 50%/无法偏转	偏转 25%
轻微	正常	满意	满意	可接受
	使用	满意	可接受	可控
	限制	可接受	可控	不考虑
中等	正常	满意	可接受	可控
	使用	可接受	可控	不考虑
	限制	可控	不考虑	不考虑
严重	正常	可控	可控	不考虑
	使用	可控	不考虑	不考虑

由表 6.14 和表 6.15 的结果可知,升降舵能够正常偏转时,在轻微大气扰动状态下,使用飞行包线轮廓范围内的飞机状态必须是最高的,飞行员对飞机操纵品质的评价应达到"满意"等级;当升降舵部分偏转时,中等大气扰动和限制飞行包线的状况下,Q 已超过 8,此类故障的发生概率已经远低于 FAA 规定的灾难性失效状态指标要求[77],其操纵品质要求不计入考虑。

第**7**章

基于多元生理数据的操纵品质评估方法

7.1 引言

本章对飞行员操纵品质评价等级与生理参数之间的联系进行分析,在构建的模拟飞行试验平台中进行操纵品质评估试验,在试验过程中测量受试人员的呼吸、脉搏和心电信号,通过对生理参数与受试人员主观评价的分析,研究评价等级与生理参数的关系。基于受试人员生理参数建立线性回归模型,对主观评价等级与生理参数的关系进行研究,利用模型结果对比、R^2 检验、F 检验和 p 值检验的方法,检验模型输入与输出之间是否有明显的线性相关性,确定模型结果是否可靠。

此外,本章还对操纵品质评价等级与飞行参数的关系进行研究。由于飞机的操纵性和稳定性共同作用在姿态、速度等飞行参数上,本章基于飞行参数和主观操纵品质评价等级,建立基于神经网络的操纵品质等级评估模型,并根据神经网络输出的权值矩阵,确定飞行参数对于操纵品质等级的权重,分析不同飞机参数的贡献率和权重,探讨操纵品质等级的影响因素。对比不同故障状态下的主观评价、回归输出和神经网络输出的操纵品质,分析不同故障对操纵品质的影响,以及不同方法输出结果的可靠性。

7.2 飞行员多元生理特征提取方法

受试人员对操纵品质等级的评价,可以从主观评价和客观评价两方面来进行。

1. 受试人员主观评价

对于受试人员来说,操纵品质良好的飞机应该具有下述几个主要特性[78]:

(1) 为完成预定飞行,所需的受试人员操纵动作简单,且符合生理习惯;

(2) 为完成预定飞行,所需的操纵力和操纵位移要适中;

(3) 允许使用的操纵量应足以完成规定的使命任务,使飞机不会因操纵量不

足而不能充分发挥飞机的飞行性能;

（4）飞机对操纵的跟随性要好,对飞机的反应要容易为受试人员所识别。

2. 受试人员生理指标

受试人员生理指标包括心率变异性、呼吸率以及脉搏。

将心率变异性频率谱划分为以下四段。高频段,频率为 0.15~0.4 Hz,低频段频率为 0.04~0.15 Hz;极低频段,频率为 0.003~0.04 Hz;超低频段,频率<0.003 Hz。其中,高频段反映了交感神经的活动,低频段反映了迷走神经的活动,低频/高频比值则反映了两种神经活动的平衡。

一般来说,呼吸率和脉搏是随着人体的年龄以及生理状态来决定的,正常成年人每分钟的呼吸次数要达到 16~20 次每分钟,一般呼吸 1 次,人体的脉搏需要跳动 4 次。另外精神状态的变化也会影响呼吸频率,将受试人员在执行任务时的呼吸率和脉搏变化也作为测量指标。

7.2.1 生理指标采集

试验开始之前,将心电电极分别贴于受试人员左右手腕和右膝处。试验中采用 BioNomadix 心电模块连续记录受试人员的心电（electrocardiogram, ECG）信号,采样频率为 1 000 Hz。通过软件 Acqknowlege 对 ECG 模拟信号进行提取和分析。

本试验使用 BioNomadix 系统采集人体生理参数,系统主要包括有 BioNomadix 主机、传输导线、生物电信号电极以及生物电放大器。采集数据完毕后,可以使用系统自带的 Acqknowledge for Windows 软件分析生理信号。

1. 心电信号的采集

心电信号的采集需要使用 ECG100C 放大器,连接导线使用 3 个一次性贴片电极、1 根 LEAD100 非屏蔽导线和 2 根 LEAD110S 屏蔽导线,2 根屏蔽电极的 shield 连接在放大器的 shield 上。粘贴受试人员用的一次性贴片电极前,先用酒精和生理盐水擦拭皮肤表面,然后再粘贴电极。电极连接方法：正极连接左下肢,负极连接右上肢,地线连接右下肢。高通滤波器设置在 0.5 Hz,低通滤波器设置在 35 Hz,放大器增益设置在 500。

2. 手指脉搏信号的采集

从手指脉搏信号只能够测得脉率,也就是心率,其采集需要使用 TSD200 传感器和 PPG100C 放大器。连接方法：直接佩戴在手指上,将其固定。高通滤波器设置在 0.05 Hz,低通滤波器设置在 10 Hz,放大器增益设置为 10。

3. 呼吸胸廓运动信号的采集分析

使用 RSP100C 放大器、TSD201 传感器采集呼吸运动的信号。连接方法为：直接佩戴在胸腔处,采用绑带固定。高通滤波器设置在 0.5 Hz,低通滤波器设置在

1 Hz,放大器增益设置在 10。

7.2.2　生理信号参数计算

采集完脉搏、呼吸和心电信号后,可以使用 Acqknowledge 软件直接计算脉搏频率、呼吸频率和心电各个频段的功率:

(1) 计算脉搏频率:使用 Analysis 菜单下的 Find Rate 模块,在 Function 模块中选择 Rate(BPM),设置 Peak Interval Window 中的 Maximum 数值为 180 BPM;

(2) 计算呼吸频率:使用 Analysis 菜单下的 Find Rate 模块,在 Function 模块中选择 Peak Maximum,设置 Peak Interval Window 中的 Maximum 数值为 60 BPM;

(3) 计算心率变异性:使用 Analysis 菜单下的 Heart Rate Variability 模块,设置 Peak Interval Window 中的 Maximum 数值为 600 BPM。

软件具体设置方法如图 7.1 所示。

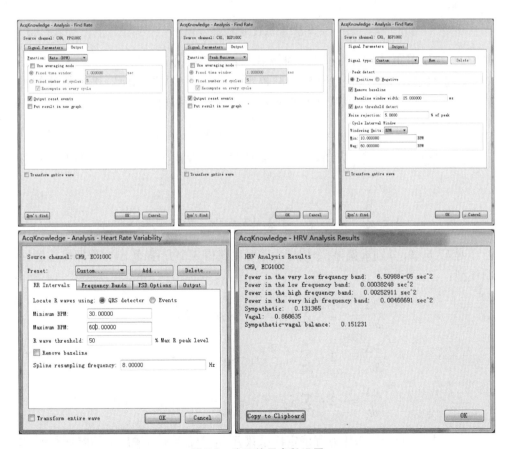

图 7.1　生理信号参数设置

此外,使用操纵品质调查问卷,采集在飞行试验过程中遭遇故障时,受试人员对整机操纵品质等级的主观评估结果。将受试人员对操纵品质所需做出的补偿分为 10 个等级,从 1 到 10 依次代表操纵品质的下降:1~3 级代表能够达到要求的执行准则,4~6 级代表满足全部执行准则或降低后的性能,7~9 级代表可以操纵到安全飞行,10 级代表无法安全飞行。具体等级由受试人员根据自身为达到所要求的执行准则而付出的努力程度决定。

7.3 多元生理数据的回归模型

受试人员评价飞机的操纵品质时,基本都是受试人员主观评价,但在受试人员的主观认知上波动太大,采用受试人员生理指标结合主观评价的方式对操纵品质进行评估。

构建如所示的模型:

$$y = b_1 + b_2 x_1 + b_3 x_2 + e \tag{7.1}$$

其中,b_1 表示截距;b_2、b_3 表示直线的斜率;e 表示误差项。

建立回归方程的过程就是对回归模型中的参数(截距、斜率)进行估计的过程。根据一组样本数据,可以求出截距和斜率参数的估计值:

$$\hat{y}_i = b_1 + b_2 x_1 + b_3 x_2 \tag{7.2}$$

使用最小二乘估计,令实际样本观察值与回归方程估计值之间残差平方和最小,即

$$\Delta = \sum_{i=1}^{n} (y_i - \hat{y}_i)^2 = \sum_{i=1}^{n} (y_i - b_1 - b_2 x_{1i} - b_3 x_{2i})^2 \tag{7.3}$$

对 b_1、b_2、b_3 分别求偏导,令偏导为零可以获得 3 个方程,解出方程即可求解回归模型:

$$
\begin{aligned}
\frac{\partial \Delta}{\partial b_1} &= -2 \cdot \sum_{i=1}^{n} (y_i - b_1 - b_2 x_{1i} - b_3 x_{2i}) = 0 \\
\frac{\partial \Delta}{\partial b_2} &= -2 \cdot \sum_{i=1}^{n} x_{1i} \cdot (y_i - b_1 - b_2 x_{1i} - b_3 x_{2i}) = 0 \\
\frac{\partial \Delta}{\partial b_3} &= -2 \cdot \sum_{i=1}^{n} x_{2i} \cdot (y_i - b_1 - b_2 x_{1i} - b_3 x_{2i}) = 0
\end{aligned}
\tag{7.4}
$$

模型指标检验时,采用方程确定性系数 R^2 检验输入 x 对输出 y 的解释程度,R 越接近 1,说明输出对于输入的解释能力越强,R^2 计算公式为

$$R^2 = 1 - \frac{\sum\limits_{i=1}^{n} (y_i - \hat{y}_i)^2}{\sum\limits_{i=1}^{n} (y_i - \bar{y})^2} \qquad (7.5)$$

其中, $\bar{y}$ 是所有输出的平均值。

使用显著性水平(F 检验)判断回归方程的线性关系是否显著,显著性水平在 0.05 以上时,说明该模型有意义, F 检验公式为

$$F = \frac{(n-k)\sum\limits_{i=1}^{k} n_i (\bar{x}_i - \bar{\bar{x}})^2}{(k-1)\sum\limits_{i=1}^{k}\sum\limits_{j=1}^{ni} (x_{ij} - \bar{x}_i)^2} \qquad (7.6)$$

使用 p 值检验检测预定显著水平,若 $p < 0.0001$,则说明因变量与自变量之间有显著的线性相关关系。

7.4　基于神经网络的操纵品质等级评估方法

7.4.1　基于飞行数据的神经网络评估模型

1. 模型实施步骤

基于神经网络建立飞机操纵品质评估模型,实施步骤如图 7.2 所示。

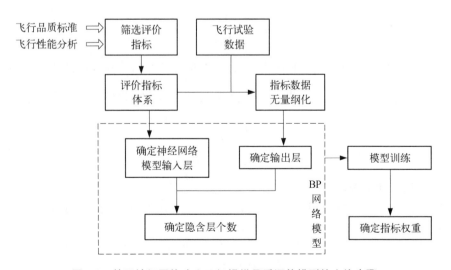

图 7.2　基于神经网络建立飞机操纵品质评估模型的实施步骤

具体步骤为:

(1) 初步筛选评价指标,根据飞行性能分析、飞行品质标准等文件的分析[79],初步筛选出操纵品质评估指标;

(2) 筛选评估指标,建立评价指标体系;

(3) 根据评价指标体系建立神经网络模型;

(4) 将飞行试验中测得的评价指标无量纲化处理,输入模型中求解模型;

(5) 根据模型权值矩阵求出指标权重。

2. 评价指标无量纲处理方法

飞机各个评价指标的参数单位不同,代表的飞行状态不同,无法用评价指标的参数值代表指标的好坏,将评价指标参数无量纲化,将其简化至值在[0,1]区间内,才可以进行评估。

1) 归一化处理

处理指标参数最常用的方法就是归一化处理,首先确定指标的最大值和最小值,然后利用参数值在最大值和最小值之间所在的比重确定指标参数无量纲化值,具体公式为

$$S(x) = \frac{x - x_{\min}}{x_{\max} - x_{\min}} \tag{7.7}$$

2) 正态分布模型参数化

在飞行手册中,不同飞行阶段下某些飞行数据定义了一个标准值,越接近这个标准值就代表着飞行数据越好,这些数据可采用正态分布模型处理成无量纲参数。正态分布概率密度函数:

$$f(x) = \left(\frac{1}{\sqrt{2\pi}\delta}\right) e^{-\frac{(x-\mu)^2}{2\delta^2}} \tag{7.8}$$

其中,μ 为母体中心倾向(集中趋势)尺度,飞机状态指标的标准值即为 μ,在 μ 处具有最大概率密度 $\frac{1}{\sqrt{2\pi}\delta}$,取此处的分值为 1,其余数据无量纲分值用下式确定:

$$S(x) = \frac{f(x)}{\frac{1}{\sqrt{2\pi}\delta}} = e^{-\frac{(x-\mu)^2}{2\delta^2}} \tag{7.9}$$

3) 线性分布参数化

飞行手册中,部分数据参考值为最大值,此时飞行数据无量纲分值采取线性化处理:

$$S(x) = \frac{x}{x_{\max}} \tag{7.10}$$

3. 隐含层确定方法

建立一个 3 层的 BP 神经网络,如图 7.3 所示。

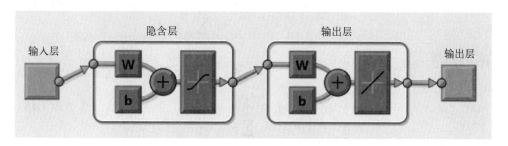

图 7.3 神经网络模型传输图

网络的输入为

$$net = x_1 w_1 + x_2 w_2 + \cdots + x_m w_m - b \tag{7.11}$$

令输入层与隐含层之间的传输函数为对数 Sigmoid,如式(7.12)所示:

$$f(x) = \frac{1}{1 + e^{-x}} \tag{7.12}$$

则网络的输出为

$$y = f(net) = \frac{1}{1 + e^{-net}} \tag{7.13}$$

根据经验公式确定隐含层个数:

$$n = \sqrt{0.43ms + 0.12ss + 2.54m + 0.77s + 0.35} + 0.51 \tag{7.14}$$

其中,m 为输入层个数;n 为隐含层个数;s 为输出层个数。

4. 指标权重的确定方法

对上述输入输出层进行训练后得到的神经网络模型,输入层到隐含层的权值矩阵为 w,隐含层到输出的权值矩阵为 v,满足:

$$w = \begin{bmatrix} w_{11} & w_{12} & \cdots & w_{1n} \\ w_{21} & w_{22} & \cdots & w_{2n} \\ \vdots & \vdots & \ddots & \vdots \\ w_{m1} & w_{m2} & \cdots & w_{mn} \end{bmatrix} \tag{7.15}$$

$$v = \begin{bmatrix} v_1 & v_2 & \cdots & v_n \end{bmatrix}^{\mathrm{T}} \tag{7.16}$$

于是第 i 个输入指标对输出结果的贡献率为

$$p_i = \sum_{j=1}^{n} |w_{ij}| \cdot |v_j| \cdot \frac{\ln |w_{ij}|}{\ln \sum_{i=1}^{m} |w_{ij}|} \tag{7.17}$$

将贡献率归一化,得到其影响权重:

$$q_i = \frac{p_i}{\sum_{i=1}^{m} p_i} \tag{7.18}$$

7.4.2 操纵品质评估结果对比

1. 神经网络模型

1)评价指标

飞机的稳定性主要通过飞机在配平状态下的三轴(俯仰轴、滚转轴、偏航轴)力矩特性体现,包括迎角、侧滑角和滚转角稳定性以及速度稳定性。飞机的操纵性主要指飞机作等速直线或稳定曲线飞行时的操纵特性。操纵机构主要有驾驶杆/盘、油门杆、脚蹬,操纵方式如图7.4所示。

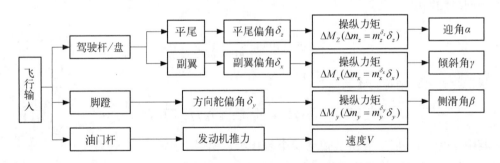

图 7.4 飞机姿态改变受控图

由飞机的稳定性和操纵性分析可以看出,两者的共同作用体现在飞机的姿态和速度参数上,对于飞机的操纵品质,采用飞行参数指标和飞行员评价的方法来进行评估。可使用俯仰角、俯仰角速度、滚转角、滚转角速度、爬升率、速度、速度变化率作为操纵品质评估的飞行参数输入。

2)数据处理

使用在模拟飞行试验平台中采集的42组飞行参数(表7.1)作为网络模型的输入。

表 7.1　模拟飞行试验参数

序号	评价等级	俯仰角/(°)	俯仰角速度/[(°)/s]	滚转角/(°)	滚转角速度/[(°)/s]	爬升率/kn	速度/kn	速度变化率/(kn/s)
1	2	17.44	1.07	0.36	0.05	19.89	358.2	1.17
2	4	15.35	1	0.43	0.06	19.69	332.18	1.01
3	6	17.59	0.86	0.51	0.05	20.24	250.01	0.68
4	3	16.44	1.69	0.07	0.01	19.83	403.26	1.35
5	8	19.58	2.22	2.04	0.38	16.62	257.77	0.89
6	8	15.86	2.38	1.67	0.25	15.92	297.19	1.11
7	2	15.61	0.53	2.04	0.07	14.37	426.43	1.19
8	3	18.04	1.73	2.44	0.42	15.7	319.43	1
9	4	17.64	0.97	5.01	0.38	21.08	278.61	0.97
10	3	26.95	1.11	3.88	0.41	18.05	256.21	0.87
11	8	34.04	2.55	4.02	0.69	24.45	305.04	0.91
12	9	31.41	2.13	4.1	0.6	22.51	291.98	1.17
13	4	17.52	1.03	−1.77	−0.25	18.28	457.28	1.28
14	2	13.53	1.04	−0.62	−0.09	14.06	318.94	0.88
15	3	17.17	2.3	−0.57	−0.12	15.53	268.35	1
16	3	29.83	1.09	−0.1	−0.01	19.44	338.42	1.17
17	2	25.77	0.76	0.4	0.03	13.69	334.93	1.01
18	2	19.52	0.77	0.14	0.02	15.89	281.27	0.79
19	2	20.92	0.86	−0.59	−0.07	17.16	373.63	1.29
20	3	17.11	0.91	−0.5	−0.07	16.84	279.57	0.96
21	2	16.74	0.55	−0.74	−0.06	18.06	197.51	0.47
22	4	26.94	1.13	−0.68	−0.07	26.49	378.95	0.73

序号	评价等级	俯仰角/(°)	俯仰角速度/[(°)/s]	滚转角/(°)	滚转角速度/[(°)/s]	爬升率/kn	速度/kn	速度变化率/(kn/s)
23	6	24.48	0.99	−0.31	−0.04	13.93	314.8	0.92
24	6	29.64	2.89	−0.54	−0.1	33.83	151.97	0.36
25	3	15.82	1.21	−0.24	−0.04	11.35	356.62	1.21
26	3	16.37	0.56	−0.7	0	22.34	320.56	0.95
27	2	18.78	2.21	−0.29	−0.06	17.5	243.72	0.9
28	2	17.07	1.42	−0.31	−0.08	14.09	348.14	1.24
29	1	13.73	0.99	−0.35	−0.07	7.93	353.27	1.08
30	1	17.02	0.85	−0.96	−0.1	18.24	241.91	0.6
31	3	16.36	1.07	−0.52	−0.07	19.46	402.17	1.3
32	5	16.46	1.2	−0.34	−0.05	21.03	330.86	0.99
33	4	19.05	1.72	−0.29	−0.06	22.36	186.11	0.5
34	5	29.04	1.74	0.7	0.08	22.77	371.81	1.24
35	7	28.13	1.76	0.85	0.14	21.57	350.14	1.05
36	3	19.32	1.31	1.04	0.16	18.36	338.9	0.9
37	2	17.9	0.67	0.72	0.07	11.85	420.71	1.34
38	3	15.15	0.32	2.07	0.07	12.08	347.23	1.16
39	3	12.9	0.52	0.83	0.1	10.51	365.46	0.72
40	4	13.18	0.79	0.3	0.02	8.91	254.96	0.46
41	1	9.82	0.72	0.49	0.05	7.85	264.24	0.89
42	5	13.48	1.05	0.51	0.1	14.6	201.72	0.5

评价等级分为 1~10,按照等级越低分数越高排列,将等级分数无量纲化:

$$S(x) = \frac{10 - x}{10} \qquad (7.19)$$

此时"满意"的评价等级分数区间为[0.7，0.9]；"可接受"的评价等级分数区间为[0.4，0.7)；"可控"的评价等级分数区间为[0.1，0.4)；评价等级分数区间为[0，0.1)时飞机状态不可控。

神经网络模型训练后的操纵品质评估等级可用如下公式计算：

$$x = 10 - 10 \cdot S(x) \tag{7.20}$$

俯仰角、俯仰角速度、滚转角、滚转角速度、爬升率和速度变化率采用正态分布无量纲化处理后的数据，如表 7.2 所示。

表 7.2　模拟飞行试验参数无量纲化处理结果

序号	评价等级	俯仰角	俯仰角速度	滚转角	滚转角速度	爬升率	速度	速度变化率
1	0.8	0.954	0.897	0.983	0.969	0.999	0.796	0.804
2	0.6	0.999	0.882	0.977	0.955	0.998	0.738	0.618
3	0.4	0.948	0.85	0.968	0.969	0.998	0.555	0.26
4	0.7	0.983	0.988	0.999	0.998	0.999	0.896	0.955
5	0.2	0.848	0.993	0.594	0.164	0.795	0.572	0.475
6	0.2	0.994	0.982	0.705	0.457	0.716	0.66	0.737
7	0.8	0.997	0.763	0.594	0.94	0.53	0.947	0.825
8	0.7	0.93	0.99	0.475	0.11	0.69	0.709	0.606
9	0.6	0.947	0.875	0.043	0.164	0.976	0.619	0.57
10	0.7	0.327	0.905	0.152	0.122	0.926	0.569	0.452
11	0.2	0.058	0.962	0.132	0.002	0.672	0.677	0.498
12	0.1	0.121	0.997	0.122	0.011	0.881	0.648	0.804
13	0.6	0.951	0.889	0.675	0.457	0.942	1.016	0.907
14	0.8	0.983	0.891	0.953	0.903	0.493	0.708	0.463
15	0.7	0.963	0.988	0.96	0.835	0.67	0.596	0.606
16	0.7	0.179	0.901	0.998	0.998	0.993	0.752	0.804

序号	评价等级	俯仰角	俯仰角速度	滚转角	滚转角速度	爬升率	速度	速度变化率
17	0.8	0.404	0.825	0.98	0.988	0.45	0.744	0.618
18	0.8	0.852	0.827	0.997	0.995	0.713	0.625	0.364
19	0.8	0.76	0.85	0.957	0.94	0.851	0.83	0.915
20	0.7	0.965	0.861	0.969	0.94	0.818	0.621	0.558
21	0.8	0.976	0.768	0.933	0.955	0.927	0.438	0.119
22	0.6	0.328	0.909	0.943	0.94	0.43	0.842	0.305
23	0.4	0.495	0.88	0.988	0.98	0.478	0.699	0.51
24	0.4	0.187	0.905	0.964	0.882	0.021	0.337	0.074
25	0.7	0.994	0.924	0.992	0.98	0.223	0.792	0.845
26	0.7	0.985	0.771	0.94	1	0.896	0.712	0.546
27	0.8	0.894	0.994	0.989	0.955	0.882	0.541	0.486
28	0.8	0.967	0.958	0.988	0.923	0.497	0.773	0.873
29	0.9	0.987	0.88	0.984	0.94	0.054	0.785	0.702
30	0.9	0.968	0.847	0.891	0.882	0.939	0.537	0.197
31	0.7	0.985	0.897	0.966	0.94	0.994	0.893	0.923
32	0.5	0.983	0.923	0.985	0.969	0.979	0.735	0.594
33	0.6	0.879	0.99	0.989	0.955	0.894	0.413	0.135
34	0.5	0.214	0.991	0.94	0.923	0.857	0.826	0.873
35	0.3	0.26	0.992	0.913	0.782	0.951	0.778	0.666
36	0.7	0.864	0.942	0.873	0.726	0.947	0.753	0.486
37	0.8	0.936	0.801	0.937	0.94	0.264	0.934	0.95
38	0.7	0.999	0.702	0.585	0.94	0.285	0.771	0.793
39	0.7	0.966	0.76	0.917	0.882	0.165	0.812	0.296

续　表

序号	评价等级	俯仰角	俯仰角速度	滚转角	滚转角速度	爬升率	速度	速度变化率
40	0.6	0.974	0.832	0.988	0.995	0.085	0.566	0.114
41	0.9	0.81	0.814	0.97	0.969	0.052	0.587	0.475
42	0.5	0.982	0.893	0.968	0.882	0.558	0.448	0.135

3）模型确定

将俯仰角、滚转角、滚转角速度、偏航角、速度、速度变化率 6 个飞行参数作为模型输入，受试人员评价等级作为模型输出，计算模型隐含层个数：

$$n = \sqrt{0.43 \times 7 \times 1 + 0.12 + 2.54 \times 7 + 0.77 \times 1 + 0.35} + 0.51 = 5.2$$

$$(7.21)$$

于是建立一个输入层个数为 7、隐含层个数为 5、输出层个数为 1 的神经网络传输，如图 7.5 所示。

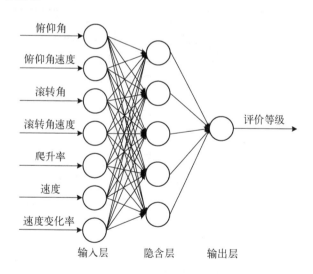

图 7.5　神经网络模型传输图

2. 模型求解结果

选取前 36 组试验参数作为训练样本，后 6 组试验参数作为测试样本，选用训练算法，设置最大循环次数为 200 次，目标误差为 0.000 1。经过 8 次迭代，训练达到设定的精度要求（图 7.6），图 7.7（a）为训练结果，图 7.7（b）为测试样本结果。

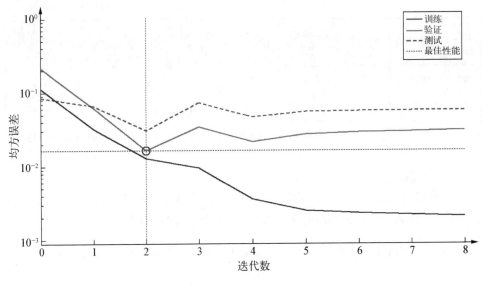

图 7.6　训练迭代误差

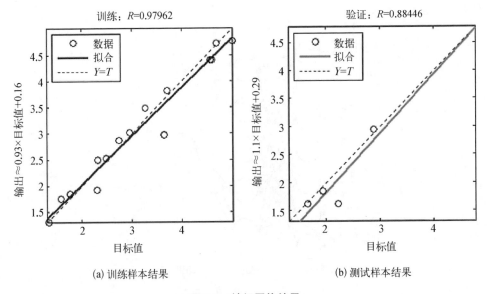

(a) 训练样本结果　　　　　　　　　　　(b) 测试样本结果

图 7.7　神经网络结果

　　模型只经过 8 次迭代就达到了要求的 0.000 1 精度,利用此次样本数据训练得到的 BP 神经网络,其训练迭代误差曲线充分展示了模型的可靠性。比较图 7.7(a)的训练结果与图 7.7(b)的测试样本结果,表明通过神经网络模型训练后得到的输出结果和评分结果具有一致性,也能够说明构建的 BP 神经网络训练较为成功。

训练后的神经网络权值矩阵为

$$w = \begin{bmatrix} 2.006\,5 & 1.682\,1 & -2.281\,8 & -1.247\,7 & 0.511\,6 & 0.911 & 0.301\,1 \\ -1.567\,2 & -0.127 & 0.600\,6 & -0.623\,2 & -0.517\,8 & -2.588\,4 & -0.336\,5 \\ -0.408\,9 & -1.817\,2 & 0.586\,1 & -2.442\,2 & -0.879\,1 & 1.513\,1 & 0.604\,1 \\ 1.277\,8 & -0.998\,6 & 0.625\,1 & 0.205\,3 & 0.413\,6 & -0.224\,6 & -0.95 \\ -0.044\,9 & -0.531\,1 & -1.146\,6 & -0.160\,3 & 0.273\,8 & 0.801\,1 & -0.1567 \end{bmatrix}$$

(7.22)

$$v = \begin{bmatrix} 0.125\,5 & 0.038\,3 & -0.062\,9 & 0.656\,6 & -0.242\,1 \end{bmatrix}^T$$ (7.23)

根据式和计算各指标对输出结果的贡献率和权重,如表 7.3 所示。

表 7.3 各指标对输出结果的贡献率和权重

指 标	俯仰角	俯仰角速度	滚转角	滚转角速度	爬升率	速度	速度变化率
对输出的贡献率	1.187 4	1.114 5	1.034 2	0.507 6	0.477 1	0.65	0.750 3
权重	0.207 5	0.194 7	0.180 7	0.088 7	0.083 4	0.113 6	0.131 1

分析表 7.3 中各个指标对输出结果的贡献率,能够看出某些指标对评价结果的影响程度较大,如俯仰角、俯仰角速度和滚转角,尤其是俯仰角,其影响权重达到了 0.207 5,说明飞行试验场景中对受试人员操纵品质评估影响最大的是俯仰控制。

将所有 42 组飞行参数代入神经网络模型中,将其分别与受试人员主观评价、回归模型结果作比较,得出的结果如图 7.8 所示。

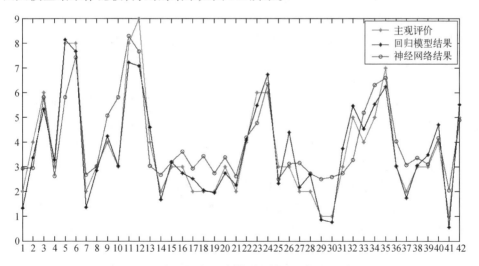

图 7.8 主观评价、回归模型和神经网络结果对比

图 7.8 的对比结果表明,回归模型和神经网络的评价结论与受试人员的主观评价之间有显著的相关性。其中:回归模型的曲线图基本与主观评价重合,对于部分过低的主观评价结果,回归模型对其进行了提高处理;神经网络模型的趋势与回归模型、主观评价一致,对于过高的主观评价结果,神经网络对其进行了降低处理。两种模型分别减少了由于受试人员兴奋而导致评价过高或因操纵困难受到压力而导致评价过低的误差。只要保证评价指标参数是精准且可靠的,那么利用 BP神经网络模型进行训练,得到的评估结果是较为准确的。

7.4.3 故障分析

在模拟飞行试验中,主要设置的故障有主显示画面消失、左副翼卡阻和左发停车,不同故障下受试人员的平均主观评价等级、回归模型评价和神经网络训练后的评价结果如表 7.4 所示。

表 7.4　不同故障下的评价等级

序号	故障/特殊情况	主观评价	回归模型评价	神经网络评价	评价等级
1	主显示画面消失	3	3.083 6	3.510 7	可接受
2	左副翼卡阻	4	3.897 9	3.91	可接受
3	左发停车	4.142 9	4.147 9	4.607 1	可接受

从表 7.4 可以看出,不论是正常起飞、左副翼卡阻还是左发停车故障,受试人员的主观评价等级、回归网络评价等级、神经网络评价等级都为"可接受",但不论是主观评价、回归模型评价还是神经网络,其评价结果都显示为:主显示画面消失<左副翼卡阻<左发停车,由此推断各故障的操纵品质由好到坏为:主显示画面消失、左副翼卡阻、左发停车。

1. 主显示画面消失故障

主显示画面消失故障情况下,回归模型和神经网络模型的评估结果低于受试人员主观评价。主显示画面信息是受试人员判断当前飞机状态的直接输入渠道,若主显示画面消失,受试人员可以从备用显示画面中获得飞机当前状态信息。飞机主显示画面信息消失后,受试人员认为依然可以利用备用显示画面判断飞机飞行信息,在没有其他故障同时发生的情况下,主显示画面消失不会对飞机飞行产生太大影响,会主观判断认为此时操纵品质较好,而本章提出的评价等级回归模型和神经网络模型都较好地解决了这一问题。

2. 左副翼卡阻故障分析

飞行试验开始 3 min 后发生左副翼卡阻故障,为了飞机平稳飞行,受试人员需要对滚转轴进行配平。但由于副翼失效并未设置画面或告警指示,并且在试验过程中,受试人员并不能清楚地确定试验进行了几分钟,所以只能靠飞行姿态表的滚转程度判断故障是否发生,心中的不确定性增强,对操纵品质的评估也会相对较差。由表 7.4 看到回归模型评价等级和训练后的神经网络评价等级分数都优于主观评价,说明两个模型都优化了受试人员的心理因素。

3. 左发停车故障分析

飞行试验开始 3 min 后发生左发停车故障,此时中间屏幕动力模块显示左发动机停车,飞机推力逐渐不对称,受试人员需要对滚转和偏航轴进行配平。从表 7.4 看到,左发停车故障状况下,使用回归模型计算得出的评价等级与受试人员主观评价等级相差不大,而训练后的神经网络评价等级略劣于主观和回归模型评价等级。

7.5　操纵品质评估案例分析

7.5.1　试验准备要求

1. 受试人员要求

要求受试人员身体健康,无重大生理疾病,心率、脉搏、心脏无问题[80]。在刚进入试验平台环境时,受试人员需要一段时间使自身生理状况适应新的环境条件,研究表明,这段适应期不应少于 30 min。因此,本试验中,受试人员至少在环境温度下适应 30 min 后,开始执行滑行-爬升-巡航的任务,试验时间为 20 min。

本试验的受试人员为 14 名健康男性,所有受试人员均经过模拟软件的飞行训练,在正式试验之前,每位受试人员都进行过多次模拟试飞,对设备的操作方法和试验流程完全熟悉后才开始进行试验,保证了本试验样本的可用性。

2. 试验平台构建

本试验在南京航空航天大学可靠性与适航中心的环境模拟舱室内进行。该环境舱尺寸为 3.5(长)×3.4(宽)×2.0(高)m³,具体结构如图 7.9 所示,机舱前布置了半圆形的模拟显示屏幕,机舱内部布置了波音 737 飞机的模拟操纵平台,供试验测试时受试人员使用,环境模拟舱实景图如图 7.10 所示。

操纵计算机中安装了微软 Flight Simulator X 软件,可以选择试飞机型和起飞跑道、天气等场景,设置飞行场景后,视景显示屏的画面会相应改变。

驾驶显示屏显示画面如图 7.11 所示,主要由三块显示屏组成,最左边的屏幕[图 7.11(a)]为飞行显示屏,正对着飞行员座位;中间的显示屏[图 7.11(b)]为备用显示屏,用来辅助飞行员判断当前飞机姿态和速度;右边的驾驶显示屏,显示内容与左驾驶屏幕一致,显示布置与左驾驶屏幕对称。

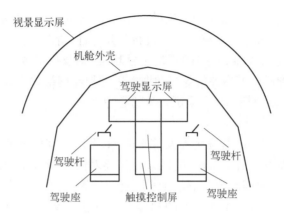

图 7.9　模拟舱室结构图

图 7.10　环境模拟舱实景图

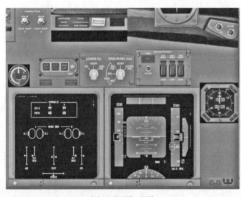

(a) 飞行显示屏　　　　　　　　　　　(b) 备用显示屏

图 7.11　主显示画面

触摸控制屏显示画面如图 7.12 所示,受试人员可以直接触控输入飞行计划,也可以控制左右两边动力油门以及襟翼。

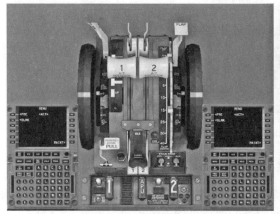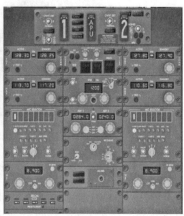

图 7.12 触摸控制画面

3. 生理参数测量仪器

使用 BioNomadix 无线生理数据采集分析系统(图 7.13),采集人体局部皮肤温度和心电信号。使用 TSD200 来记录接受电刺激的人的手指抽搐反应(图 7.14)。该传感器符合手指的形状,并通过 Velcro 皮带和胶带连接。TSD200 由匹配的红外发射器和光电二极管组成,其传输特定身体部位的血液密度变化(由血压变化引起)。当 TSD200 附着在皮肤上时,红外光通过下面的组织被血液脉动调制。调制的反射光导致光电阻器的电阻发生微小变化,从而产生电压输出的比例变化。TSD200 包括一个屏蔽的电缆和一个可伸缩的魔术贴带,以便容易连接到手指。

图 7.13 BioNomadix 无线生理数据采集分析系统

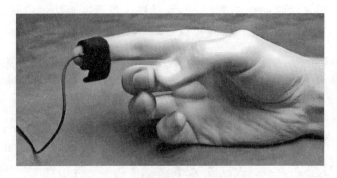

图 7.14　脉冲光电晶体传感器(TSD200)

RSP100C 呼吸气图放大器模块是专门为记录呼吸作用而设计的单通道差分放大器,使用 TSD201 呼吸传感器测量腹部或胸部的伸展和收缩。图 7.15 显示了使用 RSP100C 和 TSD201 呼吸换能器记录胸部呼吸努力的位置和连接。

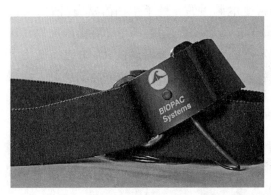

图 7.15　RSP100C 呼吸气图放大器
模块(TSD201 传感器)

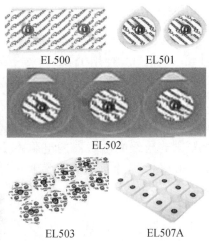

图 7.16　EL500 系列一次性
Ag/AgCl 卡扣电极

EL500 系列一次性 Ag/AgCl 卡扣电极(图 7.16)提供与 BIOPAC 的可重复使用电极相同的信号传输,增加了方便性和卫生性。500 系列一次性电极具有一系列黏合性能,所有电极被设计成能很好地黏附到皮肤表面,使用通用、经济、高导电、生物电位电极 EL503 来连接人体心电测量部位。

图 7.17 显示了用于测量心电的 ECG100C 的电极连接,来自该电极组合的信号可用于计算 BPM 和通用 ECG 信号。

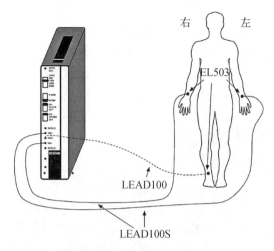

图 7.17 ECG100C 的电极连接方式

7.5.2 试验故障设置

按照故障对受试人员的影响选择三类故障进行试验：主显示消失、左副翼卡阻、左发停车。各故障对受试人员获取信息及飞机姿态控制的影响如表 7.5 所示。主显示消失会让受试人员更不容易获取飞行姿态信息；在受试人员能够获取信息的仪表中，发生左副翼卡阻故障时不会有故障提醒显示，但会对飞行的滚转和偏航产生影响；左发停车发生时，受试人员可以立刻看到仪表显示发动机故障，且飞机发生偏航和滚转。

表 7.5 故障对受试人员及飞机姿态影响

序号	故障情况	受试人员能否直接获取姿态信息	受试人员是否知晓故障发生	飞机是否主动发生滚转和偏航
1	主显示消失	不能	知晓	不发生
2	左副翼卡阻	能	不知晓	发生
3	左发停车	能	知晓	发生

1. 主显示消失

主显示画面为受试人员提供了飞机的姿态、高度、速度等信息，显示画面如图 7.18 所示。图 7.18 中，1 是姿态仪，指示了飞机飞行姿态；2 是空速表，指示当前空速，单位为 kn；3 用数字的形式显示当前空速；4 指示的是飞行指令模式；5 是电子罗盘,指示当前飞机磁航向;6 是高度表,指示信息为当前海拔,单位为 ft;7 用数字的形式显示当前海拔;8 指示了当前的垂直速度;9 为盲降信号;10 指示当前气压;11 指示下滑道;12 指示数字为地速,单位是马赫数。在飞行过程中随机设置主显示画面的姿态指示仪、高度表画面消失(图 7.19),此时受试人员需要看向备用仪表以判断当前飞机姿态和速度、高度。

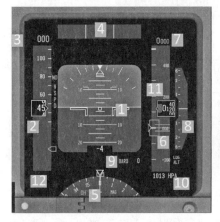 

图 7.18　主显示画面信息显示　　　　　图 7.19　主显示画面消失

2. 左副翼卡阻

设置在试验开始后 3 min 发生左副翼卡阻的故障(图 7.20),此时受试人员需要利用方向盘补偿飞机姿态滚转。

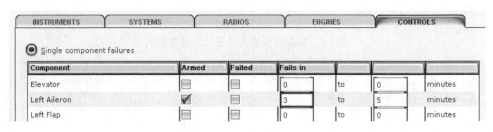

图 7.20　左副翼卡阻

3. 左发动机停车

设置在试验开始后 3 min 发生左发动机停车的故障(图 7.21),此时受试人员需要利用方向盘补偿飞机姿态滚转。

每位受试人员进行 3 次飞行试验,第一次是正常起飞,第二次为试验开始3 min 后左副翼卡阻,第三次为试验开始 3 min 后左发停车,每次试验中的主显示消失故障不定时发生,14 名受试人员共进行了 42 组试验。

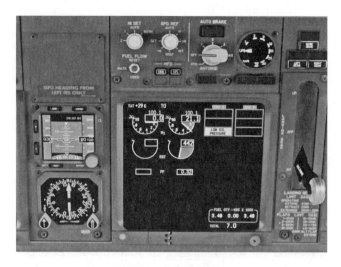

图 7.21　左发动机停车

7.5.3　试验流程

1. 试验准备

本试验于 2018 年 11~12 月进行,环境模拟舱外气温为 18~28℃。在试验前,受试人员应当确认所需完成任务,了解评价表的填写方法,并知晓试验注意事项。试验准备期间,试验人员在受试人员身体相应测点粘贴固定心电贴片、佩戴脉搏等测试传感器。在正式试验开始前,受试人员在试验房间保持舒适坐姿操纵飞机模拟器,准备正式试验。

本试验平台分为主驾驶座位和副驾驶座位,每次试验飞行由 1 名受试人员、1 名评估人员和 3 名数据观测员参加,受试人员坐主驾驶位,负责控制飞机姿态,评估人员坐副驾驶位,负责指挥口令和其他控制操作,3 名数据观测员分别负责记录飞行数据、受试人员生理数据和受试人员眼动数据,试验人员分布如图 7.22 所示。

2. 试验程序

本飞行试验研究飞机从滑行到起飞直至初始爬升阶段结束期间飞机的操纵品质,试验的模拟机型都为波音 737-800,试验程序如下:

(1) 柔和加推力手柄,N_1 在 40% 以内使飞机滑出,对准跑道,速度大于 30 kn后,准备起飞;

(2) 受试人员口令"起飞""记时",评估人员记时;

(3) 评估人员加推力 40%N_1,使左右推力对称,参数稳定,评估人员报"40,稳定";

(4) 受试人员将驾驶杆稍稍前推(以便方向控制),用方向舵保持方向;

图 7.22　试验人员分布图

（5）速度接近 130 kn，评估人员报"130 kn"（提前 3～5 kn），受试人员回答"130 kn"，扶驾驶杆准备抬轮；

（6）速度 140 kn，评估人员报"抬轮"，受试人员速度柔和抬前轮（每秒 2°～3°）使飞机平稳离地，离地后，受试人员将飞机带到初始姿态 15°；

注：飞机航向改变至超出跑道范围，视为此次飞行试验无效，需重新加载飞行。

（7）高度表指示正上升率，评估人员报"正上升率"，受试人员证实正上升后，口令"收轮"，评估人员听口令喊"收轮"，将起落架放收上位置；

（8）保持飞行姿态，使飞机以 165～175 kn 的速度上升，最佳速度为 170 kn；

（9）高度达到 1 000 ft，受试人员观察速度有明显增速趋势，口令"襟翼收回"，评估人员回答"襟翼收回"，将襟翼手柄放至 0%，襟翼指示 0%，回答"襟翼收回到位"；

（10）在 3 000 ft 处，受试人员口令"垂直导航"，评估人员将推力推至最大，通过过渡高度，评估人员报"过渡高度（3 000 ft）"；

（11）通过 10 000 ft，初始爬升阶段结束，评估人员报"10 000 ft，拉平"，受试人员将俯仰角缓缓推小，直至高度稳定；

（12）高度保持 5 s 不再变化，评估人员口令"结束"，受试人员结束飞行；

注：在爬升阶段，若飞机滚转角超过 15°，视为无效飞行，需重新加载飞行。

（13）试验人员将操纵品质主观评价表提供给受试人员，由受试人员填写主观评价。

在试验过程中，试验记录员需要时刻关注飞机姿态和仪表显示，将受试人员在每次飞行中遇到的故障记录在故障栏中,受试人员结束飞行试验后对各种状态下飞机的操纵品质等级进行评估,最后给出整体评价。

7.5.4　试验数据分析

每次试验结束,由受试人员填写操纵品质主观评价表,并直接测量受试人员的最大操纵杆力,试验结果如表 7.6 所示。

表 7.6　试验评价结果

序号	故障设置	拉杆抬头评价等级	最大操纵杆力/N	发生故障评价等级	主显示消失评价等级	总体评价等级
1	正常	2	141.4	——	3	2
2	左副翼卡阻	2	101.4	5	2	4
3	左发停车	2	97.7	6	7	6
4	正常	2	98.6	——	4	3
5	左副翼卡阻	4	108.8	8	3	8
6	左发停车	4	102.3	9	3	8
7	正常	2	109.9	——	3	2
8	左副翼卡阻	3	109.8	8	3	3
9	左发停车	4	101.4	8	5	4
10	正常	3	115.7	——	4	3
11	左副翼卡阻	3	113.5	5	4	8
12	左发停车	4	108.8	9	6	9
13	正常	4	92.1	——	5	4
14	左副翼卡阻	2	100.5	4	4	2
15	左发停车	3	98.8	5	3	3
16	正常	3	102.3	——	3	3
17	左副翼卡阻	2	91.2	3	3	2

序号	故障设置	拉杆抬头评价等级	最大操纵杆力/N	发生故障评价等级	主显示消失评价等级	总体评价等级
18	左发停车	2	94.9	3	3	2
19	正常	1	96.7	—	6	2
20	左副翼卡阻	3	99.5	4	6	3
21	左发停车	1	97.7	4	—	2
22	正常	5	102.3	6	6	4
23	左副翼卡阻	6	101.4	—	4	6
24	左发停车	6	109.8	—	4	6
25	正常	2	103.3	6	3	3
26	左副翼卡阻	3	107	3	3	3
27	左发停车	1	106	5	1	2
28	正常	1	98.6	4	1	2
29	左副翼卡阻	1	97.7	3	—	1
30	左发停车	1	98.6	3	—	1
31	正常	1	100.5	—	5	3
32	左副翼卡阻	2	101.4	8	2	5
33	左发停车	2	103	5	5	4
34	正常	3	102.7	—	2	5
35	左副翼卡阻	8	104.7	2	2	7
36	左发停车	2	98.8	4	2	3
37	正常	2	98.3	—	—	2
38	左副翼卡阻	2	94.2	3	2	3
39	左发停车	2	98.8	4	3	3

序号	故障设置	拉杆抬头评价等级	最大操纵杆力/N	发生故障评价等级	主显示消失评价等级	总体评价等级
40	正常	3	99.4	—	4	4
41	左副翼卡阻	1	95.3	1	1	1
42	左发停车	1	99.4	8	1	5

提取各飞行试验中受试人员的生理参数，如表 7.7 所示。

表 7.7　受试人员遭遇故障时的生理参数

序号	呼吸频率/BPM	脉搏频率/BPM	低频/高频比	评价等级	序号	呼吸频率/BPM	脉搏频率/BPM	低频/高频比	评价等级
1	21.9	82.51	0.394 8	2	16	20.9	83.74	0.432 2	3
2	17.75	79.25	0.431 4	4	17	20.28	85.29	0.417	2
3	15.1	95.51	0.452	6	18	20.54	82.59	0.407 4	2
4	19.48	85.56	0.434 9	3	19	20.94	85.83	0.402 8	2
5	16.21	97.12	0.553 5	8	20	18.78	80.63	0.417 4	3
6	16.52	98.85	0.538 2	8	21	20.95	83.55	0.416 7	2
7	20.62	82.97	0.384 4	2	22	19.65	89.23	0.458 3	4
8	19.79	88.42	0.419 5	3	23	16.81	87.69	0.482 5	6
9	17.73	78.82	0.461 5	4	24	15.89	88.09	0.516 1	6
10	19.14	85.9	0.423 4	3	25	20.95	88.03	0.412 5	3
11	15.43	89.99	0.525 8	8	26	18.65	93.26	0.455	3
12	15.38	93.93	0.515 4	9	27	19.16	84.44	0.396 5	2
13	18.39	76.43	0.482 6	4	28	19.96	84.11	0.421 6	2
14	21.1	84.55	0.396 4	2	29	21.8	75.84	0.387 6	1
15	19.42	82.33	0.435 8	3	30	22.89	72.76	0.397 8	1

序号	呼吸频率/BPM	脉搏频率/BPM	低频/高频比	评价等级	序号	呼吸频率/BPM	脉搏频率/BPM	低频/高频比	评价等级
31	17.04	87.49	0.426 9	3	37	19.94	82.8	0.391 2	2
32	16.04	90.11	0.472 4	5	38	17.92	88.53	0.409 5	3
33	16.17	89.77	0.442 5	4	39	18.67	92.51	0.425 4	3
34	17.28	87.13	0.489 2	5	40	17.7	85.19	0.468	4
35	15.12	94.07	0.484 7	7	41	22.13	74.44	0.381 9	1
36	18.84	87.21	0.418 8	3	42	16.05	97.52	0.463 5	5

　　呼吸频率、脉搏频率、低频/高频比随评价等级的变化趋势,如图 7.23 所示,从图中可以看出这三项生理参数与评价等级有着明显的线性关系。

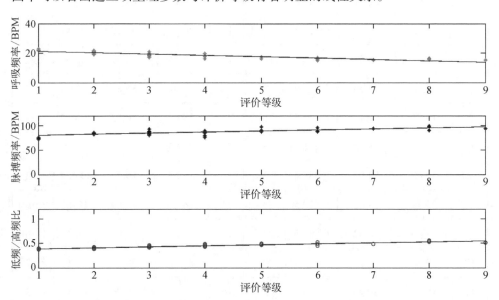

图 7.23　脉搏频率、呼吸频率、低频/高频比与评价等级趋势图

1. 回归分析

　　将呼吸频率(breath rate, BR)、脉搏频率(pulse rate, PR)、低频/高频比(L/H)作为回归分析的输入项,受试人员评价等级(S)作为输出项,建立线性回归模型:

$$S = b_1 + b_2 \times \mathrm{BR} + b_3 \times \mathrm{PR} + b_4 \times L/H \tag{7.24}$$

求解得到：

$$b = \begin{bmatrix} -8.084\,7 \\ -0.260\,0 \\ 0.040\,5 \\ 29.814\,2 \end{bmatrix} \quad (7.25)$$

于是,受试人员生理参数与评价等级关系模型为

$$S = -8.084\,7 - 0.26\mathrm{BR} + 0.040\,5\mathrm{PR} + 29.814\,2L/H \quad (7.26)$$

将受试人员的生理参数代入模型中,得到回归模型输出的评价等级,如表 7.8 所示。

表 7.8 回归模型评价等级对比

序号	评价等级	回归结果	对比	操纵品质	序号	评价等级	回归结果	对比	操纵品质
1	2	1.33	0.67	满意	15	3	3.19	−0.19	可接受
2	4	3.37	0.63	可接受	16	3	2.75	0.25	可接受→满意
3	6	5.33	0.67	可控→可接受	17	2	2.52	−0.52	满意
4	3	3.28	−0.28	可接受	18	2	2.06	−0.06	满意
5	8	8.13	−0.13	可控	19	2	1.95	0.05	满意
6	8	7.66	0.34	可控	20	3	2.74	0.26	可接受→满意
7	2	1.37	0.63	满意	21	2	2.27	−0.27	满意
8	3	2.85	0.15	可接受→满意	22	4	4.08	−0.08	可接受
9	4	4.25	−0.25	可接受	23	6	5.48	0.52	可控→可接受
10	3	3.04	−0.04	可接受	24	6	6.73	−0.73	可控
11	8	7.22	0.78	可控	25	3	2.33	0.67	可接受→满意
12	9	7.08	1.92	可控	26	3	4.4	−1.40	可接受
13	4	4.61	−0.61	可接受	27	2	2.17	−0.17	满意
14	2	1.67	0.33	满意	28	2	2.7	−0.70	满意

序号	评价等级	回归结果	对比	操纵品质	序号	评价等级	回归结果	对比	操纵品质
29	1	0.87	0.13	满意	36	3	3.03	−0.03	可接受
30	1	0.77	0.23	满意	37	2	1.74	0.26	满意
31	3	3.75	−0.75	可接受	38	3	3.05	−0.05	可接受
32	5	5.47	−0.47	可接受	39	3	3.49	−0.49	可接受
33	4	4.53	−0.53	可接受	40	4	4.71	−0.71	可接受
34	5	5.53	−0.53	可接受	41	1	0.56	0.44	满意
35	7	6.24	0.76	可控	42	5	5.51	−0.51	可接受

2. 模型检验

1) 评价结果对比

由表 7.8 可以发现,36 组试验的回归模型输出的操纵品质等级并未改变,另外 6 组试验处于"满意"与"可接受""可接受"与"可控"交接处的操纵品质等级有所偏移,但偏移量均未超过 0.67,说明生理参数与评价等级相关程度较大,在本次试验中,受试人员给出的主观评价较为准确。

2) R^2 检验

回归模型求解后,计算检验参数 R:

$$R = \sqrt{1 - \frac{\sum_{i=1}^{n}(y_i - \hat{y}_i)^2}{\sum_{i=1}^{n}(y_i - \bar{y})^2}} = 0.957\,7 \tag{7.27}$$

R 为 0.957 7,说明线性相关性较强。

3) F 检验

F 检验输出值为 140.071 5,检查 F 分布表 95% 的显著性 F 值为 8.59, 140.071 5 > 8.59,说明输入量与输出量具有线性相关关系显著。

4) p 值检验

本例输出结果为 $p = 1.37 \times 10^{-20}$,显然满足 $P < 0.000\,1$,说明生理参数输入与评价等级输出具有显性的线性关系。

第8章

操纵品质评估的工程模拟器设计与评定要求

8.1 引言

现代运输类飞机是高度复杂的综合系统,其设计是一个自顶向下、不断细化的过程。根据飞机设计和验证中仿真任务的需要,利用飞机各个设计阶段可用的飞机数据进行建模和综合,构建不同类型的模拟仿真设备,本身也是一项复杂的系统工程。因此,在飞机设计的早期,需要对仿真系统的类型、功能、模型和数据等进行规划,以满足飞机设计和验证的需要。

工程模拟器作为飞机设计和验证中重要的模拟仿真设备,其设计需求来源于预期在工程模拟器上进行的仿真任务要求。同时,由于工程模拟器与飞机设计是同步进行的,在进行工程模拟器的需求分析时,还要考虑进行模拟器设计研制时可用的数据和系统组件,以及预期进行的仿真场景可实现性等限制因素进行综合分析。

本章研究基于工程模拟器的适航符合性验证实施流程、方法以及仿真设施,为运输类飞机操纵品质评估与适航符合性的试飞验证提供具体实施方法和技术指导。

8.2 适航审定中工程模拟器规划、设计和应用过程

8.2.1 飞机模拟设备的功能和类型规划

在飞机型号设计过程中,根据不同设计阶段的仿真任务需求以及可用的飞机数据和组件情况,可以构建不同类型的仿真系统。

民用飞机设计中典型的仿真系统包括桌面模拟器、工程模拟器、系统测试台和铁鸟台等。桌面模拟器功能简单,主要用于在型号设计早期进行飞机总体性能、操

稳特性的分析和初步评估。工程模拟器通常具有较为完整的模拟座舱,可以模拟真实的飞机座舱操纵环境和视景,主要用于进行人在环的飞机操纵品质评估、人机界面和驾驶舱布局分析评估等。系统测试台和铁鸟台主要用于在系统集成阶段对单个或全机系统进行综合试验验证。

图 8.1 给出了上述各类仿真系统在某型飞机设计过程中的主要应用阶段。需要注意的是,尽管不同类型的仿真系统在飞机设计过程中的功能和应用阶段有所差别,但仿真系统的规划和建造工作可以与型号设计同步开始,仿真系统的模型或组件可以随着飞机设计过程的推进不断迭代和更新。在飞机开始试飞后,仿真系统还可以根据试飞数据进行进一步更新模型,并在按需在后续设计和符合性验证活动中继续应用。

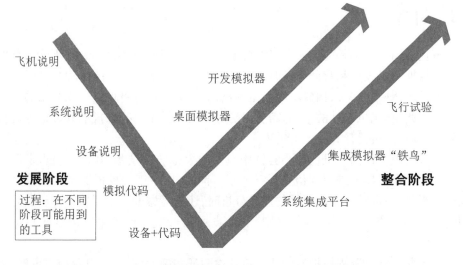

图 8.1　各类仿真系统在某型飞机设计过程中的主要应用阶段

8.2.2　飞机模拟设备的模型和组件规划

飞行仿真模拟包括对飞机的动力学特性模拟、系统功能的模拟,以及对外部环境的模拟,这需要通过建立和运行相应的数学仿真模型来实现。

飞机动力学特性的模拟是实现飞行仿真的核心和基础。对于电传飞机而言,飞机对操纵输入的闭环响应特性取决于飞机本体动力学特性和飞控系统控制律的综合,此外,还必须考虑飞机数据传感器的延迟效应以及舵面作动器的动态特性对飞机动态响应的影响。因此,为了精确模拟飞机的动力学特性,需要建立飞机本体动力学模型(含发动机模型)、控制律模型、传感器模型以及作动器模型等核心模型。

在上述核心模型的基础上,按需结合外部环境模型、其他系统功能模型或模拟硬件,或者在仿真回路中用系统设备的真实件来替代部分仿真模型,可以构建不同类型的仿真系统。其中,外部环境的模拟与机型本身设计无关,可以采用成熟的通用模型;系统功能的模拟通常可以通过设计数据来建立相应的功能模型,或者由设备供应商直接提供设备模型或模拟硬件。图 8.2 给出了某型飞机不同类型仿真系统构建过程中模型和组件的应用情况示意。

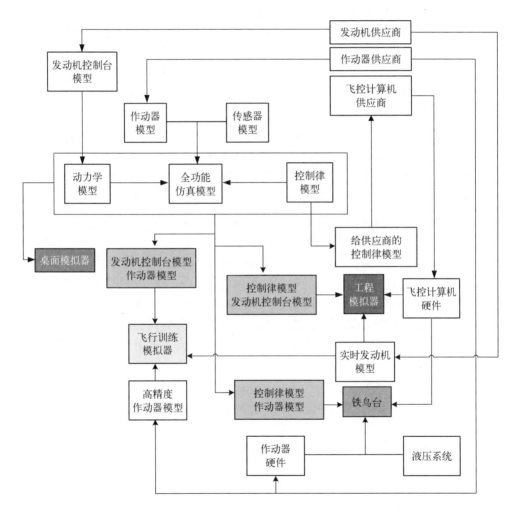

图 8.2 某型飞机各仿真系统研制和开发过程中的模型和组件应用情况

仿真系统的模型和组件需由负责不同专业的设计团队及相应供应商提供和更新,在进行仿真系统规划时,负责仿真系统建设的团队需提前与各专业协调并明确对模型和组件的需求。

8.2.3 仿真系统的数据规划和更新模式

收集高可信度数据对于仿真系统的研制至关重要。在仿真系统的研制和应用过程中，需要规划的数据主要包括以下几类。

1. 结构/设计数据

结构/设计数据是可以支持开展如下工作的数据：

（1）设计和仿制飞机结构和部件，以实现飞行驾驶舱和设备的高逼真度复制；

（2）直接应用飞机部件，或采用飞机设备仿真件、建立设备功能软件仿真模型的方法，来设计和制造模拟器仪表、航空电子设备和一些辅助设备，如自动驾驶仪、INS 等。

2. 仿真建模数据

仿真建模数据是指那些包含在飞机制造商技术文件中，定义了飞机空气动力特性和各种飞机系统性能的实时仿真数学构造，以及支持这个数学构造的各种数值数据。仿真建模数据可以来自设计文件的功能定义，也可以来自试飞、工程试验或计算分析，仿真建模数据包括对故障状态的模拟数据。

3. 确认数据

确认数据，是用来证明模拟器性能与相应飞机一致的数据。验证数据可通过试飞、地面试验、工程模拟等途径获得。

如前所述，飞机的动力学模型是构建飞机仿真系统的核心模型，而气动数据是建立飞机动力学模型的基础，气动数据的准确性和正确性直接影响动力学模型的精确程度和飞机仿真系统的逼真度。飞机的气动数据不能从飞机的气动外形设计数据直接获得，同时气动数据的组成较多，单纯通过计算或试验获得数据都具有较大的不确定性，需要通过多次迭代和修正。因此，对仿真系统的气动数据规划是数据规划的重点。

4. 初始气动数据的获取

在飞机开始试飞前，飞机的气动数据通常来自风洞试验和 CFD 计算。为了建立准确度较高动力学模型，同时考虑到对特殊场景下的动力学特性模拟需要，需要规划获取以下初始气动数据。

1）基本的气动数据

用以计算飞机各部分气动力和气动力矩的气动导数或操纵导数，包括机身/机翼/短舱数据、襟缝翼/可动平尾数据、各操纵面操纵导数、机翼下洗流数据、旋转效应数据（动导数）等。

a. 铰链力矩数据

用于精确模拟舵面在舵面载荷作用下的速率。另外，铰链力矩数据还可以用于作动装置故障时舵面处于漂浮状态的动态特性模拟。

b. 弹性修正数据

包括对以上基本气动数据以及关键舵面铰链力矩数据的弹性效应修正。

c. 用于特殊场景模拟气动数据

根据模拟器试验的仿真任务要求,需要获取用于特殊场景模拟的气动数据,包括:

(a)模拟在结冰天气条件下飞行时所需的机身机翼带冰时的气动数据;

(b)模拟单一或多个舵面卡阻或急偏等舵面故障时所需的每一舵面独立气动数据。

2)气动数据的试飞修正

在飞机开始试飞后,为消除由于风洞试验和 CFD 计算误差带来的不确定性,更精确模拟真实飞机的动力学特性,还需要通过飞机试飞数据对上述初始气动数据进行修正。为此,需要规划用于获取试飞数据的试飞科目,在选定的试验条件下进行特定的试飞机动,并通过试飞数据的参数辨识得到气动数据的修正。

飞机气动模型参数辨识通常包括两种方式,一种是在每一个试验条件下,对相同操纵输入下的试飞数据与模型输出数据差异进行建模,以辨识出动力学模型各气动导数的增量。另一种是通过对飞机的试飞数据进行直接辨识来获得飞机的气动导数,并与动力学模型的原气动导数数据进行比较和更新。在工程实践中也可以结合使用这两种方式,如图 8.3 所示。具体的参数辨识方法目前已经有较为成熟的方法和工具,如工具软件 SIDPAC 等,可以直接应用。

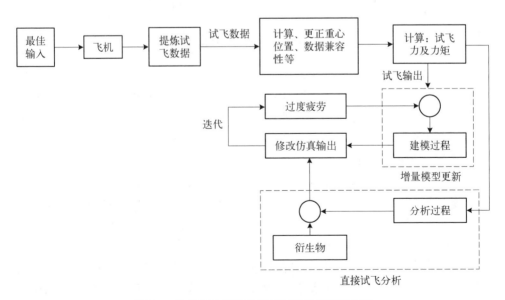

图 8.3　飞机气动模型参数辨识和数据更新流程

运输类飞机操纵品质评估与适航验证方法

8.2.4 工程模拟器的仿真任务和需求分析

如前所述,工程模拟器作为飞机设计和验证中重要的模拟仿真设备,其设计需求来源于预期在工程模拟器上进行的仿真任务要求。同时,由于工程模拟器与飞机设计是同步进行的,在进行工程模拟器的需求分析时,还要考虑进行模拟器设计研制时可用的数据和系统组件,以及预期进行的仿真场景的可实现性等限制因素进行综合分析。

而如果计划采用工程模拟器进行表明对适航规章符合性的试验,需要在飞机的设计构型基本确定且模拟器完成相应的更新后,进行模拟器的确认工作,以确保工程模拟器具有完成相应符合性试验的功能和逼真度。

工程模拟器的研制和应用的总体过程如图 8.4 所示。

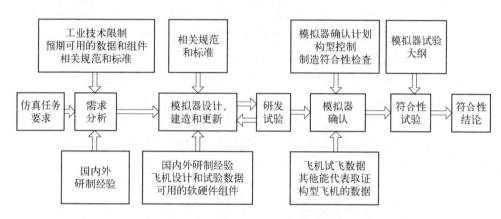

图 8.4 工程模拟器的研制和应用的总体过程

1. 工程模拟器的仿真任务要求

在飞机的研制和适航审定过程中,在工程模拟器上进行的仿真任务主要是人在环的实时评估,这包括两大类,即模拟器研发试验和模拟器符合性表明试验(MOC8 试验)。

1)模拟器研发试验

工程模拟器上可进行的研发试验任务比较宽泛,包括对特定技术的研究、对不同系统需求确认和验证、对适航条款符合性的初步评估等。模拟器研发试验的需求主要来自飞控、操稳、驾驶舱布局等相关专业,研发试验包括以下几种。

a. 控制律与飞行品质评估试验

进行该试验的目的是分析飞机在各种构型和飞行条件下的飞行品质和任务包线,以飞行员在环评估结果为指导,完善控制律的设计,改善飞机的操纵特性,研究各种作动器和控制环节的响应特性对飞行品质的影响。

144

b. 飞控系统需求确认和验证试验

飞控系统需求确认试验是飞控系统需求开发阶段,在工程模拟器上进行部分功能性需求的确认,用于保证主要保证飞控系统需求的正确性和完整性,限制出现系统内非预期功能或相关系统间非预期功能的潜在可能。

飞控系统需求验证试验是在飞控系统软硬件开发完成后,在工程模拟器提供的集成仿真环境中,验证飞控系统满足系统需求。

c. 系统安全性评估支持性试验

通过在模拟器上进行飞控系统故障等失效场景的模拟,评估失效场景对飞机安全性的影响,确认失效条件的危害性等级,以支持飞控系统等系统 FHA 等安全性评估活动的假设和结论。

d. 驾驶舱评估试验

在飞机设计的不同阶段,通过飞行员在环,评估驾驶舱操纵器件的操纵特性,校验驾驶舱控制系统设计需求的正确性和合理性,是否满足使用要求以及对驾驶舱操纵系统人机工效进行确认。驾驶舱操纵器件特性评估试验包括驾驶舱操纵设备操纵特性的静态评估、不同模式控制律下驾驶舱操纵设备操纵特性的动态评估等。

2) 模拟器符合性表明试验

通过模拟器来表明对适航条款符合性的前提是进行模拟器的评定工作,确认模拟器能够代表取证构型飞机的特性。模拟器符合性表明试验主要包括以下几种。

a. 飞控系统故障条件下的操纵品质评定

验证条款:CCAR 25.671、CCAR 25.672、CCAR 25.1309 等。

为了满足适航规章对故障条件下飞机继续安全飞行和着陆的要求,根据飞控系统安全性分析的结果,对难以在试飞中实现或会导致高风险的故障条件,由飞行员在工程模拟器上进行飞机操纵品质的评估。

b. 最小机组工作量演示

验证条款:CCAR 25.1523。

在模拟器上进行最小飞行机组工作场景模拟试验,评估最小飞行机组的工作量,其试验场景有:人工手动飞行、标准仪表进场、标准仪表离场、非精密进近(正常)、非精密进近(湍流)、发电机失效、非精密进近、过 V_1 后的单发失效、两套液压系统失效、TCAS 告警(一名飞行员失能)、燃油不平衡、侧风条件下复飞、飞行控制系统直接模式、发动机着火、结冰环境等。

c. 最小飞行重量验证

验证条款:CCAR 25.25(b)。

飞机选定的最小飞行重量难以在飞行试验中获得,需要在模拟器上对最小重量时的操稳特性进行评估,验证对条款符合性。

试验科目有：单发起飞、双发侧风起飞、双发侧风着陆、复飞、小速度时的纵向操纵、小速度时的横向操纵和过载杆力梯度-机动特性等。

d. 飞行手册使用程序的评估

验证条款：CCAR 25.1585 等。

由飞行员在模拟器中对特定的飞行手册程序进行评估，评估程序逻辑合理性、操纵的可实现性等。在模拟器上进行的评估通常是对飞行手册非正常程序、应急程序进行评估。

e. 其他一些难以在试飞中实现的试验场景下的试验

包括特殊大气条件下（如突风、湍流）操纵品质和系统功能的验证；发动机不可控高推力下的飞机安全性评估等。

2. 工程模拟器的需求分析

工程模拟器的需求分析可以参照需求工程的原理进行。对工程模拟器的需求捕获和分析需要考虑以下要素。

1）用户的期望

（1）在工程模拟器上进行的仿真任务要求；

（2）工程模拟器的使用环境；

（3）工程模拟器的使用和操作方式；

（4）工程模拟器的维护、保障、培训、寿命等要求；

（5）工程模拟器的扩展性、二次开发的支持能力等。

2）约束条件

（1）资金；

（2）企业内部标准或规范；

（3）工业技术基础；

（4）法规、业内通用的标准或指南；

（5）预期可获得的数据和软硬件组件等。

3）可用的资源

（1）国内外的研制经验；

（2）可用的解决方案等。

工程模拟器的需求分析是通过理解用户的需要，同时考虑设计中的约束条件，最终将这种需要转化为指导系统功能定义和开发的需求规范。具体而言，需求分析的具体活动包括：

（1）细化用户的期望的目标和要求；

（2）定义初始性能目标并将其细化为需求；

（3）弄清并定义限制解决方案的约束条件；

（4）根据客户提供的效能测量定义功能和性能需求。

通过需求分析,可以定义出工程模拟器的研制需求,其需求可以分为以下几类。

1）功能需求

工程模拟器的功能需求主要是对模拟器实现仿真模拟功能要求,需要根据预期的仿真任务要求,定义模拟器需要实现的仿真功能,包括:

（1）对飞机人机界面、操纵响应特性以及系统功能的模拟需求;

（2）对外部环境的模拟需求;

（3）对特殊场景(如特殊天气情况、飞机故障状态)的模拟需求。

2）性能需求

提出对系统功能的具体性能指标,包括:精度、保真度、范围、分辨率、速度和响应时间等。对于工程模拟器的仿真功能而言,相应的性能需求主要指模拟仿真的逼真度要求。不同的仿真任务,对工程模拟器的逼真度要求不同。在确定功能模拟器性能需求时,可以根据仿真任务,参照飞行训练模拟器的逼真度等级标准要求制定。

3）物理和安装需求

物理和安装需求与模拟器系统的物理特性和模拟器的使用环境相关,包括:尺寸、装载能力、电力、冷却、环境约束、权限、调整、搬运和存储等,需要根据模拟器可用的安装和使用环境提出。

4）接口需求

接口需求定义模拟器与外部环境之间互联或输入输出关系,包括机械接口需求、电气接口需求、软件接口需求等。

5）使用需求

使用需求定义了模拟器的试验机组、维护人员以及其他支持人员与模拟器相关功能及设备之间的界面。使用需求包括相关人员的动作、判断、信息传递以及操作时间等。定义使用需求时需要考虑正常和非正常的情况。

6）可靠性和维护性需求

可靠性需求包括模拟器的工作强度、可用率、平均故障间隔时间、使用寿命等。维护性需求包括对模拟器装置结构位置设计的易维护要求、部件的易拆卸和可替代要求、维护操作空间的预留要求等。

7）安全性需求

安全性需求是指当模拟器发生故障、失效或其他紧急情况,对人员的安全保护要求。这包括:模拟器供电中断时的归位需求;模拟器发生紧急事件时的应急停止需求;状态指示与告警需求;应急逃生需求等。

工程模拟器的需求分析也是一个循环和迭代的过程,需要由模拟器用户和模拟器制造商进行联合定义,并综合考虑用户的仿真任务期望以及相关限制、约束和技术可实现性。由于工程模拟器是模拟和仿真技术的集成,其能够实现模拟的功

能也是有边界的,需要在确定需求时予以综合考虑,包括:

(1) 工程模拟器可模拟飞机系统功能、逻辑、性能、接口等,可模拟系统典型故障,但不能准确模拟飞机机体结构上的损坏故障,如不能准确模拟起落架放不下时的着陆状态、翼尖擦地的损伤和后果等;

(2) 工程模拟器不模拟空调系统、防冰除冰、气源系统,不能够完全满足飞机各系统在地面和飞行中正常、非正常和紧急条件下的试验;

(3) 工程模拟器不能模拟外界环境对飞机的影响情况,如无法建立类似冰雹损伤等试验。

8.3 工程模拟器评定的总体要求和规划

如果计划用工程模拟器进行表明符合性的试验,就必须建立对工程模拟器的置信度,确认工程模拟器具备完成相应试验的功能,并达到与真实飞机一致的特定逼真度。因此,需要对工程模拟器进行相应的评定工作。

尽管国内外多个型号中已经或计划采用工程模拟器来表明对适航要求的符合性,但工程模拟器评定的标准化、规范化程度不高,也没有具体的适航指导性文件或实施指南供参考。随着现代民用客机各系统的复杂性不断增加,飞机的失效状态也随之增加,在真实飞行试验中引入和复现某些系统故障会因试飞的风险性、经济性而变得难以实现;另外,一些适航审定要求的特殊试飞条件以及外部环境条件(如湍流、风切变等),在有限的试飞周期里难以获得。基于以上因素,在适航审定中采用工程模拟器来表明符合性的科目越来越多,对工程模拟器的确认工作提出了更加正式、规范的要求。在国外某新一代双发客机的适航审定中,审定当局要求申请方提交正式的模拟器评定文档,并予以认可,作为采用工程模拟器来进行适航符合性试验的前提条件。

相对于工程模拟器,用于飞行员培训的飞行训练模拟器已在国内外民航业中应用多年,国际民航组织和各国局方都已颁布了较为成熟的飞行训练模拟器鉴定标准,如 ICAO 9625 和 FAR 60/CCAR 60 等。飞行训练模拟器具有规范的训练类型和训练任务要求,其鉴定的程序、要求和标准较为统一和明确。由于使用预期差别较大,工程模拟器的评定不能对飞行训练模拟器鉴定标准进行简单套用,飞行训练模拟器的鉴定和工程模拟器评定之间的区别如表 8.1 所示。

在国际民航组织 2009 年颁布的《飞行训练模拟器鉴定标准手册》ICAO 9625 第三版中,给出了进行标准化训练类型和训练任务以外的飞行训练模拟器鉴定程序和方法,即基于预期训练任务来确定模拟器仿真特征的逼真度要求和验证标准。这对鉴定标准手册的适用性和灵活性做了进一步的推广,对于适航审定中的工程模拟器评定也具有较大的借鉴和参考意义。

表 8.1　飞行训练模拟器的鉴定和工程模拟器评定之间的区别

鉴 定 要 求	飞行训练模拟器鉴定	工程模拟器的评定
试验任务	具有较为规范的训练类型和训练任务要求	不同的型号适航审定项目,符合性验证科目有较大不同
鉴定/确认阶段	通常是在飞机取得型号合格证后进行鉴定	飞机取证前,进行符合性试验前进行确认
鉴定或评定的标准	具有成熟的鉴定标准,如 ICAO 9625、FAR 60 等,鉴定的程序和要求较为统一和明确	没有统一的标准,依赖于具体承担的符合性验证任务

8.3.1　模拟器评定的总体要求

FAA 咨询通告《运输类飞机审定飞行试验指南》AC 25 - 7D 提出了当用模拟器替代试飞来表明适航符合性时的总体要求,即:

(1) 模拟器的类型和逼真度应适用于仿真任务;

(2) 需要由试飞数据对模拟器在试验条件下的逼真度进行评定;

(3) 以适当的方式进行模拟器符合性试验。

目前在具体的审查项目中,适航当局在以上总体要求的基础上已提出如下具体的要求。

对拟采用工程模拟器表明适航规章的符合性,申请人应参照 AC 25 - 7D 的内容,满足如下要求。

1) 表明符合性范围要求

申请人应确定采用工程模拟器表明符合性的使用原则,根据原则鉴别出工程模拟器表明符合性的范围。范围是指所有拟采用 MOC8 方法来表明符合性涉及的专题,并细化到科目,以及这些科目是否可以在工程模拟器上达成一致。

2) 逼真度要求

需要根据确定拟进行符合性表明的科目要求,确定工程模拟器应具备足够的逼真度,具体要求如下:

(1) 驾驶舱布局、操纵器件、显示、声音等与取证构型飞机的一致性,操纵器件的操纵感觉应与取证构型飞机一致;

(2) 科目预期使用的功能与取证构型飞机的一致性,任何其他功能缺失、功能不完整不能影响到科目演示的真实性;

（3）模拟科目的外界环境应与飞机预期使用的真实环境一致；

（4）性能、操稳的静动态容差，飞机的响应必须与取证构型飞机尽可能一致，应根据科目需求确定相应的客观评价容差标准和主观评价准则，并与审查方达成一致；

（5）性能、操稳和动力装置（模型）和系统设备（或模型）的评价基准数据来源，不限于计算分析、风洞试验、工作台试验、铁鸟试验台、飞行试验等，但必须说明基准数据能够代表取证构型飞机的真实特性，对于最终评价基准数据的来源需与审查方达成一致，飞行试验数据应是首选的基准数据来源。

3）构型管理要求

应确保工程模拟器的软硬件构型得到有效管理。针对拟进行的科目，对于工程模拟器使用的飞机真实件，需保证模拟器硬件及其加载软件构型应与取证飞机一致，如存在差异应能进行相应的影响评估。

4）制造符合性要求

应根据科目评估和确定制造符合性项目，按计划进行制造符合性检查，包括研制中和每个试验科目前的制造符合性相关检查。

5）评定计划和报告

申请人应制定工程模拟器评定计划，包含上述内容，并在完成评定后提交相应的评定报告。

8.3.2 工程模拟器评定的规划

从以上总体要求可以看出，对工程模拟器的评定而言，首先需要明确预期在工程模拟器上进行的仿真任务。工程模拟器可以广泛用于飞机设计过程中特定技术的研究和验证。但对于适航审定而言，特定的仿真任务即在模拟器上进行的符合性表明试验，工程模拟器评定是对用于表明符合性的工具进行确认。因此，对工程模拟器的评定首先应确定符合性验证中的模拟器试验科目，作为工程模拟器评定的任务需求来源。

其次，模拟器试验作为飞机完整适航符合性验证的一部分，只针对飞机的部分特定功能和特性进行验证，不同的符合性验证对工程模拟器的仿真功能及性能要求是不同的。因此，需在明确模拟器试验科目的基础上，进一步分析工程模拟器评定的范围，即确定需要对哪些仿真特征进行评估以及相应的逼真度要求。

最后，针对需评定的仿真特征，确定具体的逼真度评估方法和通过标准，并用真实飞机的数据作为基准，完成对工程模拟器评定。

对工程模拟器的评定，需要从适航审定早期就开始工程模拟器试验需求的分析和讨论，并基于符合性试验的科目确定工程模拟器评定的范围和具体的逼真度评估方法。在飞机开始地面试验或试飞后，需要获取用于模拟器评定的飞机数据，并在进行模拟器符合性试验前完成模拟器逼真度评估测试和分析。除此之外,由于工程模拟器的用途广泛,构型变化比较频繁,需要对符合性试验相关的模拟器构型项进行有效管控,规划相应的构型管理方案。在模拟器上进行符合性试验之前,还应发起对特定模拟器仿真模型、软件系统和硬件系统的制造符合性检查,确认工程模拟器构型与试验要求构型的一致性。从以上分析可以看出,工程模拟器的评定是伴随飞机设计及适航审定工作开展而逐渐推进的动态工作,不仅涉及多个专业,而且时间跨度长。对于这项复杂的工作,需要制定一份工程模拟器评定计划来对模拟器评定的过程和活动进行总体规划。在完成所有的模拟器评定测试后,应编制工程模拟器的评定报告,对评定测试的结果进行分析,工程模拟器的评定计划应与适航局方进行广泛的讨论,并提交局方认可。在进行符合性试验前,应将模拟器评定报告提交局方批准。在局方对评定报告进行批准后,可以开展相应的符合性试验。综上,适航审定中工程模拟器评定相关活动的进度规划如图 8.5 所示。

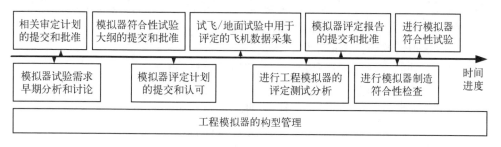

图 8.5　工程模拟器评定相关活动的进度规划

8.4　工程模拟器评定的流程和方法

根据上述工程模拟器评定的总体要求和规划可知,工程模拟器评定的核心是模拟器符合性试验,对工程模拟器相应仿真功能的逼真度进行评估,这又可包括以下两部分工作: ① 确定工程模拟器评定的范围;② 对特定仿真功能的逼真度评估。

8.4.1　工程模拟器评定的范围

1. 确定工程模拟器评定的任务需求

适航审定中的模拟器试验任务和科目选取取决于对飞行试验风险、可实现性以及经济性因素的综合考虑。不同的飞机型号,由于其设计特点和预期使用环境的不同,对模拟器试验的需求也有较大不同。同时,在确定模拟器试验科目时,还需要根据需要对工程模拟器的功能和性能特征进行把握,对完成预期符合性试验的能力进行初步评估。模拟器试验科目是提出模拟器试验要求的各专业人员和工程模拟器专业人员讨论的结果,这通常是一个迭代过程。

在适航审定中,审定计划是关于采用何种符合性验证方法来表明产品符合审定基础的计划。在审定计划中,需要制定对于每一适航条款的符合性方法和思路,明确是否采用模拟器试验的方法来表明符合性。在审定计划的基础上,可以进一步编制模拟器试验大纲,明确模拟器试验科目的具体内容和流程。

综上可知,适航审定中的模拟器试验科目和内容是在申请人各专业广泛讨论后,在审定计划和模拟器试验大纲中予以落实。这些确定的模拟器试验科目即是工程模拟器评定的需求来源。

2. 确定工程模拟器评定范围

如前所述,不同的模拟器试验科目涉及飞机不同功能和特性的符合性验证,对模拟器不同仿真特征的逼真度要求也不尽相同。为了确定工程模拟器的评定范围和逼真度要求,有必要引入模拟器试验与工程模拟器各仿真特征的相关度等级概念,界定出各仿真特征对模拟器试验的影响。

工程模拟器的仿真特征主要包括:

(1) 驾驶舱(包括座舱环境与布置、飞行员座椅等);

(2) 飞行模型(包括气动模型、发动机模型等);

(3) 地面操纵特性(包括地面性能、地面操纵品质等);

(4) 飞机系统[包括航电系统、飞控系统等(含故障状态)];

(5) 飞机操纵系统(包括操纵器件、操纵力和位移、操纵动态感觉、操纵系统故障状态等);

(6) 感觉提示(包括声音,视觉和运动感觉等);

(7) 环境(包括外部系统、大气条件等);

(8) 其他(包括响应延迟时间等)。

根据模拟器试验的特点,可以对工程模拟器评定中各仿真特征与模拟器试验的相关度等级进行以下划分。

(1) 等级Ⅰ:直接相关。代表仿真特征是符合性验证的内容或者直接影响符合性验证的结果和判断。

(2) 等级Ⅱ:间接相关。代表仿真特征不是符合性验证的直接验证内容,但对符合性验证结果和判断有一定影响。

(3) 等级Ⅲ:适用的。代表仿真特征不对符合性验证的结果和判断产生直接影响,但该仿真特征对构建完成相关验证的仿真环境是必要的。

(4) 等级Ⅳ:不适用。该仿真特征与符合性验证不相关。

基于对工程模拟器评定的完备性考虑,可以建立仿真特征-符合性试验相关度等级矩阵表,界定各仿真特征与各试验的相关度,确定评定范围,如表 8.2 所示。

表 8.2 仿真特征与符合性试验相关度等级表

	仿真特征 1	仿真特征 2	…	仿真特征 N
试验 1	等级 X	等级 X	…	等级 X
试验 2	等级 X	等级 X	…	等级 X
⋮	⋮	⋮	⋱	⋮
试验 N	等级 X	等级 X	…	等级 X
汇总	等级 X	等级 X	…	等级 X

注:表中等级 X 指等级 Ⅰ、Ⅱ、Ⅲ、Ⅳ;汇总一栏中的等级代表该列所有等级要求中最高的等级。

工程模拟器的评定应针对相关度等级 Ⅰ、Ⅱ、Ⅲ的仿真特征进行,等级 Ⅳ 的仿真特征不属于工程模拟器的评定范围。对于评定范围内的仿真特征,其具体的逼真度评估通过标准可以随不同相关度等级逐级降低。

8.4.2 工程模拟器逼真度评估

在前述建立的工程模拟器评定范围基础上,工程模拟器的逼真度评估是比较仿真系统与能代表真实飞机构型数据的一致性,需要根据评定范围内各仿真特征的特点,确定具体的逼真度评估方法和通过标准。工程模拟器的逼真度评估需在其模型和组件经过反复更新并达到相当的成熟度后进行,参考飞行训练模拟器的鉴定方法及国外机型的评定经验,通常包括模型/系统级确认和全机级确认。

1. 模型/系统级确认

模型/系统级确认即是根据预期在仿真系统上进行的符合性表明试验需求,对与试验相关的飞机仿真模型/系统组件逼真度进行评估,确认其能够反映真实部件/系统的功能和响应特性,确认相应的仿真特征能够满足符合性试验的要求。

根据仿真任务的不同,模型/系统级评估主要包括以下几种。

1)气动模型的确认

气动模型的确认主要是比较模拟器数据与真实试飞数据的匹配程度/确认符合性试验要求的特殊气动数据已在气动模型中加载。

确认数据来源：飞行试验和风洞试验。为了保证数据的准确性，模型匹配评价数据应主要基于初期的地面和飞行试验（包括地效的飞行试验），对于那些难以通过飞行试验获取的飞机操纵和响应数据应基于风洞试验结果，如前缘襟翼丧失、襟缝翼非对称等故障情况等。

　　确认活动如下。

　　（1）基本气动特性的确认——与试飞数据的匹配性验证。

　　通过进行一系列试飞科目，对模拟器与真实飞机试飞数据的一致性进行确定。试飞科目可以根据 CCAR 60 部（或 ICAO 9625 - AN/983）第 60.A.2.3 条"模拟器客观测试标准"中的机动项目进行裁剪。裁剪的原则应以能充分满足拟进行的符合性模拟器试验科目为前提，涵盖不同的飞行阶段、不同的轴向和速度范围，并与适航当局达成一致。

　　典型的试飞项目应包括正常起飞、起飞后单发失效、爬升、三轴操纵、纵横向配平、纵横向静稳定性、纵向动稳定性、纵向机动稳定性（杆力/加速度）、功率变化的动态特性、失速速度、失速特性、滚转响应、方向舵响应、荷兰滚特性、稳定侧滑、正常着陆等科目。

　　（2）确认低速和高速迎角和侧滑角校准数据已在模拟器中加载。

　　通过飞行试验获取迎角和侧滑角校准数据，建立测量迎角和侧滑角与真实迎角和侧滑的关系，检查确认这些校准数据已在模拟器中加载。

　　（3）确认故障状态的气动效应影响已在模拟器模型中加载。

　　检查确认通过风洞试验获取的故障状态对气动效应影响数据已经在模型中加载，如前缘襟翼丧失、襟缝翼非对称等故障情况。

　　2）发动机模型的确认

　　对发动机模型进行确认的目的是确保发动机模型能够精确模拟装机状态的发动机动态响应特性，通常通过比较模型数据与飞机地面试验/飞行试验数据来进行。

　　确认数据来源：发动机试飞平台试验数据；型号飞机飞行试验数据；发动机厂商提供的发动机瞬态模型。

　　主要确认活动如下。

　　（1）正常状态下发动机特性评估（发动机加减速、起飞/复飞过程中的发动机加速、收油门到慢车），与试飞数据比较。

　　（2）符合性试验要求的单发停车或其他发动机故障状态下的评估，与发动机厂商提供的瞬态模型比较。

　　3）飞行员操纵系统模型的确认

　　飞行员操纵系统的确认主要是对模拟驾驶盘/杆/脚蹬位移和操纵力的关系进行评估，确认与真实飞机操纵负荷系统的位移和操纵力特性一致，确保飞行员进行模拟试验时的操纵感觉与真实飞机相同。

确认数据来源：

（1）试飞和地面试验数据；

（2）铁鸟台试验数据。

确认活动：

（1）正常条件下，比较飞行员操纵力和操纵位移关系与地面/飞行试验数据的一致性；

（2）对于符合性试验要求的故障条件，包括操纵机构卡阻、脱开、配平传感器滑移等情形，比较飞行员操纵力和操纵位移关系与铁鸟台试验数据的一致性。

4）起落架和地面操纵模型确认

根据符合性试验的需要，确认符合性试验相关的地面操纵模型的逼真度。

确认数据来源：飞机的地面高低速滑跑飞行试验数据和跑道摩擦系数等经验数据库。

确认活动：

（1）验证模拟器地面操纵响应数据与滑跑飞行试验数据的一致性；

（2）确认模拟器采用的跑道摩擦系数等数据来源于成熟的经验数据库。

5）主飞控和高升力作动器模型的确认

确认数据来源：早期地面试验或试飞数据；铁鸟台操纵面扫频试验数据（主要针对符合性试验中涉及的作动器故障状态）。

确认活动：

（1）通过与飞机总体试飞数据的对比来对主飞控作动正常工作模型进行确认；

（2）对于审定试验中要求的一些主飞控作动机构故障状态，通过与铁鸟台作动器响应特性数据的对比来对故障状态模型进行确认。

6）视景系统及视景数据库确认

视景系统的性能确认，可以参照 CCAR 60 部或 ICAO 9625 中对飞行训练模拟器的视景系统性能要求进行。

视景系统数据库（包括地形数据库）的确认，检查确认数据库是否采用了工业界/飞行员界广泛接受的数据源（如跑道模型与 Jeppeson 数据库的一致性，高仿真机场模型是否被飞行员界使用和确认）。

7）飞机航电和飞控电子系统

对于采用真实件的航电系统和飞控电子系统，通过对软硬件安装的符合性检查来确认工程模拟器中系统软硬件版本与最终设计构型的差异。对于构型差异部分，需要分析说明差异对特定符合性试验的影响。

某型飞机的工程模拟器要求以下设备等价于黑标(black label)构型(即生产构型):

(1) 飞控电子系统;

(2) 显示与告警系统;

(3) 集成监视系统;

(4) 近地告警系统;

(5) 液压接口;

(6) 起落架作动(前起落架转弯控制);

(7) 失速告警。

8) 座舱布局及人机操纵界面确认

对座舱布局及人机操纵界面的确认是进行人在环评估相关试验的必要环节,其主要方法是检查和确认与符合性试验相关的工程模拟器模拟座舱几何尺寸、设备与器件布置、操纵装置形状等与真实飞机设计构型的一致性。可以参照 ICAO 9625 对飞行训练模拟器驾驶舱布局和结构的要求来进行确认。

9) 其他通用模型的确认

对于飞机的大气模型、湍流模型等通用模型,只要采用工业界的标准模型,且在大量的工程实践中已经证明了其正确性和逼真度,则认为这些模型已经得到了确认。

2. 飞机级确认

飞机级确认的目的是在模型级/系统级确认的基础上,对工程模拟器飞机级总体的飞行、操纵特性进行评估,以确认在系统、模型集成后整体仿真特性的逼真度。飞机级评估包括飞机级定量评估和飞机级定性评估。

1) 飞机级定量评估

飞机级定量评估是针对地面/空中试飞科目,通过对比工程模拟器测试输出数据与能代表真实飞机特性数据的一致性,来对工程模拟器整体性能操稳特性模拟的逼真度进行评价。

在规划定量评估时,需要考虑以下要素。

(1) 测试项目的选择。即选择何种测试机动和测试条件进行输入输出测试。在选择测试项目时,需要考虑测试项目是否覆盖了符合性验证试验的试验条件,包括对飞行阶段、飞机构型、飞行包线范围、故障条件等的覆盖。

(2) 测试的通过标准。即工程模拟器输出数据和飞机数据差异的可接受标准,这需要根据仿真特征相关度等级来制定。

(3) 作为测试比较基准的飞机数据。用于性能测试对比的飞机数据是影响逼真度评价结论的关键要素,必须提前规划飞机数据的获取方法(如试飞)并确保其有效性和准确性。

在具体定量测试项目选择和容差标准的确定上，ICAO 9625、CCAR 60 部等飞行训练模拟器鉴定标准所列举的试验项目和评定通过容差标准是重要的参考，需要结合根据工程模拟器评定范围和符合性验证试验的科目内容进行考虑和选择，必要时需要和适航局方讨论确定。

2）飞机级定性评估

进行飞机级定性评估时，由熟悉飞机特性的飞行员在工程模拟器驾驶座舱中进行一定科目的模拟试飞，按照一定的操作流程对飞机的特定功能和整体操纵特性进行评价，得到飞行员关于工程模拟器在正常机动和选定的非正常场景下的逼真度定性评价，同时也对工程模拟器具备完成预定的符合性试验能力进行确认。飞机级定性确认的测试科目至少应包括所有符合性验证试验涉及的飞机功能和相应使用程序的操作，并覆盖符合性验证试验进行的飞行阶段、飞机构型、飞行包线范围、外界环境条件等。

8.5　模拟器试验和飞行试验的选择要求与原则

对于适航条款的符合性表明而言，AC 25-7D 指出，试飞仍是首选的符合性表明方法，但在以下几种情况，可以通过模拟器试验替代试飞来表明对适航条款的符合性：

（1）高风险的试飞情形；

（2）试验所要求的环境条件或飞机状态在有限的试飞条件中难以获得；

（3）用仿真来演示可重复性，或者不同的飞行员在特定场景下进行演示；

（4）用仿真来增补一个合理宽泛的飞行试验项目。

在确定具体的符合性试验任务时，还需根据飞机的设计特点和预期进行的仿真场景技术可实现性等限制因素进行综合分析，并与适航当局达成一致。

对于局方而言，试飞仍然是逼真度最高、最可信的符合性方法，局方不会强制要求采用模拟器进行试验。但如果针对无法采用试飞来表明符合性的特定情况，申请人可以采用模拟器试验进行符合性表明，其前提是模拟器的逼真度得到了有效的确认和评定。

模拟器试验的具体科目与特定机型的设计特征和安全性分析结果相关，需要根据可能的飞行试验手段及试飞风险评估等考虑进行分析和确定，不同机型都会有所不同。

针对某型飞机，基于安全性分析结果，对于不是极不可能的失效状态，考虑试飞风险、试验场景可实现性等因素，开展人为因素适航符合性、控制律和操纵品质模拟器试验/飞行试验的应用示例分别如表 8.3 和表 8.4 所示。

表 8.3　人为因素适航符合性模拟器试验/飞行试验应用示例

研究内容 ＼ 应用场合	模拟器试验		飞 行 试 验	
	试 验 科 目	验证条款（CS/FAR/CCAR 25）	试 验 科 目	验证条款（CS/FAR/CCAR 25）
人为因素适航符合性	ILS 进近	1302(a)(b)、1329、1523(a)(b)(c)	采用 HUDII/EVS 的 ILS 进近	1302(a)(b)、1329、1523(a)(b)(c)
	RNAV(GPS)（仅横向）进近	1302(a)(b)、1329、1523(a)(b)(c)	RNAV(GPS) 进近	1302(a)(b)、1329、1523(a)(b)(c)
	采用 HUDII/EVS 的 ILS 进近	1302(a)(b)、1329、1523(a)(b)(c)	襟翼手柄标识和驱动的重新验证	779、1555(a)(b)(c)(d)
	BC‑LOC 进近	1302(a)(b)、1329、1523(a)(b)(c)	对于新的氧气面罩，在训练或熟悉后，对 5 秒规则的重新验证和测试	1447(a)(b)(c)
	VOR 进近	1302(a)(b)、1329、1523(a)(b)(c)	方向舵面板脚部控制可接受性的重新验证	777(c)
	VOR/DME 进近	1302(a)(b)、1329、1523(a)(b)(c)	—	—
	盘旋进近	1302(a)(b)、1329、1523(a)(b)(c)	—	—
	V_1 起飞时单侧发动机失效	1302(a)(b)、1309、1523(a)(b)(c)	—	—
	进近失速(导航)	1302(a)(b)、1523(a)(b)(c)	—	—
	MAU 通道	1302(a)(b)、1523(a)(b)(c)	—	—
	爬升时 A/P 无意脱离	1302(a)(b)、1523(a)(b)(c)	—	—
	T/O 或着陆时 A/P 无意进入俯仰/滚转	1302(a)(b)、1523(a)(b)(c)	—	—

续 表

研究内容 / 应用场合	模拟器试验		飞行试验	
	试验科目	验证条款 (CS/FAR/CCAR 25)	试验科目	验证条款 (CS/FAR/CCAR 25)
人为因素适航符合性	左侧副翼单驱动失效	1302(a)(b)、1309、1523(a)(b)(c)	—	—
	单升降舵失效	1302(a)(b)、1309、1523(a)(b)(c)	—	—
	扰流板失效	1302(a)(b)、1309、1523(a)(b)(c)	—	—
	左侧液压系统失效	1302(a)(b)、1309、1523(a)(b)(c)	—	—
	副翼配平能力失效	1302(a)(b)、1309、1523(a)(b)(c)	—	—

表 8.4 控制律和操纵品质符合性模拟器试验/飞行试验应用示例

研究内容 / 应用场合	模拟器试验		飞行试验	
	试验科目	验证条款 (CS/FAR/CCAR 25)	试验科目	验证条款 (CS/FAR/CCAR 25)
控制律和操纵品质符合性	丧失单个副翼滚转控制功能(漂浮)	671(c)、672(b)、672(c)、1309(b)(2)、1309(c)、1309(d)	单侧副翼舵面卡阻	671(c)、672(b)、672(c)、1309(b)(2)、1309(c)、1309(d)
	丧失两对或两对以上多功能扰流板辅助滚转功能	671(c)(2)、671(c)(3)、672(b)、1309(b)(2)、1309(c)、1309(d)	丧失两对或两对以上多功能扰流板辅助滚转功能	671(c)、672(b)、672(c)、1309(b)(2)、1309(c)、1309(d)
	单个副翼操纵面急偏	671(c)(2)、672(b)、1309(b)(2)、1309(c)、1309(d)	丧失副翼配平功能	671(c)、672(b)、672(c)、1309(b)(2)、1309(c)、1309(d)
	单个多功能扰流板急偏	671(c)(1)、671(c)(2)、672(b)、672(c)、1309(b)(2)、1309(d)	丧失水平安定面俯仰配平功能	671(c)、672(b)、672(c)、1309(b)(2)、1309(c)、1309(d)

研究内容 \ 应用场合	模拟器试验		飞 行 试 验	
	试 验 科 目	验证条款 （CS/FAR/CCAR 25）	试 验 科 目	验证条款 （CS/FAR/CCAR 25）
控制律和操纵品质符合性	丧失副翼配平功能（侧风着陆）	671（c）（1）、672（b）、672（c）、1309（b）（2）、1309（d）	单侧升降舵卡阻	671（c）、672（b）、672（c）、1309（b）（2）、1309（c）、1309（d）
	副翼配平单向无指令动作	671（c）（2）、672（b）、1309（b）（2）、1309（d）	通告的丧失电子配重功能	671（c）、672（b）、672（c）、1309（b）（2）、1309（c）、1309（d）
	驾驶盘丧失全部人工感觉力和回中力	671（c）（2）、672（b）、1309（b）（2）、1309（d）	丧失方向舵偏航控制功能	671（c）、672（b）、672（c）、1309（b）（2）、1309（c）、1309（d）
	丧失水平安定面俯仰配平功能	671（c）、672（b）、672（c）、1309（b）（2）、1309（c）、1309（d）	丧失方向舵配平功能	671（c）、672（b）、672（c）、1309（b）（2）、1309（c）、1309（d）
	水平安定面的配平速率超过预期值	671（c）（1）、671（c）（2）、672（b）、672（c）、1309（b）（2）、1309（d）	通告的丧失襟翼放下功能	671（c）、672（b）、672（c）、1309（b）（2）、1309（c）、1309（d）
	丧失水平安定面构型配平功能	671（c）（1）、671（c）（2）、672（b）、672（c）、1309（b）（2）、1309（d）	通告的丧失缝翼放下功能	671（c）、672（b）、672（c）、1309（b）（2）、1309（c）、1309（d）
	丧失单个升降舵俯仰控制功能	671（c）、672（b）、672（c）、1309（b）（2）、1309（c）、1309（d）	通告的丧失襟翼和缝翼放下功能	671（c）、672（b）、672（c）、1309（b）（2）、1309（c）、1309（d）
	高速时丧失升降舵俯仰控制权限限制功能	671（c）（2）、672（b）、1309（b）（2）、1309（d）	通告的襟翼或缝翼收回故障	671（c）、672（b）、672（c）、1309（b）（2）、1309（c）、1309（d）
	丧失电子配重功能	671（c）（1）、671（c）（2）、672（b）、672（c）、1309（b）（2）、1309（c）、1309（d）	襟缝翼作动速率减半	671（c）、672（b）、672（c）、1309（b）（2）、1309（c）、1309（d）

研究内容	应用场合	模拟器试验		飞 行 试 验	
		试验科目	验证条款（CS/FAR/CCAR 25）	试验科目	验证条款（CS/FAR/CCAR 25）
控制律和操纵品质符合性		驾驶杆丧失一半的人工感觉和回中力	671(c)(1)、671(c)(3)、672(b)、672(c)、1309(b)(2)、1309(d)	丧失多功能扰流板的减速功能（两对或两对以上）	671(c)、672(b)、672(c)、1309(b)(2)、1309(c)、1309(d)
		丧失方向舵偏航控制功能	671(c)(2)、671(c)(3)、672(b)、672(c)、1309(b)(2)、1309(c)、1309(d)	丧失任意一对地面扰流板或多功能扰流板的地面破升功能	671(c)、672(b)、672(c)、1309(b)(2)、1309(c)、1309(d)
		方向舵控制权限降级	671(c)(1)、671(c)(2)、672(b)、672(c)、1309(b)(2)、1309(d)	丧失两对或两对以上多功能扰流板或地面扰流板的地面破升功能	671(c)、672(b)、672(c)、1309(b)(2)、1309(c)、1309(d)
		丧失方向舵配平功能（侧风着陆）	671(c)(1)、672(b)、672(c)、1309(b)(2)、1309(d)	—	—
		方向舵配平单向无指令动作	671(c)(1)、672(b)、672(c)、1309(b)(2)、1309(d)	—	—
		两套方向舵脚蹬丧失全部人工感觉和回中力	671(c)(1)、672(b)、672(c)、1309(b)(2)、1309(d)	—	—
		通告的丧失襟翼放下功能	671(c)、672(b)、672(c)、1309(b)(2)、1309(c)、1309(d)	—	—
		通告的丧失缝翼放下功能	671(c)、672(b)、672(c)、1309(b)(2)、1309(c)、1309(d)	—	—
		通告的丧失襟翼和缝翼放下功能	671(c)(2)、671(c)(3)、672(b)、1309(b)(2)、1309(c)、1309(d)	—	—

研究内容	应用场合	模拟器试验		飞 行 试 验	
		试 验 科 目	验证条款（CS/FAR/CCAR 25）	试 验 科 目	验证条款（CS/FAR/CCAR 25）
控制律和操纵品质符合性		通告的襟翼或缝翼收回故障	671（c）、672（b）、672（c）、1309（b）（2）、1309（c）、1309（d）	—	—
		未通告的襟/缝翼实际位置与选定位置和指示位置不一致	671（c）（2）、672（b）、1309（b）（2）、1309（c）、1309（d）	—	—
		襟翼或缝翼作动速率减半	671（c）（1）、672（b）、672（c）、1309（b）（2）、1309（c）、1309（d）	—	—
		内襟翼非对称放下或收回	671（c）（2）、672（b）、1309（b）（2）、1309（c）、1309（d）	—	—
		丧失多功能扰流板的减速功能（2对或2对以上）	671（c）、672（b）、672（c）、1309（b）（2）、1309（c）、1309（d）	—	—
		丧失多功能扰流板的减速功能（2对或2对以上）且伴随着紧急下降	671（c）（2）、672（b）、1309（b）（2）、1309（c）、1309（d）	—	—
		减速功能非指令性动作	671（c）（2）、672（b）、672（c）、1309（b）（2）、1309（c）、1309（d）	—	—
		丧失地面扰流板或任意一对多功能扰流板的地面破升功能	671（c）、672（b）、672（c）、1309（b）（2）、1309（d）	—	—

续　表

研究内容 / 应用场合	模拟器试验		飞行试验	
	试 验 科 目	验证条款（CS/FAR/CCAR 25）	试 验 科 目	验证条款（CS/FAR/CCAR 25）
控制律和操纵品质符合性	丧失地面破升功能	671（c）（2）、671（c）（3）、672（b）、1309（b）（2）、1309（c）、1309（d）	—	—
	中断起飞期间丧失两对或两对以上多功能扰流板和地面扰流板的地面破升功能	671（c）（2）、672（b）、1309（b）（2）、1309（c）、1309（d）	—	—
	非指令性打开两个地面扰流板的地面破升功能	671（c）（1）、671（c）（2）、672（b）、672（c）、1309（b）（2）、1309（d）	—	—
	任一多功能扰流板或地面扰流板上浮	671（c）（1）、671（c）（2）、672（b）、672（c）、1309（b）（2）、1309（d）	—	—
	单侧机翼上任意两个的多功能扰流板或地面扰流板上浮	671（c）（2）、672（b）、1309（b）（2）、1309（c）、1309（d）	—	—
	每侧机翼上任意两个多功能扰流板或地面扰流板上浮	671（c）（2）、672（b）、1309（b）（2）、1309（c）、1309（d）	—	—
	丧失减速板抑制功能	671（c）（2）、672（b）、1309（b）（2）、1309（c）、1309（d）	—	—

第9章

操纵品质评估的模拟器试验(MOC8)方法

9.1 引言

运输类飞机电子飞行控制系统(EFCS)为飞行员和操纵面之间提供了电子接口(包括正常和失效状态),该系统产生实际的舵面控制指令来提供增稳和三轴控制。由于 EFCS 技术已经超出了现行规章范围(主要针对非增稳的飞机编写,仅考虑了有限权限的 ON/OFF 增稳),需要制定专用条件和符合性方法来辅助飞行特性的审定。

下面的专用条件和 AC 25 - 7D 提供了飞行特性评估和符合性验证方法。操纵品质等级评定方法(HQRM)针对具有相似功能控制系统的飞机,用来在以下情况进行辅助评估:

(1) 对于所有未表明是极不可能的 EFCS/飞机失效状态,并且当包线(任务)和大气扰动概率都是1;

(2) 对于概率大于极不可能的所有失效、大气扰动水平和飞行包线组合的飞行条件;

(3) 对于 CCAR 25 部不能充分用来对特有飞行特性进行评定的其他飞行条件或特性。

审查组建议采用下面的专用条件。

针对 EFCS 失效情况的飞行特性符合性确定:为了替代 CCAR 25.672(c)中的规章要求,在 AC 25 - 7D 给出的操纵品质等级评定方法,或者 CAAC 可接受的等效符合性方法,应当用来评估由于单个和多个未表明是极不可能的失效导致的 EFCS 构型。操纵品质等级如下:

(1) 满意的:在飞行员正常的体力和注意力下能够满足全部性能标准;

(2) 足够的:足以继续安全飞行和着陆;满足全部性能或特定降低后的性能,但是伴随有飞行员体力和注意力的增加;

（3）可操纵的：不足以继续安全飞行和着陆，但是可操纵，从而可以回到安全的飞行状态、安全的飞行包线和/或改变构型，以使操纵品质至少是足够的。

操纵品质允许随失效状态、大气扰动和飞行包线变化降级。特别地，对正常飞行包线内的可能失效状态，在轻度大气扰动下飞行员评定的操纵品质等级必须是满意的，在中度大气扰动下必须是足够的。对于不大可能失效状态，在轻微大气扰动下飞行员评定的操纵品质等级必须至少是足够的。

AC 25 - 7D 也从以下几个方面提供了指导：

（1）在不同大气扰动水平，飞行包线和失效状态组合下的最低操纵品质等级要求；

（2）飞行包线定义；

（3）大气扰动水平；

（4）飞行控制系统失效状态；

（5）组合指南；

（6）总的飞行任务列表，可以从中选择或制定出合适的特定任务。

申请人可提出与 HQRM 等效的方法，用于评估操纵品质，具体方法为：

（1）使用 AC 25.1309 - 1B（Draft）、AMC 25.1309 准则（无安全性影响、较小的、较大的、危险的和灾难性的）和 HQRM 准则（满意的、足够的和可控的），对每一个飞行控制系统故障情况进行评估；

（2）该评估将在飞行控制系统安全性分析的基础上，考虑飞行包线、大气扰动和飞行控制系统的故障，确定飞行操纵品质要求。

对需要评估的飞行控制系统故障、飞行包线、大气条件以及验证方法进行逐一确定，将采用下列方法表明符合性。

MOC1：采用控制律描述文件对故障情况下的控制律设计特征进行说明，采用主飞行控制系统描述文件对主飞行控制系统进行说明。

MOC2：根据飞行控制系统安全性分析结果，筛选影响飞行品质的故障状态，作为 HQRM 评估的输入。

MOC6：通过飞行试验对大气扰动、飞行包线、飞行控制系统故障组合情况下的飞行品质进行评估。

MOC8：对于难以采用飞行试验进行验证的飞行包线、大气条件、飞行控制系统故障组合情况，采用模拟器试验的方法进行飞行品质评估。

本章针对操纵品质评估的模拟器试验（MOC8）方法，在多种飞行场景下完成操纵品质评估试验，包括飞机舵面卡阻场景和飞行员诱发震荡场景试验，每种场景下分别设定不同的飞机飞行参数（重量参数、重心参数、高度参数和速度参数等），分析多组飞行员在特定场景下的操控情况。

9.2 舵面卡阻场景操纵品质评估试验

选取舵面卡阻为操纵品质评估试验场景,根据 CCAR 25 部的相关要求,验证飞机在发生舵面卡阻故障后应具有继续安全飞行和着陆的能力。基于飞行模拟器,通过特定模拟飞行场景下的操纵品质评估试验,研究多组飞行员操控飞机的姿态稳定性等情况,以验证在飞机单侧副翼卡阻的情况下,不同飞行参数对操纵品质影响的敏感性。

9.2.1 试验内容

选取右副翼卡组场景为评估试验场景,在不同的试验状态参数配置条件下完成操纵品质评估试验,试验状态参数配置如表 9.1 所示,状态参数包括重量参数、重心参数、高度参数和速度参数。

表 9.1 舵面卡阻场景试验状态

试验状态编号	重量参数/lb*	重心参数	高度参数/ft	速度参数/kn	起落架状态	推力状态	襟翼缝翼状态
1	150 000	20%	25 000	300	收起	按需	收起
2	150 000	30%	25 000	300	收起	按需	收起
3	100 000	30%	25 000	300	收起	按需	收起
4	100 000	20%	25 000	300	收起	按需	收起
5	150 000	20%	25 000	200	收起	按需	收起
6	150 000	30%	25 000	200	收起	按需	收起
7	100 000	30%	25 000	200	收起	按需	收起
8	100 000	20%	25 000	200	收起	按需	收起
9	150 000	20%	10 000	300	收起	按需	收起
10	150 000	30%	10 000	300	收起	按需	收起
11	100 000	30%	10 000	300	收起	按需	收起

* 1 lb = 0.453 592 kg。

试验状态编号	重量参数/lb*	重心参数	高度参数/ft	速度参数/kn	起落架状态	推力状态	襟翼缝翼状态
12	100 000	20%	10 000	300	收起	按需	收起
13	150 000	20%	10 000	200	收起	按需	收起
14	150 000	30%	10 000	200	收起	按需	收起
15	100 000	30%	10 000	200	收起	按需	收起
16	100 000	20%	10 000	200	收起	按需	收起

注：试验状态 16 需要完成进近着陆操纵（设置突风湍流场景和无风场景两种试验状态），在进行操纵品质评估的试验过程中起落架和襟翼处于收起状态，在进近着陆过程中按需进行调整。选取试验状态 1、2、5、6 在波音 737-800 机型和波音 777 机型上进行试验，通过试验结果分析飞机构型（机型）参数对操纵品质影响的敏感性。其中飞行员被试 1 和被试 2，进行了完整 16 组的评估试验，通过试验数据初步分析后合理减少了评估试验的试验状态点，因此飞行员被试 3 和被试 4 仅完成了试验状态 2、3、6、7、10、11、14 和 15 的评估试验。

　　重量参数、重心参数、飞行高度和飞行速度均选取两个试验参数样点，在后面的描述中均采用如表 9.2 所示的内容进行说明。

表 9.2　舵面卡阻场景试验状态

参　数　名　称	参　数　值	参　数　描　述
重量参数	150 000 lb	大重量
	100 000 lb	小重量
重心参数	20%	前重心
	30%	后重心
飞行高度	10 000 ft	低高度
	25 000 ft	高高度
飞行速度	200 kn	低速度
	300 kn	高速度

9.2.2　试验装置及局限性说明

　　本试验在环幕视景驾驶舱中进行，工程师利用计时器、生理监测设备和模拟器飞行软件的数据采集设备分别记录各项试验数据。

试验环境的局限性说明以下几点。

1. 模拟驾驶舱操控器件的局限性

模拟驾驶舱操控器件与真实驾驶舱操控器件存在一定程度上的差别,具体表现为在:模拟驾驶舱操纵杆的操控力感较轻,在进行试验之前需要飞行员进行操纵感适应性训练,如副翼卡阻前后飞行器平稳飞行的操纵训练等,使飞行员适应各操纵杆的操纵特性。

2. 飞行模拟软件的局限性

1) 操纵器件局限性

飞行模拟软件中的飞机特性与真实飞机存在一定的差距,在进行各项飞行试验中,飞机的响应存在一定的延迟和不精确性。此项局限性对飞机的操纵杆有一定的影响,但不影响不同试验条件下测试结果的差异性趋势,是可以接受的局限性条件。

2) 试验场景配置的局限性

对于副翼卡阻试验,装填的配置模拟软件只能实现副翼是否出现卡阻故障的配置(左副翼故障和右副翼故障),无法设置或者显示卡阻的角度,经过前期多次调试发现卡阻故障的角度是固定的小角度卡阻,各项副翼卡阻的试验均是在同一软件默认的卡阻状态下完成。

飞行模拟软件在设置气象环境(风类气象条件)时能够设置风速、风向、是否存在湍流、湍流的状态(轻度、中度和重度)等,在突风湍流场景的配置时,经过多次试验调试,将突风湍流场景设置为 20 kn,风向设置为中度湍流状态。

9.2.3 试验步骤

步骤一:设定飞机状态为预定试验状态点并且并配平飞机,将飞行模拟软件控制为暂停状态,完成试验起始状态的配置。

步骤二:飞行员进入驾驶舱,待飞行员调整好操纵姿态后,工程师操纵飞行模拟软件为正常操纵状态,飞行员开始操控飞机并使飞机达到稳定平飞状态。

步骤三:将飞行模拟软件设置为相应的副翼卡阻状态,让飞行员在卡阻状态下进行操控,使飞机达到稳定飞行的状态。

步骤四:进行滚转机动任务操纵,飞行员操控飞机进行 30°坡度左转弯并稳定一段时间,操纵完成后将飞机调整回稳定平飞状态,之后飞行员操控飞机进行 30°坡度右转弯并稳定一段时间,操纵完成后将飞机调整回平飞状态。

步骤五:飞行员操控飞机稳定在左侧的 30°坡度飞行,在工程师下达指令后,迅速向右侧建立 30°坡度的飞行状态并稳定一段时间,操纵完成后将飞机调整回稳定平飞状态,之后飞行员操控飞机稳定在右侧的 30°坡度飞行,在工程师下达指令后,迅速向左侧建立 30°坡度的飞行状态并稳定一段时间,操纵完成后将飞机调整回稳定平飞状态。

步骤六:对于表 9.1 中 1~15 的试验状态点,工程师将飞行模拟软件调整停止状态,试验任务结束;对于表 9.1 中 16 试验状态点,需飞行员继续操纵飞机完成进近和着陆操纵,操纵完成之后,试验任务结束。

注:各试验场景均在南京禄口机场进场模拟环境下进行,由于试验条件的局限性,舵面卡阻角度为软件默认的卡阻角度。

数据采集说明:

(1) 在完成步骤四,即飞行员熟悉了飞机故障时操纵状态后,工程师暂停模拟器,采集飞行员在飞机故障后的操纵主观感受,并用 HQRM 表进行评分;

(2) 在完成步骤五之后,工程师记录飞行员从左侧 30°坡度飞行至右侧 30°坡度飞行所需的时间,以及右侧 30°坡度至左侧 30°坡度飞行所需的时间;

(3) 记录在试验之前飞行员平静状态下的生理参数,以及整个飞行试验过程中的生理参数,包括心率、呼吸率和脉搏;

(4) 对于步骤六,在完成进近着陆之后,采集飞行员的 HQRM 操纵品质评分;

(5) 记录飞行过程中的飞行参数(高度、速度等),在必要时进行操纵品质的辅助分析。

9.2.4　试验结果

1. 飞机右副翼卡阻后的操纵主观评估及分析

被试 1~被试4在 16 种试验状态下的主观操纵感受数据分别如表 9.3~表9.6所示。

表 9.3　被试 1 副翼卡阻后操纵品质主观评估

序号	试　验　状　态	HQRM 评分	C－H评分
1	大重量-前重心-高高度-高速度	S	3
2	大重量-后重心-高高度-高速度	S	3
3	小重量-后重心-高高度-高速度	S	3
4	小重量-前重心-高高度-高速度	S	2
5	大重量-前重心-高高度-低速度	A	4
6	大重量-后重心-高高度-低速度	A	4

序号	试 验 状 态	HQRM 评分	C－H 评分
7	小重量-后重心-高高度-低速度	S	2
8	小重量-前重心-高高度-低速度	S	2
9	大重量-前重心-低高度-高速度	S	2
10	大重量-后重心-低高度-高速度	S	3
11	小重量-后重心-低高度-高速度	S	3
12	小重量-前重心-低高度-高速度	S	3
13	大重量-前重心-低高度-低速度	A	4
14	大重量-后重心-低高度-低速度	A	4
15	小重量-后重心-低高度-低速度	S	2
16	小重量-前重心-低高度-低速度	S	2

表 9.4　被试 2 副翼卡阻后操纵品质主观评估

序号	试 验 状 态	HQRM 评分	C－H 评分
1	大重量-前重心-高高度-高速度	S	3
2	大重量-后重心-高高度-高速度	S	2
3	小重量-后重心-高高度-高速度	S	2
4	小重量-前重心-高高度-高速度	S	2
5	大重量-前重心-高高度-低速度	A	4
6	大重量-后重心-高高度-低速度	A	4
7	小重量-后重心-高高度-低速度	S	2
8	小重量-前重心-高高度-低速度	S	2
9	大重量-前重心-低高度-高速度	S	3
10	大重量-后重心-低高度-高速度	S	3

序号	试 验 状 态	HQRM 评分	C－H 评分
11	小重量-后重心-低高度-高速度	S	3
12	小重量-前重心-低高度-高速度	S	3
13	大重量-前重心-低高度-低速度	A	4
14	大重量-后重心-低高度-低速度	A	4
15	小重量-后重心-低高度-低速度	S	3
16	小重量-前重心-低高度-低速度	S	2

表 9.5　被试 3 副翼卡阻之后操纵品质主观评估

序号	试验状态（重心）	HQRM 评分	C－H 评分
1	小重量-高高度-高速度	S	2
2	小重量-高高度-低速度	S	3
3	小重量-低高度-高速度	S	2
4	小重量-低高度-低速度	S	3
5	大重量-高高度-高速度	A	4
6	大重量-高高度-低速度	A	4
7	大重量-低高度-高速度	S	3
8	大重量-低高度-低速度	A	4

表 9.6　被试 4 副翼卡阻之后操纵品质主观评估

序号	试验状态（重心）	HQRM 评分	C－H 评分
1	小重量-高高度-高速度	S	2
2	小重量-高高度-低速度	S	3

序号	试验状态(重心)	HQRM 评分	C−H 评分
3	小重量-低高度-高速度	S	2
4	小重量-低高度-低速度	S	3
5	大重量-高高度-高速度	A	4
6	大重量-高高度-低速度	A	4
7	大重量-低高度-高速度	S	3
8	大重量-低高度-低速度	S	3

通过主观操纵感受数据的分析可以看出,对于该项目试验,飞机重心参数对操纵品质几乎没有影响,飞机重量参数越大则飞机的操纵品质越差,飞机的飞行高度参数越大则飞机的操纵品质越差,飞机的飞行速度越慢则飞机的操纵品质越差。具体如下:

1)重量参数变化对操纵品质的影响

在其他试验状态相同的情况下,飞机处于大重量状态时,飞机滚转机动操纵响应快,但是操纵不平稳,操纵品质主观评估的 HQRM 评分和 C−H 评分会偏高。

2)重心参数变化对操纵品质的影响

在其他试验状态相同的情况下,重心参数的变化对滚转机动操纵灵活度的影响没有明显的变化,操纵品质评分也基本没有变化。

3)飞行高度参数变化对操纵品质的影响

在其他试验状态相同的情况下,飞行高度越高,滚转机动操纵越困难,消耗的时间越长,操纵品质主观评估的 HQRM 评估较差,C−H 评分会偏高。

4)飞行速度参数变化对操纵品质的影响

在其他试验状态相同的情况下,在高速度状态时(300 kn),当卡阻故障注入后,通过调整油门无法维持原来的速度状态,在满油门条件下,飞行速度仅能控制在 250 kn 左右;在低速状态时(200 kn),当卡阻故障注入后,飞行速度能通过调整油门控制在 200 kn 左右。并且,飞行速度越快滚转机动操纵越灵活,平稳性降低,但滚转操纵需要的时间越短。在主观操纵品质评分情况可以看出,在高速状态下试验时故障后虽然无法维持原有状态,但高速情况下飞机的操纵性还是比低速的操纵性好,具体表现在高速情况下 HQRM 评估较好、C−H 评分偏低。

5）进近着陆操纵品质评估结果分析

a. 机场处于正常气象场景的进近着陆

各测试飞行员均能将飞机进行安全的进近和着陆，但是需要付出较大的努力（更多操纵和注意力的投入），操纵品质评分较高，如表 9.7 所示。

表 9.7　飞行员进行进近着陆的操纵品质评估

试 验 人	HQRM 评分	C－H 评分
被试 1	A	4
被试 2	A	5
被试 3	A	4
被试 4	A	4

b. 机场处于突风湍流场景的进近着陆

突风湍流场景为工程师在试验阶段提前设置（不告知被试飞行员），风速设置为 20 kn，风向类型设置为湍流状态，在进行试验的过程中飞行员通过自身判断和机动操纵完成飞机的进近和着陆，主观评分如表 9.8 所示。

表 9.8　飞行员进行进近着陆的操纵品质评估（突风场景）

试 验 人	HQRM 评分	C－H 评分
被试 1	A	5
被试 2	A	6
被试 3	A	6
被试 4	A	5

从主观评估数据中可以看出，在突风湍流场景下，飞行员的主观评估评分较正常场景更高，说明操纵品质会变得更差。

6）构型参数变化对操纵品质的影响

在飞机重量参数、重心参数、飞行高度参数和飞行速度参数相同的情况下，分别在波音 737－800 模拟机和波音 777 模拟机上进行试验，试验数据对比如表 9.9 所示，经对比可以看出，在波音 737－800 模拟机和波音 777 模拟机上的试验主观评分结果有较小的差距，总体趋势是在波音 777 机型上的操纵品质会更好一些,具体表现为操纵品质主观评估的 HQRM 评估和 C‐H 评分会相对较好。

表 9.9　副翼卡阻状态下构型参数变化对操纵品质的影响对比

序号	试 验 状 态	模拟波音 737‐800 机型的操纵品质评分	模拟波音 777 机型的操纵品质评分
1	大重量‐前重心‐高高度‐高速度	被试 1: HQRM 评分: S 　　　C‐H 评分: 3 被试 2: HQRM 评分: S 　　　C‐H 评分: 3 被试 3: HQRM 评分: S 　　　C‐H 评分: 2 被试 4: HQRM 评分: S 　　　C‐H 评分: 3	被试 1: HQRM 评分: S 　　　C‐H 评分: 2 被试 2: HQRM 评分: S 　　　C‐H 评分: 2 被试 3: HQRM 评分: S 　　　C‐H 评分: 2 被试 4: HQRM 评分: S 　　　C‐H 评分: 2
2	大重量‐后重心‐高高度‐高速度	被试 1: HQRM 评分: S 　　　C‐H 评分: 3 被试 2: HQRM 评分: S 　　　C‐H 评分: 2 被试 3: HQRM 评分: S 　　　C‐H 评分: 3 被试 4: HQRM 评分: S 　　　C‐H 评分: 3	被试 1: HQRM 评分: S 　　　C‐H 评分: 3 被试 2: HQRM 评分: S 　　　C‐H 评分: 2 被试 3: HQRM 评分: S 　　　C‐H 评分: 3 被试 4: HQRM 评分: S 　　　C‐H 评分: 3
3	大重量‐前重心‐高高度‐低速度	被试 1: HQRM 评分: A 　　　C‐H 评分: 4 被试 2: HQRM 评分: A 　　　C‐H 评分: 4 被试 3: HQRM 评分: A 　　　C‐H 评分: 5 被试 4: HQRM 评分: A 　　　C‐H 评分: 4	被试 1: HQRM 评分: S 　　　C‐H 评分: 3 被试 2: HQRM 评分: A 　　　C‐H 评分: 4 被试 3: HQRM 评分: A 　　　C‐H 评分: 4 被试 4: HQRM 分: A 　　　C‐H 评分: 4
4	大重量‐后重心‐高高度‐低速度	被试 1: HQRM 评分: A 　　　C‐H 评分: 4 被试 2: HQRM 评分: A 　　　C‐H 评分: 4 被试 3: HQRM 评分: A 　　　C‐H 评分: 4 被试 4: HQRM 评分: A 　　　C‐H 评分: 5	被试 1: HQRM 评分: A 　　　C‐H 评分: 4 被试 2: HQRM 评分: A 　　　C‐H 评分: 4 被试 3: HQRM 评分: A 　　　C‐H 评分: 4 被试 4: HQRM 评分: A 　　　C‐H 评分: 4

2. 滚转机动操纵时间分析

被试 1~被试 4 在 16 种试验状态参数下的滚转机动操纵时间分别如表 9.10~表 9.13 所示。

表 9.10　被试 1 滚转机动操纵时间

序号	试　验　状　态	左滚转 30°至右滚转 30°时间/s	右滚转 30°至左滚转 30°时间/s
1	大重量-前重心-高高度-高速度	8.16	5.82
2	大重量-后重心-高高度-高速度	8.10	5.85
3	小重量-后重心-高高度-高速度	8.25	5.95
4	小重量-前重心-高高度-高速度	8.28	5.95
5	大重量-前重心-高高度-低速度	9.70	7.66
6	大重量-后重心-高高度-低速度	9.92	7.79
7	小重量-后重心-高高度-低速度	10.12	7.88
8	小重量-前重心-高高度-低速度	9.98	7.93
9	大重量-前重心-低高度-高速度	7.83	5.56
10	大重量-后重心-低高度-高速度	7.60	5.46
11	小重量-后重心-低高度-高速度	8.26	5.61
12	小重量-前重心-低高度-高速度	8.49	5.72
13	大重量-前重心-低高度-低速度	8.76	7.08
14	大重量-后重心-低高度-低速度	8.80	7.06
15	小重量-后重心-低高度-低速度	9.63	7.19
16	小重量-前重心-低高度-低速度	9.56	7.16

表 9.11　被试 2 滚转机动操纵时间

序号	试　验　状　态	左滚转 30°至右滚转 30°时间/s	右滚转 30°至左滚转 30°时间/s
1	大重量-前重心-高高度-高速度	8.02	5.51
2	大重量-后重心-高高度-高速度	7.91	5.59

续　表

序号	试　验　状　态	左滚转 30°至右滚转 30°时间/s	右滚转 30°至左滚转 30°时间/s
3	小重量−后重心−高高度−高速度	8.11	5.61
4	小重量−前重心−高高度−高速度	8.21	5.66
5	大重量−前重心−高高度−低速度	9.54	7.62
6	大重量−后重心−高高度−低速度	9.82	7.58
7	小重量−后重心−高高度−低速度	9.91	7.60
8	小重量−前重心−高高度−低速度	9.88	7.54
9	大重量−前重心−低高度−高速度	7.66	5.33
10	大重量−后重心−低高度−高速度	7.45	5.37
11	小重量−后重心−低高度−高速度	8.02	5.41
12	小重量−前重心−低高度−高速度	8.09	5.49
13	大重量−前重心−低高度−低速度	8.46	6.99
14	大重量−后重心−低高度−低速度	8.57	7.06
15	小重量−后重心−低高度−低速度	9.48	7.15
16	小重量−前重心−低高度−低速度	9.36	7.02

表 9.12　被试 3 滚转机动操纵时间

序号	试验状态（重心参数统一为后重心）	左滚转 30°至右滚转 30°时间/s	右滚转 30°至左滚转 30°时间/s
1	小重量−高高度−高速度	8.25	5.66
2	小重量−高高度−低速度	9.83	7.56
3	小重量−低高度−高速度	7.96	5.61
4	小重量−低高度−低速度	9.55	7.43
5	大重量−高高度−高速度	7.71	5.59

序号	试验状态 (重心参数统一为后重心)	左滚转 30°至 右滚转 30°时间/s	右滚转 30°至 左滚转 30°时间/s
6	大重量−高高度−低速度	9.56	7.37
7	大重量−低高度−高速度	7.22	5.41
8	大重量−低高度−低速度	8.31	7.18

表 9.13　被试 4 滚转机动操纵时间

序号	试验状态 (重心参数统一为后重心)	左滚转 30°至 右滚转 30°时间/s	右滚转 30°至 左滚转 30°时间/s
1	小重量−高高度−高速度	8.51	5.87
2	小重量−高高度−低速度	9.90	7.69
3	小重量−低高度−高速度	7.88	5.61
4	小重量−低高度−低速度	9.41	7.59
5	大重量−高高度−高速度	7.88	5.70
6	大重量−高高度−低速度	9.69	7.55
7	大重量−低高度−高速度	7.24	5.58
8	大重量−低高度−低速度	8.47	7.33

　　通过操纵时间的分析可以看出,飞机重心参数变化对滚转机动操纵时间基本没有影响,飞机重量参数越大则滚转机动操纵时间越短,飞机飞行高度参数越大则滚转机动操纵时间越长,飞机飞行速度参数越大则滚转机动操纵时间越短,具体分析内容如下。

　　1) 重量参数变化对操纵品质的影响

　　在同样的飞机重心参数、飞行高度参数和飞行速度参数配置下,飞机的重量参数对飞机的滚转机动操纵时间有一定的影响,具体表现为飞机重量越大,滚转的机动时间越短。

　　2) 重心参数变化对操纵品质的影响

　　在同样的飞机重量参数、飞行高度参数和飞行速度情况下,飞机重心参数调整基本不影响操纵时间。

3）飞行高度参数变化对操纵品质的影响

在同样的飞机重量参数、飞机重心参数和飞行速度参数配置情况下,飞机的飞行高度参数对飞机的滚转机动操纵时间有较为明显的影响,即飞机飞行高度越低,飞机的滚转机动操纵时间越短。

4）飞行速度参数变化对操纵品质的影响

在同样的飞机重量参数、飞机重心参数和飞行高度参数配置情况下,飞机的飞行速度参数对飞机的滚转机动操纵时间有较为明显的影响,即飞机飞行速度越快,飞机的滚转机动操纵时间越短。

3. 飞行员生理数据分析

飞行员的生理数据包括心电参数、呼吸率参数和脉搏参数,其中脉搏参数在正常情况下是与心率参数一致的,在特殊极端条件下可能会出现差异,两个参数用来对飞行员的心率参数进行互相确认验证。选用飞行员在试验之前平静状态下的生理参数作为基准,分析在各试验状态下的飞行员生理参数状况。

1）被试 1 生理数据及分析

a. 心电数据基准

被试 1 平静状态下的心电图（部分）如图 9.1 所示,心率分析如图 9.2 所示。从图 9.2 中可以看出,在平静状态下被试 1 的心率值在 72 BPM 左右,以此心率值作为被试 1 心率分析的基准。

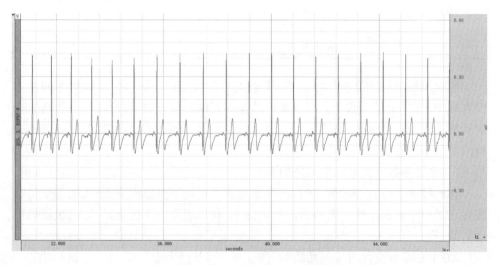

图 9.1　被试 1 平静状态下心电图

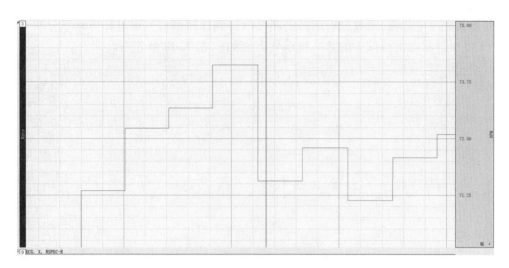

图 9.2　被试 1 平静状态下心率分析图

b. 呼吸率数据基准

被试 1 平静状态下的呼吸波(部分)如图 9.3 所示,其中横轴是时间轴,纵轴是呼吸深度电压传感器数值,该图中可以分析呼吸率和呼吸的幅度变化。从图 9.3 中可以看出,平静状态下被试 1 的呼吸率在 17 BPM 左右,以此呼吸率值作为被试 1 呼吸率分析的基准。

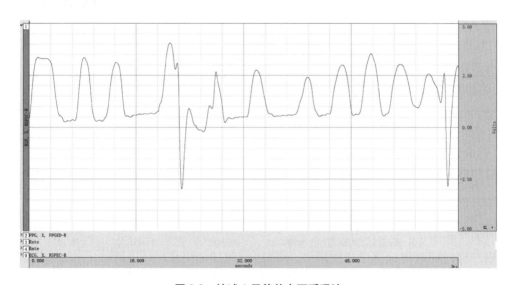

图 9.3　被试 1 平静状态下呼吸波

c. 脉搏数据基准

被试 1 平静状态下的脉搏谱图(部分)如图 9.4 所示,其中横轴是时间轴,纵轴是脉搏幅度电压值,通过分析脉搏谱图可以得到脉搏率值。通过脉搏频率分析可知,在平静状态下被试 1 的脉搏和心率是一致的,在 72 BPM 左右。

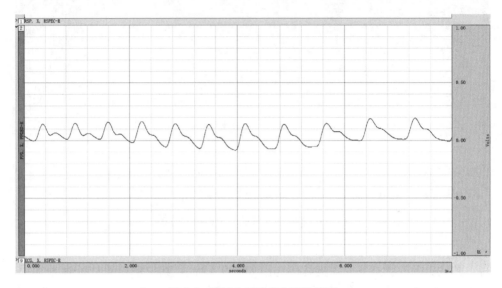

图 9.4 被试 1 平静状态下脉搏图

d. 生理数据综合分析

在 16 个状态参数下被试 1 各项生理参数统计如表 9.14 所示,表中列举了在每种试验状态下被试的心率、呼吸率和脉搏。

表 9.14 被试 1 各试验状态生理参数统计表

序号	试 验 状 态	心率/BPM	呼吸率/BPM	脉搏/BPM
1	大重量-前重心-高高度-高速度	94.870	20.221	94.375
2	大重量-后重心-高高度-高速度	94.273	20.863	94.780
3	小重量-后重心-高高度-高速度	93.565	21.579	93.646
4	小重量-前重心-高高度-高速度	92.718	20.354	92.814
5	大重量-前重心-高高度-低速度	96.504	20.655	96.971
6	大重量-后重心-高高度-低速度	96.622	21.283	96.454
7	小重量-后重心-高高度-低速度	95.328	20.186	95.894
8	小重量-前重心-高高度-低速度	94.861	19.769	94.238

序号	试　验　状　态	心率/BPM	呼吸率/BPM	脉搏/BPM
9	大重量-前重心-低高度-高速度	86.735	19.968	86.264
10	大重量-后重心-低高度-高速度	85.206	20.172	85.823
11	小重量-后重心-低高度-高速度	84.563	20.233	84.816
12	小重量-前重心-低高度-高速度	84.004	21.067	84.670
13	大重量-前重心-低高度-低速度	87.919	20.011	87.123
14	大重量-后重心-低高度-低速度	87.807	22.126	87.433
15	小重量-后重心-低高度-低速度	84.067	21.876	84.765
16	小重量-前重心-低高度-低速度	84.835	21.556	84.912

从表 9.14 中可以得出,在每种试验状态下,心率和脉搏保持了很高的一致性,说明飞行员在整个飞行过程中没有出现心率失常(即出现应激反应),因此可以用心率值作为主要分析参数。在不同的试验下呼吸率会有一定的变化,但是没有一致性的明显性特征。

a) 飞机重量参数对生理参数的影响分析

如表 9.14 所示,以飞机重量参数作为单变量分析要素,分别对试验状态 1 与 2、3 与 4、5 与 6、7 与 8、9 与 10、11 与 12、13 与 14、15 与 16 进行对照分析,可知飞机重量越大,被试飞行员的心率越高(脉搏同样越高),呼吸率没有呈现统一的变化趋势,没有明显的一致性对应关系。

b) 飞机重心参数对生理参数的影响分析

如表 9.14 所示,以飞机重心参数作为单变量分析要素,分别对试验状态 1 与 4、2 与 3、5 与 8、6 与 7、9 与 12、10 与 11、13 与 16、14 与 15 进行对照分析,可知飞机重心参数变化时,被试飞行员的心率(脉搏)基本没有变化,呼吸率的变化没有明显的一致性对应关系。

c) 飞行高度参数对生理参数的影响分析

如表 9.14 所示,以飞行高度参数作为单变量分析要素,分别对试验状态 1 与 9、2 与 10、3 与 11、4 与 12、5 与 13、6 与 14、7 与 15、8 与 16 进行对照分析,可知飞机飞行高度越高,被试飞行员的心率越高(脉搏同样越高),呼吸率没有呈现统一的变化趋势,没有明显的一致性对应关系。

d) 飞行速度参数对生理参数的影响分析

如表 9.14 所示,以飞行速度参数作为单变量分析要素,分别对试验状态 1 与

5、2 与 6、3 与 7、4 与 8、9 与 13、10 与 14、11 与 15、12 与 16 进行对照分析,可知飞机飞行速度越快,被试飞行员的心率越低(脉搏同样越低),呼吸率没有呈现统一的变化趋势,没有明显的一致性对应关系。

2)被试 2 生理数据及分析

a. 心电数据基准

被试 2 平静状态下的心电图(部分)如图 9.5 所示,心率分析如图 9.6 所示,从图 9.6 中可以看出,平静状态下被试 2 的心率值在 83 BPM 左右,以此心率值作为被试 2 心率分析的基准。

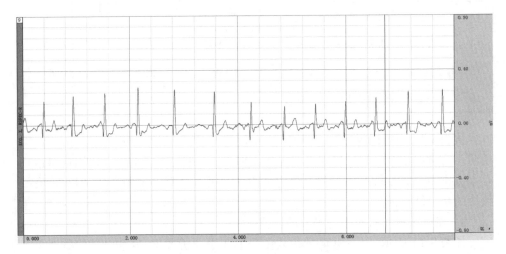

图 9.5 被试 2 平静状态下心电图

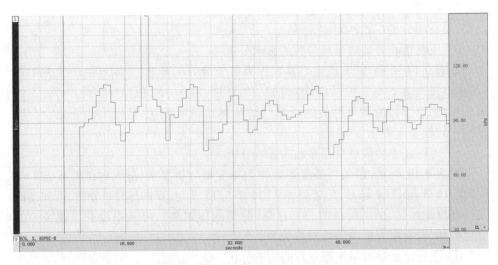

图 9.6 被试 2 平静状态下心率分析图

b. 呼吸率数据基准

被试 2 平静状态下的呼吸波(部分)如图 9.7 所示,其中横轴是时间轴,纵轴是呼吸深度电压传感器数值,该图中可以分析呼吸率和呼吸的幅度变化。从图 9.7 中可以看出,平静状态下被试 1 的呼吸率在 12 BPM 左右,以此呼吸率值作为被试 2 呼吸率分析的基准。

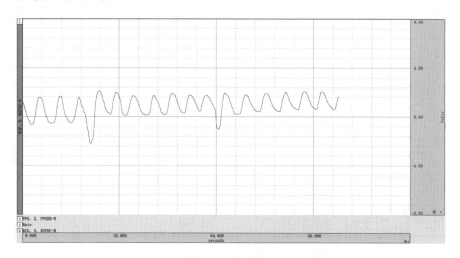

图 9.7　被试 2 平静状态下呼吸波

c. 脉搏数据基准

被试 2 平静状态下的脉搏谱图(部分)如图 9.8 所示,其中横轴是时间轴,纵轴是脉搏幅度电压值,通过分析脉搏谱图可以得到脉搏率值。通过脉搏频率分析可知,平静状态下被试 2 的脉搏和心率是一致的,在 83 BPM 左右。

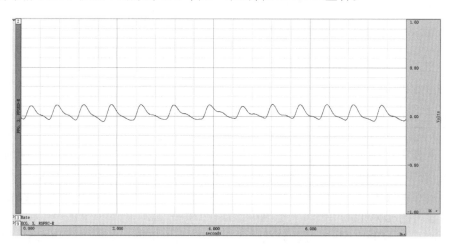

图 9.8　被试 2 平静状态下脉搏图

d. 生理数据综合分析

16 个状态参数下被试 2 各项生理参数统计如表 9.15 所示,表中列举了在每种试验状态下被试的心率、呼吸率和脉搏。

表 9.15　被试 2 各试验状态生理参数统计表

序号	试 验 状 态	心率/BPM	呼吸率/BPM	脉搏/BPM
1	大重量-前重心-高高度-高速度	97.130	13.123	97.792
2	大重量-后重心-高高度-高速度	97.616	13.102	97.780
3	小重量-后重心-高高度-高速度	95.395	13.935	95.119
4	小重量-前重心-高高度-高速度	96.729	14.880	96.281
5	大重量-前重心-高高度-低速度	100.834	12.993	100.793
6	大重量-后重心-高高度-低速度	101.173	13.931	101.905
7	小重量-后重心-高高度-低速度	98.809	13.299	98.204
8	小重量-前重心-高高度-低速度	98.921	13.946	98.711
9	大重量-前重心-低高度-高速度	90.483	12.530	90.609
10	大重量-后重心-低高度-高速度	91.104	14.711	91.140
11	小重量-后重心-低高度-高速度	88.111	14.437	88.868
12	小重量-前重心-低高度-高速度	88.341	12.578	88.900
13	大重量-前重心-低高度-低速度	93.736	14.324	93.164
14	大重量-后重心-低高度-低速度	92.899	12.596	92.331
15	小重量-后重心-低高度-低速度	88.105	12.843	88.643
16	小重量-前重心-低高度-低速度	88.363	13.116	88.366

从表 9.15 中可以得出,在每种试验状态下,心率和脉搏同样保持了很高的一致性,说明飞行员在整个飞行过程中没有出现心率失常(即出现应激反应),因此可以用心率值作为主要分析参数。在不同的试验下,呼吸率变化与状态参数变化没有显著的相关性。

通过对比分析飞机重量参数试验状态对照组、飞机重心参数试验状态对照组、飞机飞行速度状态试验参数对照组和飞机飞行高度试验状态对照组,可以得到和被试1试验结果相同的分析结论。

3）被试3生理数据及分析

a. 心电数据基准

被试3平静状态下的心电图（部分）如图9.9所示，心率分析如图9.10所示，从图9.10中可以看出，平静状态下被试3的心率值在74 BPM左右，以此心率值作为被试3心率分析的基准。

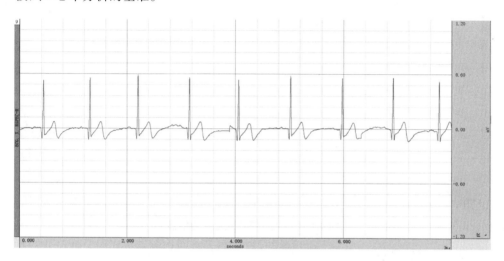

图9.9　被试3平静状态下心电图

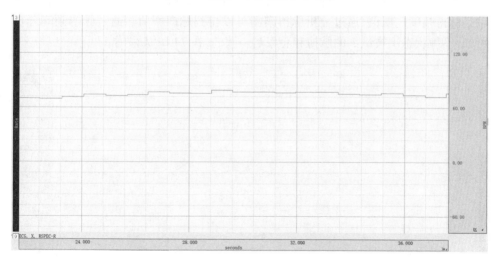

图9.10　被试3平静状态下心率分析图

b. 呼吸率数据基准

被试3平静状态下的呼吸波（部分）如图9.11所示，其中横轴是时间轴，纵轴是呼吸深度电压传感器数值,可以分析呼吸率和呼吸的幅度变化。从图9.11中可以看出,平静状态下被试 3 的呼吸率在 18 BPM 左右,以此呼吸率值作为被试 3 呼吸率分析的基准。

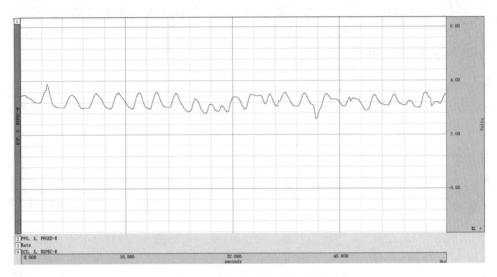

图 9.11　被试 3 平静状态下呼吸波

c. 脉搏数据基准

被试 3 平静状态下的脉搏谱图(部分)如图 9.12 所示,其中横轴是时间轴,纵轴是脉搏幅度电压值,通过分析脉搏谱图可以得到脉搏率值。通过脉搏频率分析可知,平静状态下被试 3 的脉搏和心率是一致的,在 74 BPM 左右。

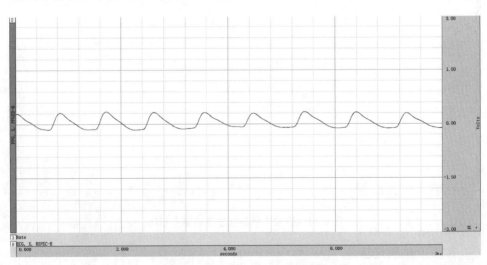

图 9.12　被试 3 平静状态下脉搏图

d. 生理数据综合分析

8 个状态参数下被试 3 各项生理参数统计如表 9.16 所示,表中列举了在每种试验状态下被试的心率、呼吸率和脉搏。

表 9.16　被试 3 各试验状态生理参数统计表

序号	试验状态(重心均为后重心)	心率/BPM	呼吸率/BPM	脉搏/BPM
1	大重量-高高度-高速度	83.813	19.390	83.203
2	大重量-高高度-低速度	85.311	20.676	85.765
3	大重量-低高度-高速度	81.329	20.634	81.283
4	大重量-低高度-低速度	82.401	20.918	82.198
5	小重量-高高度-高速度	81.868	19.627	81.134
6	小重量-高高度-低速度	82.515	21.501	82.154
7	小重量-低高度-高速度	77.881	19.333	77.822
8	小重量-低高度-低速度	79.789	20.239	79.581

从表 9.16 中可以得出,在每种试验状态下,心率和脉搏同样保持了很高的一致性,因此可以将心率作为主要分析参数。

通过对比分析飞机重量参数试验状态对照组、飞机重心参数试验状态对照组、飞机飞行速度状态试验参数对照组和飞机飞行高度试验状态对照组,可以得出:当飞机重量越大,被试飞行员的心率越高(脉搏同样越高);飞机飞行高度越高,被试飞行员的心率越高(脉搏同样越高);飞机飞行速度越快,被试飞行员的心率越低(脉搏同样越低)。在各种试验状态下,呼吸率与状态参数的变化没有明显的对应关系。

4)被试 4 生理数据及分析

a. 心电数据基准

被试 4 平静状态下的心电图(部分)如图 9.13 所示,心率分析如图 9.14 所示,从图 9.14 中可以看出,平静状态下被试 4 的心率值在 70 BPM 左右,以此心率值作为被试 4 心率分析的基准。

b. 吸率数据基准

被试 4 平静状态下的呼吸波(部分)如图 9.15 所示,平静状态下被试 4 的呼吸率在 17 BPM 左右,以此呼吸率值作为被试 4 呼吸率分析的基准。

运输类飞机操纵品质评估与适航验证方法

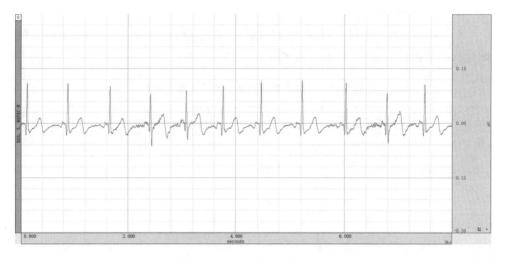

图 9.13　被试 4 平静状态下心电图

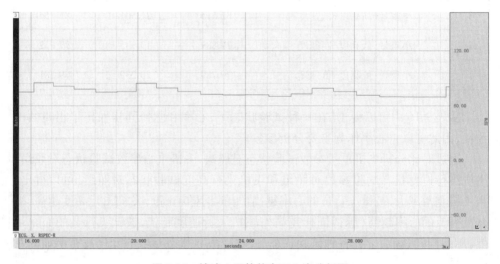

图 9.14　被试 4 平静状态下心率分析图

c. 脉搏数据基准

被试 4 平静状态下的脉搏谱图（部分）如图 9.16 所示，其中横轴是时间轴，纵轴是脉搏幅度电压值，通过分析脉搏谱图可以得到脉搏率值。通过脉搏频率分析可知，平静状态下被试 4 的脉搏和心率是一致的，在 70 BPM 左右。

d. 生理数据综合分析

8 个状态参数下被试 4 各项生理参数统计如表 9.17 所示，表中列举了在每种试验状态下被试的心率、呼吸率和脉搏。

188

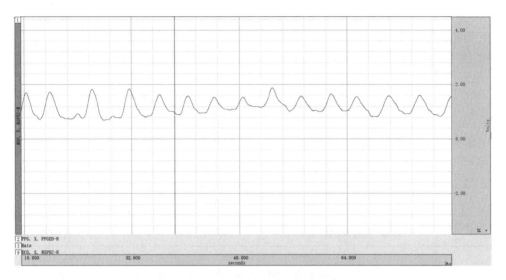

图 9.15　被试 4 平静状态下呼吸波

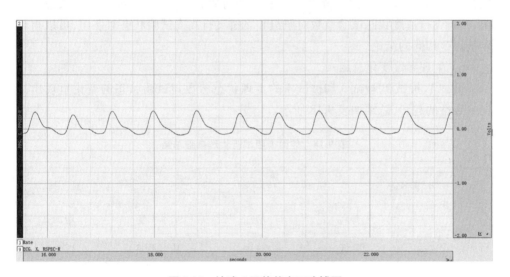

图 9.16　被试 4 平静状态下脉搏图

表 9.17　被试 4 各试验状态生理参数统计表

序号	试验状态（重心均为后重心）	心率/BPM	呼吸率/BPM	脉搏/BPM
1	大重量-高高度-高速度	78.404	19.355	78.061
2	大重量-高高度-低速度	81.942	19.671	81.912

序号	试验状态(重心均为后重心)	心率/BPM	呼吸率/BPM	脉搏/BPM
3	大重量-低高度-高速度	76.172	20.586	76.403
4	大重量-低高度-低速度	79.381	19.165	79.204
5	小重量-高高度-高速度	76.821	20.532	76.599
6	小重量-高高度-低速度	78.300	21.943	78.976
7	小重量-低高度-高速度	75.572	19.610	75.646
8	小重量-低高度-低速度	77.837	20.342	77.268

从表 9.17 中可以得出,在每种试验状态下,心率和脉搏同样保持了很高的一致性,通过对比分析飞机重量参数试验状态对照组、飞机重心参数试验状态对照组、飞机飞行速度状态试验参数对照组和飞机飞行高度试验状态对照组,可以得到和被试 3 相同的结论。

5）生理参数变化总结

被试 1、被试 2、被试 3 和被试 4 的生理状态参数与试验状态的变化呈现出高度一致性的趋势,总结如表 9.18 所示。

表 9.18 舵面卡阻试验生理参数总结

试验状态变化		心 率	呼 吸 率	脉 搏
飞机重量	升高	增加	基本不变	增加
	降低	减少	基本不变	减少
飞机重心	靠前	基本不变	基本不变	基本不变
	靠后	基本不变	基本不变	基本不变
飞行高度	升高	增加	基本不变	增加
	降低	减少	基本不变	减少
飞行速度	升高	减少	基本不变	减少
	降低	增加	基本不变	增加

4. 操纵品质的定性评估和定量评估结果相关性分析

1）重量参数变化时评估结果相关性分析

在定性评估方面，飞机重量参数越大，飞行员主观操纵品质评估结果会较差；在定量评估方面，重量参数越大，被试飞行员心率（脉搏）会越快，说明飞行员需要较大的努力才能完成飞行试验任务。

2）重心参数变化时评估结果相关性分析

重心参数变化不会引起定性评估结果和定量评估出现显著变化，说明重心参数与此项操纵品质评估没有明显相关性。

3）飞行高度参数变化时评估结果相关性分析

在定性评估方面，飞行高度参数越大，滚转机动时间越长，飞行员的主观操纵评估感受会越差；在定量评估方面，飞行高度参数越大，被试飞行员的心率（脉搏）会越快，飞行员需要较大的努力才能完成飞行试验任务。

4）飞行速度参数变化时评估结果相关性分析

在定性评估方面，飞行速度参数越大，滚转机动时间越短，飞行员的主观操纵评估感受会越好；在定量评估方面，飞行速度参数越大，被试飞行员的心率（脉搏）会越低，飞行员需要较小的努力才能完成飞行试验任务。

5）小结

操纵品质定性评估结果和定量评估结果对应关系如表9.19所示，相关性如表9.20所示，从表中可以看出，定性评估结果与心率（脉搏）参数定量评估结果有显著相关性，具体表现为操纵品质越差，心率（脉搏）较平静状态升高幅度越大。同时可以看出，呼吸率参数不适合成为操纵品质评估的参数。

表9.19　操纵品质定性评估结果和定量评估结果对应关系

状态参数变化	定性评估	定量评估-心率	呼吸率-定量评估	脉搏-定量评估
重量升高	主观评分高，操纵品质变差	心率值较平静状态升高	较平静状态升高，无一致变化趋势	脉搏值较平静状态升高
重心调整	差别不大	较平静状态升高，无一致变化趋势	较平静状态升高，无一致变化趋势	脉搏值较平静状态升高
高度升高	主观评分高，操纵品质变差	心率值较平静状态升高	较平静状态升高，无一致变化趋势	脉搏值较平静状态升高
速度升高	主观评分低，操纵品质变好	心率值较平静状态降低	较平静状态升高，无一致变化趋势	脉搏值较平静状态升高

表 9.20　操纵品质定性评估结果和定量评估结果相关性

定性评估结果	定量评估结果
操纵品质较好	工作负荷较低,具体表现为: (1) 心率(脉搏)较平静状态小幅度升高; (2) 呼吸率较平静状态升高,但无一致变化趋势
操纵品质较差	工作负荷较高,具体表现为: (1) 心率(脉搏)较平静状态大幅度升高; (2) 呼吸率较平静状态升高,但无一致变化趋势

5. 试验方法或试验流程优化总结

通过与飞行员交流,确定了主观调查问卷填写的时机,保证飞行员能在最少的干扰下完成飞行试验任务。

9.3　飞行员诱发振荡场景操纵品质评估试验

飞行员诱发振荡是由人-机闭环系统的不稳定性引起的,是影响飞行安全的重要因素之一,通过模拟多种可能引发飞行员诱发振荡的场景,进行特定场景下飞行员操纵品质评估。通过多组俯仰姿态截获、滚转姿态截获和纠偏着陆场景的操纵品质测试,研究飞机重量参数、重心参数、飞行速度参数和飞行高度参数对操纵品质影响的敏感性。

9.3.1　试验内容

飞行员诱发振荡场景包括三个试验科目,分别为俯仰姿态截获试验、滚转姿态截获试验和纠偏着陆试验。该场景下的试验状态参数配置如表 9.21 所示,状态参数包括重量参数、重心参数、高度参数和速度参数,每种状态参数有设置状态值,共20 个试验状态点。

表 9.21　飞行员诱发振荡场景试验状态

试验状态编号	重量参数/lb	重心参数	高度参数/ft	速度参数/kn	起落架状态	推力状态	襟翼缝翼状态
1	150 000	40%	32 000	300	收起	按需	收起
2	150 000	40%	32 000	200	收起	按需	收起

续　表

试验状态编号	重量参数/lb	重心参数	高度参数/ft	速度参数/kn	起落架状态	推力状态	襟翼缝翼状态
3	150 000	40%	10 000	300	收起	按需	收起
4	150 000	40%	10 000	200	收起	按需	收起
5	150 000	30%	32 000	300	收起	按需	收起
6	150 000	30%	32 000	200	收起	按需	收起
7	150 000	30%	10 000	300	收起	按需	收起
8	150 000	30%	10 000	200	收起	按需	收起
9	100 000	40%	32 000	300	收起	按需	收起
10	100 000	40%	32 000	200	收起	按需	收起
11	100 000	40%	10 000	300	收起	按需	收起
12	100 000	40%	10 000	200	收起	按需	收起
13	100 000	30%	32 000	300	收起	按需	收起
14	100 000	30%	32 000	200	收起	按需	收起
15	100 000	30%	10 000	300	收起	按需	收起
16	100 000	30%	10 000	200	收起	按需	收起
17	150 000	40%	500	170	放下	按需	收起
18	150 000	30%	500	170	放下	按需	收起
19	100 000	40%	500	170	放下	按需	收起
20	100 000	30%	500	170	放下	按需	收起

注：其中飞行员被试1和被试2进行了20组的评估试验，包括试验状态1~16的俯仰姿态截获试验、试验状态1~16的滚转姿态截获试验和试验状态17~20的纠偏着陆试验。通过试验数据初步分析后合理减少了评估试验的试验状态点，因此飞行员被试3和被试4仅完成了试验状态1、2、3、5和9的姿态截获试验（包括俯仰姿态截获与关滚转姿态截获）和试验状态17、18和19的纠偏着陆试验。

9.3.2　试验装置及局限性说明

本试验在环幕视景驾驶舱中进行，工程师利用计时器、生理监测设备和模拟器飞行软件的数据采集设备分别记录各项试验数据。

试验环境的局限性说明以下几点。

1. 模拟驾驶舱操控器件的局限性

模拟驾驶舱的操控器件与真实驾驶舱的操控器件存在一定的差别,具体表现为在:

(1)模拟驾驶舱操纵器件的操控力感较轻,在进行试验之前需要飞行员进行操纵感适应性训练,训练项目如俯仰姿态控制与保持训练、滚转姿态控制与保持训练等,使飞行员适应各操纵杆的操纵特性;

(2)试验科目中有进近着陆相关操纵,涉及的模拟器控制器件较多,但模拟舱操纵器件的布局与真实驾驶舱存在一定的差异,如襟翼控制器、起落架控制器设置在了操纵手柄上,需要在试验前对飞行员进行部分操纵器件的功能位置说明并进行起降操纵的训练。

2. 飞行模拟软件的局限性

1) 操纵器件局限性

飞行模拟软件中的飞机特性与真实飞机存在一定的差距,在进行各项飞行试验中,飞机的响应存在一定的延迟和不精确性。此项局限性对飞机的操纵杆有一定的影响,但不影响不同试验条件下测试结果的差异性趋势,是可以接受的局限性条件。

2) 配平操纵的局限性

在该试验中需要频繁进行飞机配平操纵,飞行模拟软件自带配平操纵功能,软件的配平功能存在一定的不稳定情况,不能在所有情况下达到很好的配平状态,因此需要在试验过程中提示被试者控制好飞行的姿态。

9.3.3 试验步骤

1. 俯仰姿态截获试验

步骤一:设定飞机状态为预定试验状态点(分别在试验状态 1~16 条件下进行试验)并配平飞机,将飞行模拟软件控制为暂停状态,完成试验起始状态的配置;

步骤二:飞行员进入驾驶舱,待飞行员调整好操纵姿态后,工程师操纵飞行模拟软件为正常操纵状态,飞行员开始操控飞机并使飞机达到稳定平飞状态;

步骤三:工程师给出 5°俯仰姿态调整指令,飞行员迅速地(3 s内)截获 5°俯仰姿态并保持飞行姿态;

步骤四:飞行员进行一系列迅速的(3 s内)俯仰姿态截获,预定截获的俯仰姿态按照如下顺序进行:5°→10°→5°→15°→5°→20°→5°,当飞行员人为达到预定截获的姿态后,保持稳定一段时间(俯仰截获角度的增量可根据实际试验情况适当调整);

步骤五:工程师将飞行模拟软件调整停止状态,试验任务结束。

注:飞行员调整到指定俯仰姿态后需要保持至少3 s以上,以确保姿态的截获;在机动期间,每一机动的初始状态应该使飞机保持在规定飞行条件的1 000 ft和10 kn之内;在一个任务中,如果飞机偏离规定的条件太大,应该在开始下一个机动之前,将飞机重新配平到规定的条件;姿态截获机动操纵时间和姿态截获的角度等试验参数可根据初步试验结果进行调整。

各试验场景均在南京禄口进场模拟环境下进行,由于试验条件的局限性,在无法利用飞行模拟软件进行飞机配平操纵时,飞行员需要通过操纵杆的控制使飞机达到平飞的状态,姿态截获的角度采用增量式,即在当前平飞角度状态的基础上进行指定增量的姿态截获。

数据采集说明:

(1)在进行步骤三和步骤四的过程中,工程师同步采集姿态截获的操纵时间、超调次数、PIO评分C-H量表评分数据;

(2)记录在试验之前飞行员平静状态下的生理参数,以及整个飞行试验过程中的生理参数,包括心率、呼吸率和脉搏;

(3)记录飞行过程中的飞行参数(高度、速度等),在必要时进行操纵品质的辅助分析。

2. 滚转姿态截获试验

步骤一:设定飞机状态为预定试验状态点(分别在试验状态1~16条件下进行试验)并配平飞机,将飞行模拟软件控制为暂停状态,完成试验起始状态的配置;

步骤二:飞行员进入驾驶舱,待飞行员调整好操纵姿态后,工程师操纵飞行模拟软件为正常操纵状态,飞行员开始操控飞机并使飞机达到稳定平飞状态;

步骤三:工程师给出20°滚转姿态调整指令,飞行员迅速地(3 s内)截获20°的倾斜角并保持飞行姿态一段时间(3 s以上),之后飞行员迅速地将飞机回复至平飞状态一段时间(3 s以上),循环重复2次该步骤的操纵;

步骤四:将飞行模拟软件控制为暂停状态,设定飞机状态为同一初始试验状态点并配平飞机,待飞行员调整好操纵姿态后,工程师操纵飞行模拟软件为正常操纵状态,飞行员开始操控飞机并使飞机达到稳定平飞状态;

步骤五:工程师给出30°滚转姿态调整指令,飞行员迅速地(3 s内)截获30°的倾斜角并保持飞行姿态一段时间(3 s以上),随后飞行员迅速地将飞机回复至平飞状态一段时间(3 s以上),循环重复2次该步骤的操纵;

步骤六:将飞行模拟软件控制为暂停状态,设定飞机状态为同一初始试验状态点并配平飞机,待飞行员调整好操纵姿态后,工程师操纵飞行模拟软件为正常操纵状态,飞行员开始操控飞机并使飞机达到稳定平飞状态;

步骤七:工程师给出45°滚转姿态调整指令,飞行员迅速地(3 s内)截获45°的倾斜角并保持飞行姿态一段时间(3 s 以上),随后飞行员迅速地将飞机回复至平飞状态一段时间(3 s 以上),循环重复 2 次该步骤的操纵;

步骤八:工程师将飞行模拟软件调整停止状态,试验任务结束。

注:在机动期间,每一机动的初始状态应该使飞机保持在规定飞行条件的 1 000 ft 和 10 kn 之内;在一个任务中,如果飞机偏离规定的条件太大,应该在开始下一个机动之前,将飞机重新配平到规定的条件。

数据采集说明:

(1) 在进行步骤三至步骤七的操纵过程中,工程师同步采集滚转姿态截获的操纵时间、超调次数、PIO 评分和 C - H 量表评分数据;

(2) 记录在试验之前飞行员平静状态下的生理参数,以及整个飞行试验过程中的生理参数,包括心率、呼吸率和脉搏;

(3) 记录飞行过程中的飞行参数(高度、速度等),在必要时进行操纵品质的辅助分析。

3. 纠偏着陆试验

步骤一:设定飞机状态为预定试验状态点(分别在试验状态 17~20 条件下进行试验)并配平飞机,将飞行模拟软件控制为暂停状态,完成试验起始状态的配置;

步骤二:飞行员进入驾驶舱,待飞行员调整好操纵姿态后,工程师操纵飞行模拟软件为正常操纵状态,飞行员开始操控飞机;

步骤三:飞行员操纵飞机进场并建立偏离正常的飞机航迹,对准与跑道平行的滑行道;

步骤四:在飞机高度为 500 ft 时,飞行员操纵飞机进行纠偏航迹并着陆;

步骤五:操纵完成之后,试验结束。

数据采集说明:

(1) 在完成飞行试验后,工程师采集飞行员主观操纵评价的主观评价数据即 C - H 量表评分和 PIO 量表评分,以及最终的着陆任务完成情况;

(2) 在试验过程中,记录在试验之前飞行员平静状态下的生理参数,以及整个飞行试验过程中的生理参数,包括心率、呼吸率和脉搏;

(3) 记录飞行过程中的飞行参数(高度、速度等),在必要时进行操纵品质的辅助分析。

9.3.4 试验结果

1. 俯仰姿态截获试验

1) 俯仰姿态截获主观评估及操纵时间分析

俯仰姿态截获具体数据分别如表 9.22~表9.25 所示。

表 9.22　被试 1 俯仰姿态截获主观评估数据

测试状态　重量: 150 000 lb;重心: 20%;高度: 10 000 ft;速度: 200 kn				
平飞状态: 2.50°				
截获姿态 1: 15°	超调: 1	稳定: √	PIO 评分: 2	操纵时间: 2.56 s
截获姿态 2: 20°	超调: 0	稳定: √	PIO 评分: 2	操纵时间: 2.33 s
截获姿态 3: −5°	超调: 0	稳定: √	PIO 评分: 2	操纵时间: 3.15 s
截获姿态 4: −10°	超调: 1	稳定: √	PIO 评分: 2	操纵时间: 3.29 s
C−H 评分: 2				
测试状态　重量: 150 000 lb;重心: 30%;高度: 10 000 ft;速度: 200 kn				
平飞状态: 7.50°				
截获姿态 1: 15°	超调: 1	稳定: √	PIO 评分: 2	操纵时间: 2.63 s
截获姿态 2: 20°	超调: 0	稳定: √	PIO 评分: 2	操纵时间: 2.86 s
截获姿态 3: −5°	超调: 1	稳定: √	PIO 评分: 2	操纵时间: 3.63 s
截获姿态 4: −10°	超调: 1	稳定: √	PIO 评分: 2	操纵时间: 3.62 s
C−H 评分: 2				
测试状态　重量: 100 000 lb;重心: 30%;高度: 10 000 ft;速度: 200 kn				
平飞状态: 5°				
截获姿态 1: 15°	超调: 1	稳定: √	PIO 评分: 2	操纵时间: 2.33 s
截获姿态 2: 20°	超调: 0	稳定: √	PIO 评分: 2	操纵时间: 2.59 s
截获姿态 3: −5°	超调: 1	稳定: √	PIO 评分: 2	操纵时间: 2.02 s
截获姿态 4: −10°	超调: 1	稳定: √	PIO 评分: 3	操纵时间: 4.36 s
C−H 评分: 2				

测试状态　重量: 100 000 lb;重心: 20%;高度: 10 000 ft;速度: 200 kn				
平飞状态: 2.50°				
截获姿态 1: 15°	超调: 1	稳定: √	PIO 评分: 3	操纵时间: 3.32 s
截获姿态 2: 20°	超调: 0	稳定: √	PIO 评分: 3	操纵时间: 3.46 s
截获姿态 3: −5°	超调: 0	稳定: √	PIO 评分: 2	操纵时间: 3.10 s
截获姿态 4: −10°	超调: 0	稳定: √	PIO 评分: 3	操纵时间: 3.52 s
C−H 评分: 2				
测试状态　重量: 100 000 lb;重心: 20%;高度: 10 000 ft;速度: 300 kn				
平飞状态: 2.50°				
截获姿态 1: 15°	超调: 0	稳定: √	PIO 评分: 2	操纵时间: 2.52 s
截获姿态 2: 20°	超调: 0	稳定: √	PIO 评分: 2	操纵时间: 3.29 s
截获姿态 3: −5°	超调: 0	稳定: √	PIO 评分: 1	操纵时间: 2.23 s
截获姿态 4: −10°	超调: 1	稳定: √	PIO 评分: 2	操纵时间: 3.83 s
C−H 评分: 2				
测试状态　重量: 100 000 lb;重心: 30%;高度: 10 000 ft;速度: 300 kn				
平飞状态: 0				
截获姿态 1: 10°	超调: 0	稳定: √	PIO 评分: 3	操纵时间: 2.53 s
截获姿态 2: 15°	超调: 1	稳定: √	PIO 评分: 3	操纵时间: 2.45 s
截获姿态 3: −10°	超调: 1	稳定: √	PIO 评分: 2	操纵时间: 3.05 s
截获姿态 4: −15°	超调: 1	稳定: √	PIO 评分: 2	操纵时间: 3.43 s
C−H 评分: 3				

测试状态　重量: 150 000 lb;重心: 30%;高度: 10 000 ft;速度: 300 kn				
平飞状态: 2.50°				
截获姿态 1: 10°	超调: 1	稳定: √	PIO 评分: 3	操纵时间: 2.95 s
截获姿态 2: 15°	超调: 0	稳定: √	PIO 评分: 3	操纵时间: 2.33 s
截获姿态 3: −10°	超调: 0	稳定: √	PIO 评分: 3	操纵时间: 3.50 s
截获姿态 4: −15°	超调: 1	稳定: √	PIO 评分: 3	操纵时间: 4.03 s
C-H 评分: 3				

测试状态　重量: 150 000 lb;重心: 20%;高度: 10 000 ft;速度: 300 kn				
平飞状态: 2.50°				
截获姿态 1: 10°	超调: 0	稳定: √	PIO 评分: 2	操纵时间: 2.13 s
截获姿态 2: 15°	超调: 1	稳定: √	PIO 评分: 2	操纵时间: 2.53 s
截获姿态 3: −10°	超调: 0	稳定: √	PIO 评分: 2	操纵时间: 2.61 s
截获姿态 4: −15°	超调: 1	稳定: √	PIO 评分: 3	操纵时间: 3.86 s
C-H 评分: 2				

测试状态　重量: 150 000 lb;重心: 20%;高度: 25 000 ft;速度: 300 kn				
平飞状态: 2.50°				
截获姿态 1: 10°	超调: 1	稳定: √	PIO 评分: 2	操纵时间: 2.83 s
截获姿态 2: 15°	超调: 1	稳定: √	PIO 评分: 3	操纵时间: 2.75 s
截获姿态 3: −10°	超调: 1	稳定: √	PIO 评分: 3	操纵时间: 3.08 s
截获姿态 4: −15°	超调: 1	稳定: √	PIO 评分: 3	操纵时间: 4.03 s
C-H 评分: 3				

测试状态　重量：150 000 lb；重心：30%；高度：25 000 ft；速度：300 kn				
平飞状态：2.50°				
截获姿态 1：10°	超调：0	稳定：√	PIO 评分：3	操纵时间：2.42 s
截获姿态 2：15°	超调：1	稳定：√	PIO 评分：3	操纵时间：3.23 s
截获姿态 3：−10°	超调：1	稳定：√	PIO 评分：3	操纵时间：3.16 s
截获姿态 4：−15°	超调：0	稳定：√	PIO 评分：3	操纵时间：3.13 s
C−H 评分：3				
测试状态　重量：100 000 lb；重心：30%；高度：25 000 ft；速度：300 kn				
平飞状态：0				
截获姿态 1：10°	超调：1	稳定：√	PIO 评分：3	操纵时间：2.73 s
截获姿态 2：15°	超调：1	稳定：√	PIO 评分：3	操纵时间：3.29 s
截获姿态 3：−10°	超调：1	稳定：√	PIO 评分：3	操纵时间：3.75 s
截获姿态 4：−15°	超调：1	稳定：√	PIO 评分：3	操纵时间：3.67 s
C−H 评分：3				
测试状态　重量：100 000 lb；重心：20%；高度：25 000 ft；速度：300 kn				
平飞状态：0				
截获姿态 1：10°	超调：1	稳定：√	PIO 评分：3	操纵时间：3.73 s
截获姿态 2：15°	超调：1	稳定：√	PIO 评分：3	操纵时间：3.07 s
截获姿态 3：−10°	超调：1	稳定：√	PIO 评分：3	操纵时间：3.30 s
截获姿态 4：−15°	超调：1	稳定：√	PIO 评分：3	操纵时间：3.43 s
C−H 评分：3				

测试状态　重量: 100 000 lb;重心: 20%;高度: 25 000 ft;速度: 200 kn				
平飞状态: 2.50°				
截获姿态 1: 10°	超调: 1	稳定: √	PIO 评分: 3	操纵时间: 2.90 s
截获姿态 2: 15°	超调: 1	稳定: √	PIO 评分: 3	操纵时间: 2.83 s
截获姿态 3: −10°	超调: 1	稳定: √	PIO 评分: 3	操纵时间: 3.05 s
截获姿态 4: −15°	超调: 1	稳定: √	PIO 评分: 3	操纵时间: 3.95 s
C - H 评分: 3				

测试状态　重量: 100 000 lb;重心: 30%;高度: 25 000 ft;速度: 200 kn				
平飞状态: 5°				
截获姿态 1: 15°	超调: 1	稳定: √	PIO 评分: 3	操纵时间: 3.85 s
截获姿态 2: 20°	超调: 1	稳定: √	PIO 评分: 3	操纵时间: 3.44 s
截获姿态 3: −5°	超调: 1	稳定: √	PIO 评分: 3	操纵时间: 3.46 s
截获姿态 4: −10°	超调: 1	稳定: √	PIO 评分: 3	操纵时间: 4.70 s
C - H 评分: 3				

测试状态　重量: 150 000 lb;重心: 30%;高度: 25 000 ft;速度: 200 kn				
平飞状态: 5°				
截获姿态 1: 15°	超调: 1	稳定: √	PIO 评分: 3	操纵时间: 3.28 s
截获姿态 2: 20°	超调: 1	稳定: √	PIO 评分: 3	操纵时间: 3.69 s
截获姿态 3: −5°	超调: 1	稳定: √	PIO 评分: 3	操纵时间: 3.92 s
截获姿态 4: −10°	超调: 1	稳定: √	PIO 评分: 3	操纵时间: 4.16 s
C - H 评分: 3				

测试状态　重量: 150 000 lb;重心: 20%;高度: 25 000 ft;速度: 200 kn				
平飞状态: 7.50°				
截获姿态 1: 15°	超调: 1	稳定: √	PIO 评分: 3	操纵时间: 3.26 s
截获姿态 2: 20°	超调: 1	稳定: √	PIO 评分: 3	操纵时间: 3.90 s
截获姿态 3: −5°	超调: 1	稳定: √	PIO 评分: 3	操纵时间: 4.02 s
截获姿态 4: −10°	超调: 1	稳定: √	PIO 评分: 3	操纵时间: 4.20 s
C - H 评分: 3				

表 9.23　被试 2 俯仰姿态截获主观评估数据

测试状态　重量: 150 000 lb;重心: 20%;高度: 10 000 ft;速度: 200 kn				
平飞状态: 7.50°				
截获姿态 1: 15°	超调: 0	稳定: √	PIO 评分: 1	操纵时间: 1.83 s
截获姿态 2: 20°	超调: 1	稳定: √	PIO 评分: 2	操纵时间: 2.90 s
截获姿态 3: −5°	超调: 1	稳定: √	PIO 评分: 2	操纵时间: 2.65 s
截获姿态 4: −10°	超调: 1	稳定: √	PIO 评分: 2	操纵时间: 4.65 s
C - H 评分: 2				
测试状态　重量: 150 000 lb;重心: 30%;高度: 10 000 ft;速度: 200 kn				
平飞状态: 7.50°				
截获姿态 1: 15°	超调: 1	稳定: √	PIO 评分: 3	操纵时间: 3.45 s
截获姿态 2: 20°	超调: 1	稳定: √	PIO 评分: 2	操纵时间: 2.92 s
截获姿态 3: −5°	超调: 1	稳定: √	PIO 评分: 3	操纵时间: 3.21 s
截获姿态 4: −10°	超调: 0	稳定: √	PIO 评分: 2	操纵时间: 3.28 s
C - H 评分: 2				

测试状态　重量：100 000 lb；重心：30%；高度：10 000 ft；速度：200 kn				
平飞状态：2.50°				
截获姿态 1：15°	超调：0	稳定：√	PIO 评分：1	操纵时间：2.32 s
截获姿态 2：20°	超调：1	稳定：√	PIO 评分：2	操纵时间：5.50 s
截获姿态 3：−5°	超调：1	稳定：√	PIO 评分：2	操纵时间：3.53 s
截获姿态 4：−10°	超调：1	稳定：√	PIO 评分：2	操纵时间：3.61 s
C−H 评分：2				

测试状态　重量：100 000 lb；重心：20%；高度：10 000 ft；速度：200 kn				
平飞状态：2.50°				
截获姿态 1：15°	超调：1	稳定：√	PIO 评分：2	操纵时间：2.28 s
截获姿态 2：20°	超调：1	稳定：√	PIO 评分：2	操纵时间：3.56 s
截获姿态 3：−5°	超调：0	稳定：√	PIO 评分：2	操纵时间：2.22 s
截获姿态 4：−10°	超调：0	稳定：√	PIO 评分：2	操纵时间：2.42 s
C−H 评分：2				

测试状态　重量：150 000 lb；重心：20%；高度：10 000 ft；速度：300 kn				
平飞状态：2.50°				
截获姿态 1：15°	超调：0	稳定：√	PIO 评分：2	操纵时间：2.53 s
截获姿态 2：20°	超调：1	稳定：√	PIO 评分：2	操纵时间：3.86 s
截获姿态 3：−5°	超调：1	稳定：√	PIO 评分：2	操纵时间：2.32 s
截获姿态 4：−10°	超调：1	稳定：√	PIO 评分：2	操纵时间：3.49 s
C−H 评分：2				

测试状态　重量: 150 000 lb;重心: 30%;高度: 10 000 ft;速度: 300 kn				
平飞状态: 2.50°				
截获姿态 1: 15°	超调: 1	稳定: √	PIO 评分: 3	操纵时间: 4.08 s
截获姿态 2: 20°	超调: 1	稳定: √	PIO 评分: 3	操纵时间: 4.85 s
截获姿态 3: −5°	超调: 0	稳定: √	PIO 评分: 2	操纵时间: 2.40 s
截获姿态 4: −10°	超调: 1	稳定: √	PIO 评分: 3	操纵时间: 3.56 s
C－H 评分: 3				
测试状态　重量: 100 000 lb;重心: 30%;高度: 10 000 ft;速度: 300 kn				
平飞状态: 0				
截获姿态 1: 15°	超调: 1	稳定: √	PIO 评分: 3	操纵时间: 4.23 s
截获姿态 2: 20°	超调: 1	稳定: √	PIO 评分: 3	操纵时间: 5.49 s
截获姿态 3: −5°	超调: 1	稳定: √	PIO 评分: 2	操纵时间: 2.53 s
截获姿态 4: −10°	超调: 0	稳定: √	PIO 评分: 2	操纵时间: 2.93 s
C－H 评分: 3				
测试状态　重量: 100 000 lb;重心: 20%;高度: 10 000 ft;速度: 300 kn				
平飞状态: 0				
截获姿态 1: 15°	超调: 0	稳定: √	PIO 评分: 2	操纵时间: 3.23 s
截获姿态 2: 20°	超调: 1	稳定: √	PIO 评分: 2	操纵时间: 4.70 s
截获姿态 3: −5°	超调: 1	稳定: √	PIO 评分: 2	操纵时间: 2.32 s
截获姿态 4: −10°	超调: 1	稳定: √	PIO 评分: 2	操纵时间: 2.80 s
C－H 评分: 2				

测试状态　重量：100 000 lb；重心：20%；高度：25 000 ft；速度：300 kn				
平飞状态：0				
截获姿态 1：15°	超调：2	稳定：√	PIO 评分：3	操纵时间：8.26 s
截获姿态 2：20°	超调：1	稳定：√	PIO 评分：3	操纵时间：5.38 s
截获姿态 3：−5°	超调：0	稳定：√	PIO 评分：3	操纵时间：2.59 s
截获姿态 4：−10°	超调：0	稳定：√	PIO 评分：3	操纵时间：3.72 s
C－H 评分：3				
测试状态　重量：100 000 lb；重心：30%；高度：25 000 ft；速度：300 kn				
平飞状态：0				
截获姿态 1：5°	超调：1	稳定：√	PIO 评分：3	操纵时间：2.23 s
截获姿态 2：10°	超调：0	稳定：√	PIO 评分：3	操纵时间：2.67 s
截获姿态 3：−5°	超调：1	稳定：√	PIO 评分：3	操纵时间：2.85 s
截获姿态 4：−10°	超调：1	稳定：√	PIO 评分：3	操纵时间：3.26 s
C－H 评分：3				
测试状态　重量：150 000 lb；重心：30%；高度：25 000 ft；速度：300 kn				
平飞状态：0				
截获姿态 1：5°	超调：0	稳定：√	PIO 评分：2	操纵时间：2.15 s
截获姿态 2：10°	超调：1	稳定：√	PIO 评分：2	操纵时间：2.98 s
截获姿态 3：−5°	超调：1	稳定：√	PIO 评分：2	操纵时间：1.80 s
截获姿态 4：−10°	超调：1	稳定：√	PIO 评分：3	操纵时间：2.69 s
C－H 评分：2				

续 表

测试状态　重量：150 000 lb；重心：20%；高度：25 000 ft；速度：300 kn				
平飞状态：0				
截获姿态 1：5°	超调：1	稳定：√	PIO 评分：2	操纵时间：1.76 s
截获姿态 2：10°	超调：1	稳定：√	PIO 评分：3	操纵时间：2.57 s
截获姿态 3：−5°	超调：1	稳定：√	PIO 评分：2	操纵时间：2.19 s
截获姿态 4：−10°	超调：0	稳定：√	PIO 评分：3	操纵时间：4.13 s
C－H 评分：2				
测试状态　重量：150 000 lb；重心：20%；高度：25 000 ft；速度：200 kn				
平飞状态：5°				
截获姿态 1：10°	超调：0	稳定：√	PIO 评分：2	操纵时间：3.43 s
截获姿态 2：15°	超调：1	稳定：√	PIO 评分：3	操纵时间：3.05 s
截获姿态 3：0°	超调：1	稳定：√	PIO 评分：2	操纵时间：3.28 s
截获姿态 4：−5°	超调：2	稳定：√	PIO 评分：3	操纵时间：4.85 s
C－H 评分：2				
测试状态　重量：150 000 lb；重心：30%；高度：25 000 ft；速度：200 kn				
平飞状态：5°				
截获姿态 1：10°	超调：1	稳定：√	PIO 评分：3	操纵时间：3.26 s
截获姿态 2：15°	超调：1	稳定：√	PIO 评分：3	操纵时间：4.03 s
截获姿态 3：0°	超调：1	稳定：√	PIO 评分：3	操纵时间：2.38 s
截获姿态 4：−5°	超调：1	稳定：√	PIO 评分：3	操纵时间：4.07 s
C－H 评分：3				

测试状态　　重量: 100 000 lb; 重心: 30%; 高度: 25 000 ft; 速度: 200 kn				
平飞状态: 2.50°				
截获姿态 1: 15°	超调: 1	稳定: √	PIO 评分: 2	操纵时间: 3.60 s
截获姿态 2: 20°	超调: 2	稳定: √	PIO 评分: 2	操纵时间: 4.27 s
截获姿态 3: −5°	超调: 1	稳定: √	PIO 评分: 2	操纵时间: 4.17 s
截获姿态 4: −10°	超调: 2	稳定: √	PIO 评分: 3	操纵时间: 3.65 s
C‐H 评分: 2				

测试状态　　重量: 100 000 lb; 重心: 20%; 高度: 25 000 ft; 速度: 200 kn				
平飞状态: 0				
截获姿态 1: 10°	超调: 0	稳定: √	PIO 评分: 2	操纵时间: 2.79 s
截获姿态 2: 15°	超调: 2	稳定: √	PIO 评分: 3	操纵时间: 5.32 s
截获姿态 3: 0°	超调: 1	稳定: √	PIO 评分: 3	操纵时间: 3.22 s
截获姿态 4: −10°	超调: 1	稳定: √	PIO 评分: 3	操纵时间: 4.15 s
C‐H 评分: 3				

表 9.24　被试 3 俯仰姿态截获主观评估数据

测试状态　　重量: 150 000 lb; 重心: 30%; 高度: 25 000 ft; 速度: 300 kn				
平飞状态: 7.50°				
截获姿态 1: 15°	超调: 1	稳定: √	PIO 评分: 2	操纵时间: 2.32 s
截获姿态 2: 20°	超调: 1	稳定: √	PIO 评分: 2	操纵时间: 2.95 s
截获姿态 3: −5°	超调: 0	稳定: √	PIO 评分: 1	操纵时间: 2.72 s
截获姿态 4: −10°	超调: 0	稳定: √	PIO 评分: 2	操纵时间: 2.85 s
C‐H 评分: 2				

测试状态　重量：150 000 lb；重心：30%；高度：25 000 ft；速度：200 kn				
平飞状态：7.50°				
截获姿态 1：15°	超调：1	稳定：√	PIO 评分：3	操纵时间：3.15 s
截获姿态 2：20°	超调：1	稳定：√	PIO 评分：2	操纵时间：3.31 s
截获姿态 3：−5°	超调：1	稳定：√	PIO 评分：3	操纵时间：2.89 s
截获姿态 4：−10°	超调：0	稳定：√	PIO 评分：2	操纵时间：2.96 s
C－H 评分：2				
测试状态　重量：150 000 lb；重心：30%；高度：10 000 ft；速度：300 kn				
平飞状态：2.50°				
截获姿态 1：15°	超调：0	稳定：√	PIO 评分：1	操纵时间：2.72 s
截获姿态 2：20°	超调：1	稳定：√	PIO 评分：2	操纵时间：2.80 s
截获姿态 3：−5°	超调：1	稳定：√	PIO 评分：2	操纵时间：2.32 s
截获姿态 4：−10°	超调：1	稳定：√	PIO 评分：2	操纵时间：2.61 s
C－H 评分：2				
测试状态　重量：150 000 lb；重心：20%；高度：25 000 ft；速度：300 kn				
平飞状态：2.50°				
截获姿态 1：15°	超调：1	稳定：√	PIO 评分：2	操纵时间：2.42 s
截获姿态 2：20°	超调：1	稳定：√	PIO 评分：2	操纵时间：2.56 s
截获姿态 3：−5°	超调：0	稳定：√	PIO 评分：2	操纵时间：2.22 s
截获姿态 4：−10°	超调：0	稳定：√	PIO 评分：2	操纵时间：2.28 s
C－H 评分：2				

续　表

测试状态　重量：100 000 lb；重心：30%；高度：25 0000 ft；速度：300 kn				
平飞状态：2.50°				
截获姿态 1：15°	超调：0	稳定：√	PIO 评分：2	操纵时间：2.33 s
截获姿态 2：20°	超调：1	稳定：√	PIO 评分：2	操纵时间：2.86 s
截获姿态 3：-5°	超调：1	稳定：√	PIO 评分：2	操纵时间：2.62 s
截获姿态 4：-10°	超调：1	稳定：√	PIO 评分：2	操纵时间：2.73 s
C-H 评分：2				

表 9.25　被试 4 俯仰姿态截获主观评估数据

测试状态　重量：150 000 lb；重心：30%；高度：25 000 ft；速度：300 kn				
平飞状态：7.50°				
截获姿态 1：15°	超调：1	稳定：√	PIO 评分：2	操纵时间：2.32 s
截获姿态 2：20°	超调：1	稳定：√	PIO 评分：2	操纵时间：2.95 s
截获姿态 3：-5°	超调：0	稳定：√	PIO 评分：1	操纵时间：2.72 s
截获姿态 4：-10°	超调：0	稳定：√	PIO 评分：2	操纵时间：2.85 s
C-H 评分：2				
测试状态　重量：150 000 lb；重心：30%；高度：25 000 ft；速度：200 kn				
平飞状态：7.50°				
截获姿态 1：15°	超调：1	稳定：√	PIO 评分：3	操纵时间：3.15 s
截获姿态 2：20°	超调：1	稳定：√	PIO 评分：2	操纵时间：3.31 s
截获姿态 3：-5°	超调：1	稳定：√	PIO 评分：3	操纵时间：2.89 s
截获姿态 4：-10°	超调：0	稳定：√	PIO 评分：2	操纵时间：2.96 s
C-H 评分：2				

测试状态　重量：150 000 lb；重心：30%；高度：10 000 ft；速度：300 kn				
平飞状态：2.50°				
截获姿态1：15°	超调：0	稳定：√	PIO评分：1	操纵时间：2.72 s
截获姿态2：20°	超调：1	稳定：√	PIO评分：2	操纵时间：2.80 s
截获姿态3：−5°	超调：1	稳定：√	PIO评分：2	操纵时间：2.32 s
截获姿态4：−10°	超调：1	稳定：√	PIO评分：2	操纵时间：2.61 s
C−H评分：2				

测试状态　重量：150 000 lb；重心：20%；高度：25 000 ft；速度：300 kn				
平飞状态：2.50°				
截获姿态1：15°	超调：1	稳定：√	PIO评分：2	操纵时间：2.42 s
截获姿态2：20°	超调：1	稳定：√	PIO评分：2	操纵时间：2.56 s
截获姿态3：−5°	超调：0	稳定：√	PIO评分：2	操纵时间：2.22 s
截获姿态4：−10°	超调：0	稳定：√	PIO评分：2	操纵时间：2.28 s
C−H评分：2				

测试状态　重量：100 000 lb；重心：30%；高度：25 0000 ft；速度：300 kn				
平飞状态：2.50°				
截获姿态1：15°	超调：0	稳定：√	PIO评分：2	操纵时间：2.33 s
截获姿态2：20°	超调：1	稳定：√	PIO评分：2	操纵时间：2.86 s
截获姿态3：−5°	超调：1	稳定：√	PIO评分：2	操纵时间：2.62 s
截获姿态4：−10°	超调：1	稳定：√	PIO评分：2	操纵时间：2.73 s
C−H评分：2				

综合被试 1~被试 4 试验数据,得到了一致性分析结果,即在同一试验状态下,姿态截获的角度越大,飞行员的操纵难度越大,具体表现为:超调次数增多的可能性变高;操纵时间变长;C-H 量表评分和 PIO 量表评分的分值就会越高,操纵品质就会相对较差。

a. 重量参数变化对操纵品质的影响

在其他试验状态相同的情况下,小重量操纵性更好,更容易进行姿态截获。

b. 重心参数变化对操纵品质的影响

在其他试验状态相同的情况下,后重心进行俯仰操控较为困难,不易进行姿态截获,即超调次数增多的可能性变高、操纵时间变长、C-H 量表和 PIO 量表的分值越高。

c. 飞行高度参数变化对操纵品质的影响

在其他试验状态相同的情况下,飞行高度越高,俯仰截获的操纵难度会加大,姿态截获的时间会变长,主观评价的评分会越高。

d. 飞行速度参数变化对操纵品质的影响

在其他试验状态相同的情况下,飞行速度越快,更容易进行姿态截获。

2) 俯仰姿态截获生理数据分析

飞行员的生理数据包括心电参数、呼吸率参数和脉搏参数(整个试验过程中脉搏参数与心率参数一致,说明飞行员无极端应激反应,因此可以选用心率参数作为主要分析参数),选用飞行员在试验之前平静状态下的生理参数作为基准,分析各试验状态下的生理参数状况。被试平静状态下的基准生理状态参数如表 9.26 所示,被试飞行员各个试验状态生理参数统计分别如表 9.27~ 表 9.30 所示。

表 9.26 各被试基准生理状态参数

被 试 人 员	心率/BPM	呼吸率/BPM	脉搏/BPM
被试 1	72	17	72
被试 2	83	12	83
被试 3	74	18	74
被试 4	70	17	70

被试 1~被试 4 的生理状态参数与试验状态的变化呈现出高度一致性的趋势,总结如表 9.31 所示。

表 9.27   被试 1 各试验状态生理参数统计表

序号	试 验 状 态	心率/BPM	呼吸率/BPM	脉搏/BPM
1	大重量-前重心-高高度-高速度	85.706	17.360	85.440
2	大重量-后重心-高高度-高速度	88.403	18.209	88.319
3	小重量-后重心-高高度-高速度	84.928	17.558	84.236
4	小重量-前重心-高高度-高速度	82.100	18.228	82.615
5	大重量-前重心-高高度-低速度	86.760	19.315	86.876
6	大重量-后重心-高高度-低速度	89.714	19.833	89.748
7	小重量-后重心-高高度-低速度	84.194	19.673	84.527
8	小重量-前重心-高高度-低速度	84.682	18.119	84.109
9	大重量-前重心-低高度-高速度	83.466	18.850	83.940
10	大重量-后重心-低高度-高速度	86.252	18.526	86.690
11	小重量-后重心-低高度-高速度	83.309	17.118	83.195
12	小重量-前重心-低高度-高速度	82.307	18.107	82.366
13	大重量-前重心-低高度-低速度	86.390	19.605	86.201
14	大重量-后重心-低高度-低速度	88.195	17.673	88.833
15	小重量-后重心-低高度-低速度	85.279	17.246	85.123
16	小重量-前重心-低高度-低速度	84.623	18.691	84.101

表 9.28   被试 2 各试验状态生理参数统计表

序号	试 验 状 态	心率/BPM	呼吸率/BPM	脉搏/BPM
1	大重量-前重心-高高度-高速度	94.372	13.641	94.371
2	大重量-后重心-高高度-高速度	97.202	15.326	97.881
3	小重量-后重心-高高度-高速度	93.511	14.140	93.421

序号	试　验　状　态	心率/BPM	呼吸率/BPM	脉搏/BPM
4	小重量-前重心-高高度-高速度	92.942	14.257	92.934
5	大重量-前重心-高高度-低速度	97.241	13.193	97.045
6	大重量-后重心-高高度-低速度	99.601	15.900	99.870
7	小重量-后重心-高高度-低速度	96.203	15.268	96.036
8	小重量-前重心-高高度-低速度	95.260	14.739	95.439
9	大重量-前重心-低高度-高速度	93.869	14.904	93.417
10	大重量-后重心-低高度-高速度	94.775	13.314	94.463
11	小重量-后重心-低高度-高速度	93.132	15.258	93.004
12	小重量-前重心-低高度-高速度	92.920	14.833	92.279
13	大重量-前重心-低高度-低速度	96.910	14.429	96.482
14	大重量-后重心-低高度-低速度	99.381	14.314	99.818
15	小重量-后重心-低高度-低速度	96.291	13.401	97.300
16	小重量-前重心-低高度-低速度	93.599	14.679	93.405

表 9.29　被试 3 各试验状态生理参数统计表

序号	试　验　状　态	心率/BPM	呼吸率/BPM	脉搏/BPM
1	大重量-后重心-高高度-高速度	88.282	19.173	88.534
2	大重量-后重心-高高度-低速度	90.293	20.271	90.552
3	大重量-后重心-低高度-高速度	85.460	20.392	85.688
4	大重量-前重心-高高度-高速度	85.902	20.114	85.639
5	小重量-后重心-高高度-高速度	84.885	20.155	84.568

表 9.30   被试 4 各试验状态生理参数统计表

序号	试 验 状 态	心率/BPM	呼吸率/BPM	脉搏/BPM
1	大重量-后重心-高高度-高速度	84.002	17.209	84.555
2	大重量-后重心-高高度-低速度	86.835	17.946	86.487
3	大重量-后重心-低高度-高速度	82.123	18.752	82.024
4	大重量-前重心-高高度-高速度	80.463	17.918	80.090
5	小重量-后重心-高高度-高速度	81.970	18.892	81.644

表 9.31   俯仰姿态截获生理参数分析

试验状态变化		心 率 值	呼吸率值	脉 搏 值
飞机重量	升高	增加	基本不变	增加
	降低	减少	基本不变	减少
飞机重心	靠前	减少	基本不变	减少
	靠后	增加	基本不变	增加
飞行高度	升高	增加	基本不变	增加
	降低	减少	基本不变	减少
飞行速度	升高	减少	基本不变	减少
	降低	增加	基本不变	增加

3）操纵品质的定性评估和定量评估结果相关性分析

操纵品质定性评估结果和定量评估结果对应关系如表 9.32 所示,相关性如表 9.33 所示,定性评估结果与心率(脉搏)参数定量评估结果有显著相关性,具体表现为操纵品质越差,心率(脉搏)较平静状态升高幅度越大。同时可以看出,呼吸率参数不适合成为操纵品质评估的参数。

表 9.32   操纵品质定性评估结果和定量评估结果对应关系

状态参数变化	定 性 评 估	定量评估-心率	呼吸率-定量评估	脉搏-定量评估
重量升高	主观评分高,操纵品质变差	心率值较平静状态升高	较平静状态升高,无一致变化趋势	脉搏值较平静状态升高

状态参数变化	定 性 评 估	定量评估-心率	呼吸率-定量评估	脉搏-定量评估
重心调整	差别不大	较平静状态升高，无一致变化趋势	较平静状态升高，无一致变化趋势	脉搏值较平静状态升高
高度升高	主观评分高，操纵品质变差	心率值较平静状态升高	较平静状态升高，无一致变化趋势	脉搏值较平静状态升高
速度升高	主观评分低，操纵品质变好	心率值较平静状态降低	较平静状态升高，无一致变化趋势	脉搏值较平静状态升高

表 9.33　操纵品质定性评估结果和定量评估结果相关性

定性评估结果	心率-定量评估	呼吸率-定量评估	脉搏-定量评估
操纵品质较好	较平静状态小幅度升高	较平静状态升高，无一致变化趋势	较平静状态小幅度升高
操纵品质较差	较平静状态大幅度升高	较平静状态升高，无一致变化趋势	较平静状态大幅度升高

2. 滚转姿态截获试验

1）滚转姿态截获主观评估及操纵时间分析

滚转姿态截获具体数据分别如表 9.34~表 9.37 所示。

表 9.34　被试 1 滚转姿态截获采集数据

测试状态　重量：150 000 lb；重心：20%；高度：25 000 ft；速度：300 kn				
平飞状态：0				
截获姿态 1：左 20°	超调：0	稳定：√	PIO 评分：2	操纵时间：2.39 s
截获姿态 2：左 30°	超调：1	稳定：√	PIO 评分：2	操纵时间：3.05 s
截获姿态 3：左 45°	超调：0	稳定：√	PIO 评分：2	操纵时间：3.55 s
截获姿态 4：右 20°	超调：1	稳定：√	PIO 评分：2	操纵时间：2.60 s
截获姿态 5：右 30°	超调：1	稳定：√	PIO 评分：2	操纵时间：2.91 s
截获姿态 6：右 45°	超调：1	稳定：√	PIO 评分：2	操纵时间：3.83 s
C－H 评分：2				

测试状态　　重量：150 000 lb；重心：30%；高度：25 000 ft；速度：300 kn				
平飞状态：0				
截获姿态1：左20°	超调：1	稳定：√	PIO 评分：2	操纵时间：2.40 s
截获姿态2：左30°	超调：1	稳定：√	PIO 评分：2	操纵时间：2.90 s
截获姿态3：左45°	超调：1	稳定：√	PIO 评分：2	操纵时间：3.63 s
截获姿态4：右20°	超调：0	稳定：√	PIO 评分：2	操纵时间：2.52 s
截获姿态5：右30°	超调：1	稳定：√	PIO 评分：2	操纵时间：2.86 s
截获姿态6：右45°	超调：1	稳定：√	PIO 评分：2	操纵时间：3.73 s
C－H 评分：3				
测试状态　　重量：100 000 lb；重心：30%；高度：25 000 ft；速度：300 kn				
平飞状态：0				
截获姿态1：左20°	超调：0	稳定：√	PIO 评分：2	操纵时间：2.30 s
截获姿态2：左30°	超调：0	稳定：√	PIO 评分：2	操纵时间：2.79 s
截获姿态3：左45°	超调：1	稳定：√	PIO 评分：2	操纵时间：3.45 s
截获姿态4：右20°	超调：1	稳定：√	PIO 评分：2	操纵时间：2.49 s
截获姿态5：右30°	超调：1	稳定：√	PIO 评分：2	操纵时间：2.72 s
截获姿态6：右45°	超调：1	稳定：√	PIO 评分：2	操纵时间：3.69 s
C－H 评分：2				
测试状态　　重量：100 000 lb；重心：20%；高度：25 000 ft；速度：300 kn				
平飞状态：0				
截获姿态1：左20°	超调：1	稳定：√	PIO 评分：2	操纵时间：2.66 s
截获姿态2：左30°	超调：1	稳定：√	PIO 评分：2	操纵时间：2.87 s
截获姿态3：左45°	超调：1	稳定：√	PIO 评分：2	操纵时间：3.43 s

测试状态　重量: 100 000 lb;重心: 20%;高度: 25 000 ft;速度: 300 kn				
截获姿态 4: 右 20°	超调: 1	稳定: √	PIO 评分: 2	操纵时间: 2.45 s
截获姿态 5: 右 30°	超调: 1	稳定: √	PIO 评分: 2	操纵时间: 3.05 s
截获姿态 6: 右 45°	超调: 1	稳定: √	PIO 评分: 2	操纵时间: 3.89 s
C-H 评分: 2				

测试状态　重量: 100 000 lb;重心: 20%;高度: 25 000 ft;速度: 200 kn				
平飞状态: 0				
截获姿态 1: 左 20°	超调: 1	稳定: √	PIO 评分: 2	操纵时间: 2.65 s
截获姿态 2: 左 30°	超调: 1	稳定: √	PIO 评分: 2	操纵时间: 3.26 s
截获姿态 3: 左 45°	超调: 1	稳定: √	PIO 评分: 3	操纵时间: 4.16 s
截获姿态 4: 右 20°	超调: 1	稳定: √	PIO 评分: 2	操纵时间: 2.45 s
截获姿态 5: 右 30°	超调: 1	稳定: √	PIO 评分: 2	操纵时间: 3.29 s
截获姿态 6: 右 45°	超调: 1	稳定: √	PIO 评分: 2	操纵时间: 4.35 s
C-H 评分: 3				

测试状态　重量: 100 000 lb;重心: 20%;高度: 25 000 ft;速度: 200 kn				
平飞状态: 0				
截获姿态 1: 左 20°	超调: 1	稳定: √	PIO 评分: 2	操纵时间: 2.55 s
截获姿态 2: 左 30°	超调: 1	稳定: √	PIO 评分: 2	操纵时间: 2.85 s
截获姿态 3: 左 45°	超调: 1	稳定: √	PIO 评分: 2	操纵时间: 3.66 s
截获姿态 4: 右 20°	超调: 0	稳定: √	PIO 评分: 2	操纵时间: 2.43 s
截获姿态 5: 右 30°	超调: 1	稳定: √	PIO 评分: 2	操纵时间: 2.82 s
截获姿态 6: 右 45°	超调: 0	稳定: √	PIO 评分: 2	操纵时间: 3.93 s
C-H 评分: 2				

测试状态　重量：150 000 lb；重心：30%；高度：25 000 ft；速度：200 kn				
平飞状态：0				
截获姿态1：左20°	超调：1	稳定：√	PIO 评分：3	操纵时间：2.66 s
截获姿态2：左30°	超调：1	稳定：√	PIO 评分：3	操纵时间：2.86 s
截获姿态3：左45°	超调：1	稳定：√	PIO 评分：3	操纵时间：3.25 s
截获姿态4：右20°	超调：1	稳定：√	PIO 评分：3	操纵时间：2.43 s
截获姿态5：右30°	超调：1	稳定：√	PIO 评分：3	操纵时间：3.03 s
截获姿态6：右45°	超调：1	稳定：√	PIO 评分：3	操纵时间：3.98 s
C－H 评分：3				
测试状态　重量：150 000 lb；重心：20%；高度：25 000 ft；速度：200 kn				
平飞状态：0				
截获姿态1：左20°	超调：1	稳定：√	PIO 评分：3	操纵时间：2.63 s
截获姿态2：左30°	超调：0	稳定：√	PIO 评分：3	操纵时间：2.86 s
截获姿态3：左45°	超调：1	稳定：√	PIO 评分：3	操纵时间：3.53 s
截获姿态4：右20°	超调：1	稳定：√	PIO 评分：3	操纵时间：2.78 s
截获姿态5：右30°	超调：1	稳定：√	PIO 评分：3	操纵时间：3.37 s
截获姿态6：右45°	超调：1	稳定：√	PIO 评分：3	操纵时间：4.23 s
C－H 评分：2				
测试状态　重量：150 000 lb；重心：20%；高度：10 000 ft；速度：200 kn				
平飞状态：0				
截获姿态1：左20°	超调：1	稳定：√	PIO 评分：2	操纵时间：2.86 s
截获姿态2：左30°	超调：1	稳定：√	PIO 评分：3	操纵时间：3.46 s
截获姿态3：左45°	超调：1	稳定：√	PIO 评分：3	操纵时间：4.12 s

测试状态　重量: 150 000 lb;重心: 20%;高度: 10 000 ft;速度: 200 kn				
截获姿态 4: 右 20°	超调: 1	稳定: √	PIO 评分: 2	操纵时间: 2.74 s
截获姿态 5: 右 30°	超调: 1	稳定: √	PIO 评分: 2	操纵时间: 3.28 s
截获姿态 6: 右 45°	超调: 1	稳定: √	PIO 评分: 2	操纵时间: 3.95 s
C - H 评分: 2				

测试状态　重量: 150 000 lb;重心: 30%;高度: 10 000 ft;速度: 200 kn				
平飞状态: 0				
截获姿态 1: 左 20°	超调: 1	稳定: √	PIO 评分: 2	操纵时间: 2.75 s
截获姿态 2: 左 30°	超调: 1	稳定: √	PIO 评分: 2	操纵时间: 3.30 s
截获姿态 3: 左 45°	超调: 1	稳定: √	PIO 评分: 2	操纵时间: 4.26 s
截获姿态 4: 右 20°	超调: 1	稳定: √	PIO 评分: 2	操纵时间: 2.82 s
截获姿态 5: 右 30°	超调: 1	稳定: √	PIO 评分: 2	操纵时间: 3.19 s
截获姿态 6: 右 45°	超调: 1	稳定: √	PIO 评分: 2	操纵时间: 4.46 s
C - H 评分: 3				

测试状态　重量: 100 000 lb;重心: 30%;高度: 10 000 ft;速度: 200 kn				
平飞状态: 0				
截获姿态 1: 左 20°	超调: 0	稳定: √	PIO 评分: 2	操纵时间: 2.49 s
截获姿态 2: 左 30°	超调: 0	稳定: √	PIO 评分: 2	操纵时间: 3.09 s
截获姿态 3: 左 45°	超调: 1	稳定: √	PIO 评分: 2	操纵时间: 4.18 s
截获姿态 4: 右 20°	超调: 1	稳定: √	PIO 评分: 2	操纵时间: 2.69 s
截获姿态 5: 右 30°	超调: 0	稳定: √	PIO 评分: 2	操纵时间: 3.38 s
截获姿态 6: 右 45°	超调: 0	稳定: √	PIO 评分: 2	操纵时间: 4.56 s
C - H 评分: 2				

测试状态　重量: 100 000 lb;重心: 20%;高度: 10 000 ft;速度: 200 kn				
平飞状态: 0				
截获姿态 1: 左 20°	超调: 0	稳定: √	PIO 评分: 2	操纵时间: 2.39 s
截获姿态 2: 左 30°	超调: 0	稳定: √	PIO 评分: 2	操纵时间: 3.25 s
截获姿态 3: 左 45°	超调: 0	稳定: √	PIO 评分: 2	操纵时间: 4.72 s
截获姿态 4: 右 20°	超调: 0	稳定: √	PIO 评分: 2	操纵时间: 2.58 s
截获姿态 5: 右 30°	超调: 1	稳定: √	PIO 评分: 2	操纵时间: 3.75 s
截获姿态 6: 右 45°	超调: 1	稳定: √	PIO 评分: 2	操纵时间: 4.65 s
C-H 评分: 2				
测试状态　重量: 100 000 lb;重心: 20%;高度: 10 000 ft;速度: 300 kn				
平飞状态: 0				
截获姿态 1: 左 20°	超调: 0	稳定: √	PIO 评分: 2	操纵时间: 2.62 s
截获姿态 2: 左 30°	超调: 0	稳定: √	PIO 评分: 2	操纵时间: 3.49 s
截获姿态 3: 左 45°	超调: 0	稳定: √	PIO 评分: 2	操纵时间: 3.99 s
截获姿态 4: 右 20°	超调: 0	稳定: √	PIO 评分: 2	操纵时间: 2.35 s
截获姿态 5: 右 30°	超调: 1	稳定: √	PIO 评分: 2	操纵时间: 3.48 s
截获姿态 6: 右 45°	超调: 1	稳定: √	PIO 评分: 2	操纵时间: 4.62 s
C-H 评分: 2				
测试状态　重量: 100 000 lb;重心: 30%;高度: 10 000 ft;速度: 300 kn				
平飞状态: 0				
截获姿态 1: 左 20°	超调: 0	稳定: √	PIO 评分: 3	操纵时间: 2.52 s
截获姿态 2: 左 30°	超调: 1	稳定: √	PIO 评分: 3	操纵时间: 3.52 s
截获姿态 3: 左 45°	超调: 1	稳定: √	PIO 评分: 3	操纵时间: 4.76 s

测试状态　重量: 100 000 lb;重心: 30 %;高度: 10 000 ft;速度: 300 kn				
截获姿态 4:右 20°	超调: 1	稳定: √	PIO 评分: 2	操纵时间: 3.27 s
截获姿态 5:右 30°	超调: 1	稳定: √	PIO 评分: 3	操纵时间: 3.46 s
截获姿态 6:右 45°	超调: 1	稳定: √	PIO 评分: 3	操纵时间: 4.69 s
C - H 评分: 2				

测试状态　重量: 150 000 lb;重心: 30 %;高度: 10 000 ft;速度: 300 kn				
平飞状态: 0				
截获姿态 1:左 20°	超调: 0	稳定: √	PIO 评分: 2	操纵时间: 2.69 s
截获姿态 2:左 30°	超调: 0	稳定: √	PIO 评分: 2	操纵时间: 3.20 s
截获姿态 3:左 45°	超调: 0	稳定: √	PIO 评分: 2	操纵时间: 3.78 s
截获姿态 4:右 20°	超调: 0	稳定: √	PIO 评分: 2	操纵时间: 2.36 s
截获姿态 5:右 30°	超调: 1	稳定: √	PIO 评分: 2	操纵时间: 3.16 s
截获姿态 6:右 45°	超调: 1	稳定: √	PIO 评分: 2	操纵时间: 4.13 s
C - H 评分: 2				

测试状态　重量: 150 000 lb;重心: 20 %;高度: 10 000 ft;速度: 300 kn				
平飞状态: 0				
截获姿态 1:左 20°	超调: 0	稳定: √	PIO 评分: 2	操纵时间: 2.32 s
截获姿态 2:左 30°	超调: 0	稳定: √	PIO 评分: 2	操纵时间: 2.92 s
截获姿态 3:左 45°	超调: 1	稳定: √	PIO 评分: 2	操纵时间: 4.05 s
截获姿态 4:右 20°	超调: 0	稳定: √	PIO 评分: 2	操纵时间: 1.96 s
截获姿态 5:右 30°	超调: 1	稳定: √	PIO 评分: 2	操纵时间: 3.05 s
截获姿态 6:右 45°	超调: 1	稳定: √	PIO 评分: 2	操纵时间: 4.43 s
C - H 评分: 2				

表 9.35　被试 2 滚转姿态截获采集数据

测试状态　重量：150 000 lb；重心：20%；高度：25 000 ft；速度：300 kn				
平飞状态：0				
截获姿态 1：左 20°	超调：1	稳定：√	PIO 评分：2	操纵时间：3.46 s
截获姿态 2：左 30°	超调：1	稳定：√	PIO 评分：2	操纵时间：3.73 s
截获姿态 3：左 45°	超调：0	稳定：√	PIO 评分：2	操纵时间：3.35 s
截获姿态 4：右 20°	超调：1	稳定：√	PIO 评分：2	操纵时间：2.23 s
截获姿态 5：右 30°	超调：0	稳定：√	PIO 评分：2	操纵时间：2.48 s
截获姿态 6：右 45°	超调：1	稳定：√	PIO 评分：2	操纵时间：3.90 s
C－H 评分：2				
测试状态　重量：150 000 lb；重心：30%；高度：25 000 ft；速度：300 kn				
平飞状态：0				
截获姿态 1：左 20°	超调：0	稳定：√	PIO 评分：2	操纵时间：2.32 s
截获姿态 2：左 30°	超调：1	稳定：√	PIO 评分：2	操纵时间：2.83 s
截获姿态 3：左 45°	超调：1	稳定：√	PIO 评分：3	操纵时间：3.98 s
截获姿态 4：右 20°	超调：0	稳定：√	PIO 评分：2	操纵时间：2.19 s
截获姿态 5：右 30°	超调：0	稳定：√	PIO 评分：2	操纵时间：2.55 s
截获姿态 6：右 45°	超调：0	稳定：√	PIO 评分：3	操纵时间：3.43 s
C－H 评分：2				
测试状态　重量：100 000 lb；重心：30%；高度：25 000 ft；速度：300 kn				
平飞状态：0				
截获姿态 1：左 20°	超调：1	稳定：√	PIO 评分：3	操纵时间：2.85 s
截获姿态 2：左 30°	超调：0	稳定：√	PIO 评分：3	操纵时间：2.80 s
截获姿态 3：左 45°	超调：1	稳定：√	PIO 评分：3	操纵时间：3.98 s

续　表

测试状态　重量:100 000 lb;重心:30%;高度:25 000 ft;速度:300 kn				
截获姿态 4:右 20°	超调:1	稳定:√	PIO 评分:3	操纵时间:3.30 s
截获姿态 5:右 30°	超调:1	稳定:√	PIO 评分:3	操纵时间:2.93 s
截获姿态 6:右 45°	超调:1	稳定:√	PIO 评分:3	操纵时间:3.20 s
C－H 评分:3				

测试状态　重量:100 000 lb;重心:20%;高度:25 000 ft;速度:300 kn				
平飞状态:0				
截获姿态 1:左 20°	超调:0	稳定:√	PIO 评分:2	操纵时间:2.69 s
截获姿态 2:左 30°	超调:1	稳定:√	PIO 评分:3	操纵时间:3.83 s
截获姿态 3:左 45°	超调:0	稳定:√	PIO 评分:3	操纵时间:3.75 s
截获姿态 4:右 20°	超调:1	稳定:√	PIO 评分:2	操纵时间:3.82 s
截获姿态 5:右 30°	超调:0	稳定:√	PIO 评分:2	操纵时间:2.60 s
截获姿态 6:右 45°	超调:0	稳定:√	PIO 评分:3	操纵时间:2.90 s
C－H 评分:3				

测试状态　重量:100 000 lb;重心:20%;高度:25 000 ft;速度:200 kn				
平飞状态:0				
截获姿态 1:左 20°	超调:0	稳定:√	PIO 评分:2	操纵时间:2.86 s
截获姿态 2:左 30°	超调:1	稳定:√	PIO 评分:3	操纵时间:3.85 s
截获姿态 3:左 45°	超调:0	稳定:√	PIO 评分:2	操纵时间:3.41 s
截获姿态 4:右 20°	超调:1	稳定:√	PIO 评分:3	操纵时间:2.89 s
截获姿态 5:右 30°	超调:1	稳定:√	PIO 评分:2	操纵时间:3.06 s
截获姿态 6:右 45°	超调:0	稳定:√	PIO 评分:2	操纵时间:3.52 s
C－H 评分:2				

测试状态　重量：100 000 lb；重心：30%；高度：25 000 ft；速度：200 kn				
平飞状态：0				
截获姿态 1：左 20°	超调：1	稳定：√	PIO 评分：3	操纵时间：3.19 s
截获姿态 2：左 30°	超调：1	稳定：√	PIO 评分：2	操纵时间：3.26 s
截获姿态 3：左 45°	超调：0	稳定：√	PIO 评分：2	操纵时间：3.51 s
截获姿态 4：右 20°	超调：0	稳定：√	PIO 评分：3	操纵时间：2.56 s
截获姿态 5：右 30°	超调：1	稳定：√	PIO 评分：3	操纵时间：4.46 s
截获姿态 6：右 45°	超调：0	稳定：√	PIO 评分：3	操纵时间：4.23 s
C－H 评分：3				
测试状态　重量：150 000 lb；重心：30%；高度：25 000 ft；速度：200 kn				
平飞状态：0				
截获姿态 1：左 20°	超调：1	稳定：√	PIO 评分：3	操纵时间：2.86 s
截获姿态 2：左 30°	超调：0	稳定：√	PIO 评分：3	操纵时间：2.92 s
截获姿态 3：左 45°	超调：1	稳定：√	PIO 评分：3	操纵时间：3.29 s
截获姿态 4：右 20°	超调：0	稳定：√	PIO 评分：2	操纵时间：2.38 s
截获姿态 5：右 30°	超调：1	稳定：√	PIO 评分：3	操纵时间：4.13 s
截获姿态 6：右 45°	超调：0	稳定：√	PIO 评分：3	操纵时间：3.53 s
C－H 评分：2				
测试状态　重量：150 000 lb；重心：20%；高度：25 000 ft；速度：200 kn				
平飞状态：0				
截获姿态 1：左 20°	超调：1	稳定：√	PIO 评分：3	操纵时间：3.82 s
截获姿态 2：左 30°	超调：1	稳定：√	PIO 评分：3	操纵时间：3.22 s
截获姿态 3：左 45°	超调：0	稳定：√	PIO 评分：2	操纵时间：3.16 s

测试状态　重量:150 000 lb;重心:20%;高度:25 000 ft;速度:200 kn				
截获姿态 4:右 20°	超调:0	稳定:√	PIO 评分:3	操纵时间:3.03 s
截获姿态 5:右 30°	超调:1	稳定:√	PIO 评分:3	操纵时间:3.75 s
截获姿态 6:右 45°	超调:0	稳定:√	PIO 评分:3	操纵时间:3.99 s
C-H 评分:3				

测试状态　重量:150 000 lb;重心:20%;高度:10 000 ft;速度:200 kn				
平飞状态:0				
截获姿态 1:左 20°	超调:0	稳定:√	PIO 评分:3	操纵时间:2.61 s
截获姿态 2:左 30°	超调:0	稳定:√	PIO 评分:3	操纵时间:3.42 s
截获姿态 3:左 45°	超调:0	稳定:√	PIO 评分:3	操纵时间:3.92 s
截获姿态 4:右 20°	超调:0	稳定:√	PIO 评分:3	操纵时间:2.70 s
截获姿态 5:右 30°	超调:0	稳定:√	PIO 评分:2	操纵时间:3.70 s
截获姿态 6:右 45°	超调:1	稳定:√	PIO 评分:2	操纵时间:4.90 s
C-H 评分:2				

测试状态　重量:150 000 lb;重心:30%;高度:10 000 ft;速度:200 kn				
平飞状态:0				
截获姿态 1:左 20°	超调:1	稳定:√	PIO 评分:2	操纵时间:2.83 s
截获姿态 2:左 30°	超调:1	稳定:√	PIO 评分:3	操纵时间:3.20 s
截获姿态 3:左 45°	超调:1	稳定:√	PIO 评分:3	操纵时间:3.90 s
截获姿态 4:右 20°	超调:1	稳定:√	PIO 评分:2	操纵时间:3.10 s
截获姿态 5:右 30°	超调:0	稳定:√	PIO 评分:2	操纵时间:3.45 s
截获姿态 6:右 45°	超调:1	稳定:√	PIO 评分:2	操纵时间:4.91 s
C-H 评分:2				

测试状态　重量：100 000 lb；重心：30%；高度：10 000 ft；速度：200 kn				
平飞状态：0				
截获姿态 1：左 20°	超调：1	稳定：√	PIO 评分：2	操纵时间：2.82 s
截获姿态 2：左 30°	超调：0	稳定：√	PIO 评分：2	操纵时间：3.46 s
截获姿态 3：左 45°	超调：0	稳定：√	PIO 评分：3	操纵时间：4.60 s
截获姿态 4：右 20°	超调：0	稳定：√	PIO 评分：3	操纵时间：2.52 s
截获姿态 5：右 30°	超调：0	稳定：√	PIO 评分：2	操纵时间：3.28 s
截获姿态 6：右 45°	超调：0	稳定：√	PIO 评分：2	操纵时间：3.99 s
C－H 评分：3				
测试状态　重量：100 000 lb；重心：20%；高度：10 000 ft；速度：200 kn				
平飞状态：0				
截获姿态 1：左 20°	超调：0	稳定：√	PIO 评分：2	操纵时间：2.38 s
截获姿态 2：左 30°	超调：1	稳定：√	PIO 评分：3	操纵时间：3.59 s
截获姿态 3：左 45°	超调：1	稳定：√	PIO 评分：2	操纵时间：4.58 s
截获姿态 4：右 20°	超调：1	稳定：√	PIO 评分：3	操纵时间：3.15 s
截获姿态 5：右 30°	超调：0	稳定：√	PIO 评分：2	操纵时间：3.05 s
截获姿态 6：右 45°	超调：1	稳定：√	PIO 评分：3	操纵时间：3.69 s
C－H 评分：2				
测试状态　重量：100 000 lb；重心：20%；高度：10 000 ft；速度：300 kn				
平飞状态：0				
截获姿态 1：左 20°	超调：1	稳定：√	PIO 评分：2	操纵时间：2.99 s
截获姿态 2：左 30°	超调：1	稳定：√	PIO 评分：3	操纵时间：3.27 s
截获姿态 3：左 45°	超调：1	稳定：√	PIO 评分：2	操纵时间：4.80 s

测试状态　重量:100 000 lb;重心:20%;高度:10 000 ft;速度:300 kn				
截获姿态 4:右 20°	超调:0	稳定:√	PIO 评分:2	操纵时间:3.20 s
截获姿态 5:右 30°	超调:0	稳定:√	PIO 评分:3	操纵时间:3.72 s
截获姿态 6:右 45°	超调:1	稳定:√	PIO 评分:2	操纵时间:4.78 s
C-H 评分:2				

测试状态　重量:100 000 lb;重心:30%;高度:10 000 ft;速度:300 kn				
平飞状态:0				
截获姿态 1:左 20°	超调:1	稳定:√	PIO 评分:2	操纵时间:2.62 s
截获姿态 2:左 30°	超调:0	稳定:√	PIO 评分:3	操纵时间:2.89 s
截获姿态 3:左 45°	超调:1	稳定:√	PIO 评分:2	操纵时间:4.79 s
截获姿态 4:右 20°	超调:1	稳定:√	PIO 评分:3	操纵时间:2.78 s
截获姿态 5:右 30°	超调:0	稳定:√	PIO 评分:2	操纵时间:3.60 s
截获姿态 6:右 45°	超调:0	稳定:√	PIO 评分:2	操纵时间:4.42 s
C-H 评分:2				

测试状态　重量:150 000 lb;重心:30%;高度:10 000 ft;速度:300 kn				
平飞状态:0				
截获姿态 1:左 20°	超调:0	稳定:√	PIO 评分:2	操纵时间:2.20 s
截获姿态 2:左 30°	超调:0	稳定:√	PIO 评分:3	操纵时间:2.86 s
截获姿态 3:左 45°	超调:1	稳定:√	PIO 评分:3	操纵时间:4.75 s
截获姿态 4:右 20°	超调:1	稳定:√	PIO 评分:3	操纵时间:2.82 s
截获姿态 5:右 30°	超调:1	稳定:√	PIO 评分:3	操纵时间:2.93 s
截获姿态 6:右 45°	超调:1	稳定:√	PIO 评分:2	操纵时间:4.86 s
C-H 评分:2				

续　表

测试状态　重量：150 000 lb；重心：20%；高度：10 000 ft；速度：300 kn				
平飞状态：0				
截获姿态1：左20°	超调：1	稳定：√	PIO 评分：2	操纵时间：2.31 s
截获姿态2：左30°	超调：1	稳定：√	PIO 评分：3	操纵时间：3.42 s
截获姿态3：左45°	超调：0	稳定：√	PIO 评分：2	操纵时间：4.93 s
截获姿态4：右20°	超调：1	稳定：√	PIO 评分：2	操纵时间：2.89 s
截获姿态5：右30°	超调：1	稳定：√	PIO 评分：3	操纵时间：3.49 s
截获姿态6：右45°	超调：1	稳定：√	PIO 评分：2	操纵时间：5.00 s
C－H 评分：2				

表 9.36　被试 3 滚转姿态截获采集数据

测试状态　重量：150 000 lb；重心：30%；高度：25 000 ft；速度：300 kn				
平飞状态：0				
截获姿态1：左20°	超调：0	稳定：√	PIO 评分：2	操纵时间：2.49 s
截获姿态2：左30°	超调：1	稳定：√	PIO 评分：2	操纵时间：3.05 s
截获姿态3：左45°	超调：0	稳定：√	PIO 评分：2	操纵时间：3.70 s
截获姿态4：右20°	超调：1	稳定：√	PIO 评分：2	操纵时间：2.61 s
截获姿态5：右30°	超调：1	稳定：√	PIO 评分：2	操纵时间：3.31 s
截获姿态6：右45°	超调：1	稳定：√	PIO 评分：2	操纵时间：3.83 s
C－H 评分：2				
测试状态　重量：150 000 lb；重心：30%；高度：25 000 ft；速度：200 kn				
平飞状态：0				
截获姿态1：左20°	超调：1	稳定：√	PIO 评分：2	操纵时间：2.60 s
截获姿态2：左30°	超调：1	稳定：√	PIO 评分：2	操纵时间：3.21 s

测试状态　重量：150 000 lb；重心：30%；高度：25 000 ft；速度：200 kn				
截获姿态 3：左 45°	超调：1	稳定：√	PIO 评分：2	操纵时间：3.83 s
截获姿态 4：右 20°	超调：0	稳定：√	PIO 评分：2	操纵时间：2.62 s
截获姿态 5：右 30°	超调：1	稳定：√	PIO 评分：2	操纵时间：3.46 s
截获姿态 6：右 45°	超调：1	稳定：√	PIO 评分：2	操纵时间：3.87 s
C－H 评分：3				

测试状态　重量：150 000 lb；重心：30%；高度：10 000 ft；速度：300 kn				
平飞状态：0				
截获姿态 1：左 20°	超调：0	稳定：√	PIO 评分：2	操纵时间：2.30 s
截获姿态 2：左 30°	超调：0	稳定：√	PIO 评分：2	操纵时间：2.99 s
截获姿态 3：左 45°	超调：1	稳定：√	PIO 评分：2	操纵时间：3.55 s
截获姿态 4：右 20°	超调：1	稳定：√	PIO 评分：2	操纵时间：2.59 s
截获姿态 5：右 30°	超调：1	稳定：√	PIO 评分：2	操纵时间：3.22 s
截获姿态 6：右 45°	超调：1	稳定：√	PIO 评分：2	操纵时间：3.69 s
C－H 评分：2				

测试状态　重量：150 000 lb；重心：20%；高度：25 000 ft；速度：300 kn				
平飞状态：0				
截获姿态 1：左 20°	超调：1	稳定：√	PIO 评分：2	操纵时间：2.46 s
截获姿态 2：左 30°	超调：1	稳定：√	PIO 评分：2	操纵时间：2.97 s
截获姿态 3：左 45°	超调：1	稳定：√	PIO 评分：2	操纵时间：3.53 s
截获姿态 4：右 20°	超调：1	稳定：√	PIO 评分：2	操纵时间：2.65 s
截获姿态 5：右 30°	超调：1	稳定：√	PIO 评分：2	操纵时间：3.25 s
截获姿态 6：右 45°	超调：1	稳定：√	PIO 评分：2	操纵时间：3.89 s
C－H 评分：2				

测试状态 重量：100 000 lb；重心：30%；高度：25 000 ft；速度：300 kn				
平飞状态：0				
截获姿态1：左20°	超调：1	稳定：√	PIO评分：2	操纵时间：2.45 s
截获姿态2：左30°	超调：1	稳定：√	PIO评分：2	操纵时间：2.96 s
截获姿态3：左45°	超调：1	稳定：√	PIO评分：3	操纵时间：3.16 s
截获姿态4：右20°	超调：1	稳定：√	PIO评分：2	操纵时间：2.45 s
截获姿态5：右30°	超调：1	稳定：√	PIO评分：2	操纵时间：3.29 s
截获姿态6：右45°	超调：1	稳定：√	PIO评分：2	操纵时间：3.75 s
C－H评分：2				

表 9.37 被试 4 滚转姿态截获采集数据

测试状态 重量：150 000 lb；重心：30%；高度：25 000 ft；速度：300 kn				
平飞状态：0				
截获姿态1：左20°	超调：0	稳定：√	PIO评分：2	操纵时间：2.69 s
截获姿态2：左30°	超调：1	稳定：√	PIO评分：2	操纵时间：3.14 s
截获姿态3：左45°	超调：0	稳定：√	PIO评分：2	操纵时间：3.87 s
截获姿态4：右20°	超调：1	稳定：√	PIO评分：2	操纵时间：2.71 s
截获姿态5：右30°	超调：1	稳定：√	PIO评分：2	操纵时间：3.21 s
截获姿态6：右45°	超调：1	稳定：√	PIO评分：2	操纵时间：3.93 s
C－H评分：2				
测试状态 重量：150 000 lb；重心：30%；高度：25 000 ft；速度：200 kn				
平飞状态：0				
截获姿态1：左20°	超调：1	稳定：√	PIO评分：2	操纵时间：2.90 s
截获姿态2：左30°	超调：1	稳定：√	PIO评分：2	操纵时间：3.31 s

测试状态　重量: 150 000 lb;重心: 30%;高度: 25 000 ft;速度: 200 kn				
截获姿态 3: 左 45°	超调: 1	稳定: √	PIO 评分: 2	操纵时间: 3.93 s
截获姿态 4: 右 20°	超调: 0	稳定: √	PIO 评分: 2	操纵时间: 2.92 s
截获姿态 5: 右 30°	超调: 1	稳定: √	PIO 评分: 2	操纵时间: 3.48 s
截获姿态 6: 右 45°	超调: 1	稳定: √	PIO 评分: 2	操纵时间: 3.99 s
C-H 评分: 3				
测试状态　重量: 150 000 lb;重心: 30%;高度: 10 000 ft;速度: 300 kn				
平飞状态: 0				
截获姿态 1: 左 20°	超调: 0	稳定: √	PIO 评分: 2	操纵时间: 2.41 s
截获姿态 2: 左 30°	超调: 0	稳定: √	PIO 评分: 2	操纵时间: 2.83 s
截获姿态 3: 左 45°	超调: 1	稳定: √	PIO 评分: 2	操纵时间: 3.35 s
截获姿态 4: 右 20°	超调: 1	稳定: √	PIO 评分: 2	操纵时间: 2.44 s
截获姿态 5: 右 30°	超调: 1	稳定: √	PIO 评分: 2	操纵时间: 3.08 s
截获姿态 6: 右 45°	超调: 1	稳定: √	PIO 评分: 2	操纵时间: 3.49 s
C-H 评分: 2				
测试状态　重量: 150 000 lb;重心: 20%;高度: 25 000 ft;速度: 300 kn				
平飞状态: 0				
截获姿态 1: 左 20°	超调: 1	稳定: √	PIO 评分: 2	操纵时间: 2.61 s
截获姿态 2: 左 30°	超调: 1	稳定: √	PIO 评分: 2	操纵时间: 3.04 s
截获姿态 3: 左 45°	超调: 1	稳定: √	PIO 评分: 2	操纵时间: 3.71 s
截获姿态 4: 右 20°	超调: 1	稳定: √	PIO 评分: 2	操纵时间: 2.66 s
截获姿态 5: 右 30°	超调: 1	稳定: √	PIO 评分: 2	操纵时间: 3.09 s
截获姿态 6: 右 45°	超调: 1	稳定: √	PIO 评分: 2	操纵时间: 3.88 s
C-H 评分: 3				

测试状态　重量: 100 000 lb;重心: 30%;高度: 25 000 ft;速度: 300 kn				
平飞状态: 0				
截获姿态 1: 左 20°	超调: 1	稳定: √	PIO 评分: 2	操纵时间: 2.38 s
截获姿态 2: 左 30°	超调: 1	稳定: √	PIO 评分: 2	操纵时间: 2.91 s
截获姿态 3: 左 45°	超调: 1	稳定: √	PIO 评分: 3	操纵时间: 3.78 s
截获姿态 4: 右 20°	超调: 1	稳定: √	PIO 评分: 2	操纵时间: 2.55 s
截获姿态 5: 右 30°	超调: 1	稳定: √	PIO 评分: 2	操纵时间: 3.10 s
截获姿态 6: 右 45°	超调: 1	稳定: √	PIO 评分: 2	操纵时间: 3.46 s
C－H 评分: 2				

综合被试 1~被试 4 试验数据,得到了一致性分析结果,即在同一试验状态下,姿态截获的角度越大,飞行员的操纵难度越大,具体表现为: 超调次数增加的可能性提高;大多数情况下操纵时间会变长;C－H 量表评分和 PIO 量表评分的分值就会越高,操纵品质就会相对较差。

a. 重量参数变化对操纵品质的影响

在其他试验状态相同的情况下,飞机重量越小,操纵品质主观评估越好。

b. 重心参数变化对操纵品质的影响

飞机的重心参数基本不影响滚转姿态截获的操控。

c. 飞行高度参数变化对操纵品质的影响

在其他试验状态相同的情况下,飞行高度越高,俯仰截获的操纵难度会加大,操纵品质越差,具体表现为姿态截获的时间会变长、超调量会在一定程度上增加,C－H 量表评分和 PIO 评分会升高。

d. 飞行速度参数变化对操纵品质的影响

在其他试验状态相同的情况下,飞行速度越快,姿态截获的时间越短,操纵品质主观评估结果越好。

2) 滚转姿态截获生理数据分析

飞行员的生理数据包括心电参数、呼吸率参数和脉搏参数(整个试验过程中脉搏参数与心率参数一致,说明飞行员无极端应激反应,因此可以选用心率参数作为主要分析参数),选用飞行员在试验之前平静状态下的生理参数作为基准,分析各试验状态下的生理参数状况。被试平静状态下的基准生理状态参数如表

9.26 所示,被试飞行员各个试验状态生理参数统计分别如表 9.38~ 表 9.41 所示。

表 9.38　被试 1 各试验状态生理参数统计表

序号	试 验 状 态	心率/BPM	呼吸率/BPM	脉搏/BPM
1	大重量-前重心-高高度-高速度	85.231	17.764	85.689
2	大重量-后重心-高高度-高速度	85.282	19.109	85.600
3	小重量-后重心-高高度-高速度	82.685	18.829	82.146
4	小重量-前重心-高高度-高速度	81.052	17.814	81.357
5	大重量-前重心-高高度-低速度	86.104	18.365	86.481
6	大重量-后重心-高高度-低速度	87.769	18.043	87.033
7	小重量-后重心-高高度-低速度	83.559	17.234	83.442
8	小重量-前重心-高高度-低速度	83.812	17.593	83.215
9	大重量-前重心-低高度-高速度	83.436	18.615	83.343
10	大重量-后重心-低高度-高速度	82.069	18.211	82.993
11	小重量-后重心-低高度-高速度	80.865	18.063	80.240
12	小重量-前重心-低高度-高速度	80.271	18.335	80.546
13	大重量-前重心-低高度-低速度	84.831	17.397	84.721
14	大重量-后重心-低高度-低速度	84.135	18.329	84.800
15	小重量-后重心-低高度-低速度	82.622	17.224 3	82.192
16	小重量-前重心-低高度-低速度	83.930	18.273	83.572

表 9.39　被试 2 各试验状态生理参数统计表

序号	试 验 状 态	心率/BPM	呼吸率/BPM	脉搏/BPM
1	大重量-前重心-高高度-高速度	95.474	13.930	95.610
2	大重量-后重心-高高度-高速度	95.930	12.904	95.734

序号	试　验　状　态	心率/BPM	呼吸率/BPM	脉搏/BPM
3	小重量-后重心-高高度-高速度	91.961	12.482	91.053
4	小重量-前重心-高高度-高速度	90.418	13.333	90.430
5	大重量-前重心-高高度-低速度	98.954	13.254	98.299
6	大重量-后重心-高高度-低速度	99.137	14.758	99.524
7	小重量-后重心-高高度-低速度	95.930	14.978	95.129
8	小重量-前重心-高高度-低速度	94.747	13.713	94.939
9	大重量-前重心-低高度-高速度	92.104	13.582	92.809
10	大重量-后重心-低高度-高速度	93.130	12.007	93.177
11	小重量-后重心-低高度-高速度	89.627	13.282	89.505
12	小重量-前重心-低高度-高速度	89.611	14.135	89.668
13	大重量-前重心-低高度-低速度	95.501	12.616	95.134
14	大重量-后重心-低高度-低速度	93.960	13.822	93.114
15	小重量-后重心-低高度-低速度	92.860	13.572	92.508
16	小重量-前重心-低高度-低速度	93.614	12.208	93.286

表 9.40　被试 3 各试验状态生理参数统计表

序号	试　验　状　态	心率/BPM	呼吸率/BPM	脉搏/BPM
1	大重量-后重心-高高度-高速度	85.096	19.821	85.495
2	大重量-后重心-高高度-低速度	88.146	19.476	88.965
3	大重量-后重心-低高度-高速度	84.123	19.283	84.186
4	大重量-前重心-高高度-高速度	85.356	19.556	85.271
5	小重量-后重心-高高度-高速度	83.267	18.968	83.349

表 9.41　被试 4 各试验状态生理参数统计表

序号	试 验 状 态	心率/BPM	呼吸率/BPM	脉搏/BPM
1	大重量-后重心-高高度-高速度	80.375	18.161	80.142
2	大重量-后重心-高高度-低速度	84.583	17.142	84.429
3	大重量-后重心-低高度-高速度	79.427	17.456	79.240
4	大重量-前重心-高高度-高速度	79.629	18.727	79.557
5	小重量-后重心-高高度-高速度	78.218	17.310	78.712

被试 1~被试 4 的生理状态参数与试验状态的变化呈现出高度一致性的趋势,总结如表 9.42 所示。

表 9.42　滚转姿态截获生理参数分析

试验状态变化		心　率	呼 吸 率	脉　搏
飞机重量	升高	增加	基本不变	增加
	降低	减少	基本不变	减少
飞机重心	靠前	基本不变	基本不变	基本不变
	靠后	基本不变	基本不变	基本不变
飞行高度	升高	增加	基本不变	增加
	降低	减少	基本不变	减少
飞行速度	升高	减少	基本不变	减少
	降低	增加	基本不变	增加

3）操纵品质的定性评估和定量评估结果相关性分析

操纵品质定性评估结果和定量评估结果对应关系如表 9.43 所示,相关性如表 9.44 所示,定性评估结果与心率(脉搏)参数定量评估结果有显著相关性,具体表现为操纵品质越差,心率(脉搏)较平静状态升高幅度越大。同时可以看出,呼吸率参数不适合成为操纵品质评估的参数。

表9.43 操纵品质定性评估结果和定量评估结果对应关系

状态参数变化	定 性 评 估	定量评估-心率	呼吸率-定量评估	脉搏-定量评估
重量升高	主观评分高,操纵品质变差	心率值较平静状态升高	较平静状态升高,无一致变化趋势	脉搏值较平静状态升高
重心调整	差别不大	差别不大	差别不大	差别不大
高度升高	主观评分高,操纵品质变差	心率值较平静状态升高	较平静状态升高,无一致变化趋势	脉搏值较平静状态升高
速度升高	主观评分低,操纵品质变好	心率值较平静状态降低	较平静状态升高,无一致变化趋势	脉搏值较平静状态升高

表9.44 操纵品质定性评估结果和定量评估结果相关性

定性评估结果	心率-定量评估	呼吸率-定量评估	脉搏-定量评估
操纵品质较好	较平静状态小幅度升高	较平静状态升高,无一致变化趋势	较平静状态小幅度升高
操纵品质较差	较平静状态大幅度身高	较平静状态升高,无一致变化趋势	较平静状态大幅度身高

3. 纠偏着陆试验

1）纠偏着陆试验主观评估及操纵时间分析

纠偏着陆数据分别如表9.45~表9.48所示。

表9.45 被试1纠偏着陆采集数据

测试状态 重量: 150 000 lb;重心: 30%;高度: 500 ft;速度: 170 kn	
初始偏离情况: 对准滑行道	
C－H评分: 3　　　　PIO评分: 3	
NASA－TLX评分: 1.20　2.10　3.20　4.30　5.60　6.40	
飞机接地点区域	距跑中部,中心线偏右较多

测试状态　重量:150 000 lb;重心:20%;高度:500 ft;速度:170 kn	
初始偏离情况:对准滑行道	
C-H 评分:3　　　PIO 评分:3	
NASA-TLX 评分:1.40　2.30　3.20　4.60　5.50　6.10	
飞机接地点区域	距跑道中部,中心线偏左

测试状态　重量:100 000 lb;重心:20%;高度:500 ft;速度:170 kn	
初始偏离情况:对准滑行道	
C-H 评分:2　　　PIO 评分:3	
NASA-TLX 评分:1.20　2.20　3.20　4.20　5.70　6.30	
飞机接地点区域	跑道中部,中心线附近

测试状态　重量:100 000 lb;重心:30%;高度:500 ft;速度:170 kn	
初始偏离情况:对准滑行道	
C-H 评分:3　　　PIO 评分:3	
NASA-TLX 评分:1.40　2.30　3.30　4.40　5.70　6.30	
飞机接地点区域	跑道中部,中心线偏右

表 9.46　被试 2 纠偏着陆采集数据

测试状态　重量:150 000 lb;重心:30%;高度:500 ft;速度:170 kn	
初始偏离情况:对准滑行道	
C-H 评分:3　　　PIO 评分:2	
NASA-TLX 评分:1.30　2.60　3.70　4.70　5.50　6.10	
飞机接地点区域	跑道 2/3 处,中心线偏右

测试状态 重量: 150 000 lb;重心: 20%;高度: 500 ft;速度: 170 kn	
初始偏离情况：对准滑行道	
C-H 评分: 3　　　 PIO 评分: 2	
NASA-TLX 评分: 1.30　2.60　3.70　4.70　5.40　5.70	
飞机接地点区域	跑道中部附近偏右
测试状态 重量: 100 000 lb;重心: 20%;高度: 500 ft;速度: 170 kn	
初始偏离情况：对准滑行道	
C-H 评分: 2　　　 PIO 评分: 2	
NASA-TLX 评分: 1.20　2.40　3.30　4.60　5.70　5.10	
飞机接地点区域	跑道中部
测试状态 重量: 100 000 lb;重心: 30%;高度: 500 ft;速度: 170 kn	
初始偏离情况：对准滑行道	
C-H 评分: 2　　　 PIO 评分: 2	
NASA-TLX 评分: 1.30　2.60　3.30　4.60　5.70　6.10	
飞机接地点区域	跑道中部,中心线偏右

表 9.47　被试 3 纠偏着陆采集数据

测试状态 重量: 150 000 lb;重心: 30%;高度: 500 ft;速度: 170 kn	
初始偏离情况：对准滑行道	
C-H 评分: 3　　　 PIO 评分: 2	
NASA-TLX 评分: 1.20　2.40　3.50　4.00　5.10　5.90	
飞机接地点区域	跑道 1/3 处,中心线偏右

测试状态　重量：150 000 lb；重心：20%；高度：500 ft；速度：170 kn	
初始偏离情况：对准滑行道	
C－H 评分：3　　　PIO 评分：2	
NASA－TLX 评分：1.00　2.30　3.50　4.00　4.80　5.70	
飞机接地点区域	跑道中部附近偏右
测试状态　重量：100 000 lb；重心：30%；高度：500 ft；速度：170 kn	
初始偏离情况：对准滑行道	
C－H 评分：2　　　PIO 评分：2	
NASA－TLX 评分：1.20　2.30　3.30　4.00　5.00　5.10	
飞机接地点区域	跑道中部

表 9.48　被试 4 纠偏着陆采集数据

测试状态　重量：150 000 lb；重心：30%；高度：500 ft；速度：170 kn	
初始偏离情况：对准滑行道	
C－H 评分：3　　　PIO 评分：2	
NASA－TLX 评分：1.50　2.70　3.80　4.20　4.70　4.80	
飞机接地点区域	跑道中部附近，中心线偏右
测试状态　重量：150 000 lb；重心：20%；高度：500 ft；速度：170 kn	
初始偏离情况：对准滑行道	
C－H 评分：3　　　PIO 评分：2	
NASA－TLX 评分：1.30　2.50　3.30　4.10　4.80　4.40	
飞机接地点区域	跑道中部附近

续　表

测试状态　重量:100 000 lb;重心:30%;高度:500 ft;速度:170 kn	
初始偏离情况:对准滑行道	
C-H 评分:2　　　　PIO 评分:2	
NASA-TLX 评分:1.30　2.40　3.50　4.00　4.60　4.60	
飞机接地点区域	跑道中部附近

综合被试 1~被试 4 试验数据,得到了一致性分析结果,如下。

a. 重量参数变化对操纵品质的影响

在其他试验状态相同的情况下,重量参数大,操纵的难度大,C-H 量表评分和 PIO 评分升高,工作负荷升高(NASA-TLX 量表数据升高),飞机接地区域越偏离最佳区域。

b. 重心参数变化对操纵品质的影响

在其他试验状态相同的情况下,后重心时飞机较难操控,C-H 量表评分和 PIO 评分升高,工作负荷升高(NASA-TLX 量表数据升高),飞机接地区域越偏离最佳区域。

2) 偏着陆试验生理数据分析

选用飞行员在试验之前平静状态下的生理参数作为基准,分析各试验状态下的生理参数状况。被试平静状态下的基准生理状态参数如表 9.26 所示,被试飞行员各个试验状态生理参数统计分别如表 9.49~表 9.52 所示。

表 9.49　被试 1 各试验状态生理参数统计表

序号	试　验　状　态	心率/BPM	呼吸率/BPM	脉搏/BPM
1	大重量-后重心-500 ft-170 kn	89.477	19.106	89.004
2	大重量-前重心-500 ft-170 kn	86.205	20.145	86.526
3	小重量-后重心-500 ft-170 kn	87.274	19.426	87.560
4	小重量-前重心-500 ft-170 kn	84.330	19.341	84.827

被试 1、被试 2、被试 3 和被试 4 的生理状态参数与试验状态的变化呈现出高度一致性的趋势,总结如表 9.53 所示。

表 9.50　被试 2 各试验状态生理参数统计表

序号	试 验 状 态	心率/BPM	呼吸率/BPM	脉搏/BPM
1	大重量-后重心-500 ft-170 kn	93.174	14.194	93.101
2	大重量-前重心-500 ft-170 kn	90.605	13.821	90.888
3	小重量-后重心-500 ft-170 kn	89.784	14.077	89.287
4	小重量-前重心-500 ft-170 kn	89.540	14.374	89.674

表 9.51　被试 3 各试验状态生理参数统计表

序号	试 验 状 态	心率/BPM	呼吸率/BPM	脉搏/BPM
1	大重量-后重心-500 ft-170 kn	85.736	19.133	85.642
2	大重量-前重心-500 ft-170 kn	81.781	19.489	81.041
3	小重量-后重心-500 ft-170 kn	82.132	20.240	82.471

表 9.52　被试 4 各试验状态生理参数统计表

序号	试 验 状 态	心率/BPM	呼吸率/BPM	脉搏/BPM
1	大重量-后重心-500 ft-170 kn	82.735	18.702	82.938
2	大重量-前重心-500 ft-170 kn	81.179	17.222	81.205
3	小重量-后重心-500 ft-170 kn	80.579	18.886	80.465

表 9.53　纠偏着陆生理参数分析

试验状态变化		心 率 值	呼吸率值	脉 搏 值
飞机重量	升高	增加	基本不变	增加
	降低	减少	基本不变	减少
飞机重心	靠前	减少	基本不变	减少
	靠后	增加	基本不变	增加

3）操纵品质的定性评估和定量评估结果相关性分析

操纵品质定性评估结果和定量评估结果对应关系如表 9.54 所示,相关性如表 9.55 所示,定性评估结果与心率(脉搏)参数定量评估结果有显著相关性,具体表现为操纵品质越差,心率(脉搏)较平静状态升高幅度越大。同时可以看出,呼吸率参数不适合成为操纵品质评估的参数。

表 9.54　操纵品质定性评估结果和定量评估结果对应关系

状态参数变化	定 性 评 估	定量评估-心率	呼吸率-定量评估	脉搏-定量评估
重量升高	主观评分高,操纵品质变差	心率值较平静状态升高	较平静状态升高,无一致变化趋势	脉搏值较平静状态升高
重心靠前	主观评分低,操纵品质变好	主观评分低,操纵品质变好	主观评分低,操纵品质变好	脉搏值较平静状态升高

表 9.55　操纵品质定性评估结果和定量评估结果相关性

定性评估结果	心率-定量评估	呼吸率-定量评估	脉搏-定量评估
操纵品质较好	较平静状态小幅度升高	较平静状态升高,无一致变化趋势	较平静状态小幅度升高
操纵品质较差	较平静状态大幅度身高	较平静状态升高,无一致变化趋势	较平静状态大幅度身高

第 **10** 章

操纵品质评估的飞行试验(MOC6)方法

10.1　引言

在运输类飞机操纵品质的飞行试验(MOC6)评估方面,已有研究集中在抗偏离特性、飞行员诱发震荡等操纵性能上[81],针对电传飞控系统的适航符合性,部分研究已给出了如 CCAR 25.672 条款的总体验证思路[82],但针对运输类飞机试飞验证的需求尚未给出系统性解决方法。本章针对操纵品质评估的飞行试验(MOC6)方法,对某型运输类飞机的 HQRM 试验案例进行分析,给出相应的试验条件、试验程序和试验结果评价方法,为运输类飞机操纵品质的适航符合性验证提供思路与方法。本章分析的试验案例包括如下几种。

1. 飞行控制律功能评估试验

减速板自动收回

2. 飞行控制律模式转换评估试验

配平飞行期间的过渡响应

3. 中等湍流场景评估试验

1)纵向控制

2)横向控制

3)急转弯

4)稳定航向侧滑

4. 飞行控制系统故障场景评估试验

1)交替模式

2)一侧副翼浮动

3)舵浮

4)舵卡住(关闭偏航阻尼器且无踏板输入)

5)无法移动减速板(飞行员输入杆卡住)

6）一侧（L/R）液压系统丢失

7）两侧液压系统都丢失

8）一侧发动机和两侧液压系统丢失

9）安定翼卡住

10）模拟备份模式

10.2 飞行控制律功能评估试验

以某型电传公务机"减速板自动收回"（ATA 27‑110）的控制律功能验证和"配平飞行期间的过渡响应"（ATA 27‑141）的模式转换验证为例，给出控制律适航符合性试飞验证的验证程序与验证结果。

减速板自动收回功能在任一节流阀操纵杆超过90%（注：最大 TRA * 为38°；90%TRA 大约为34°）时收回减速板。此试验程序用于检验这个自动收回功能。

规章：25.671（a），25.1309（a）。

1. 试验程序

（1）显著试验条件下配平飞机机翼水平面；

（2）正常模式下配置控制律；

（3）伸出减速板；

（4）将节流阀缓慢增加到最大值，CAS 信息应指示"减速板自动收回"；

（5）注意减速板自动收回时的动作；

（6）将节流阀推进水平飞行设置，注意减速板保持收回；

（7）将减速板手柄推回到完全缩回位置；

（8）伸出减速板；

（9）注意任何不良特性。

2. 成功标准

当减速板手柄超过5%或节流阀手柄超过90%时，应收起并锁住减速板。如果检测到减速板已在正确的状况下收回，则认为此试验是成功的。减速板收回后，飞机应回到正常操作。

3. 试验结果

试验条件及试验结果总结在表10.1中。

控制律功能验证——"减速板自动收回"的部分试验条件为：在飞行高度为10 000 ft 的测量点，飞机起落架为收起状态（RET），襟翼角度为20°，重量为71 900 lb，修正表速为180 kn，处于后重心（AFT）位置。

---

* TRA 为油门解算器角度（throttle resolver angle）。

表 10.1　减速器自动收回(ATA 27‑110)试验条件和结果

时间点	航班	起落架	襟翼	重量/lb	重心	高度/ft	校正空速/kn	备　注
1	150	RET	20	71900	AFT	10 000	180	TRA 到达 34°时,减速器面板收起

10.3　飞行控制律模式转换评估试验

为了表明从配平、机动动作和自动驾驶飞行等正常模式转换到备用模式之间的过渡都符合要求,进行正常模式到备用模式间的模式转换试验,验证对于规章25.671(c)的符合性。

1. 试验程序

进行模式转换验证——"配平飞行期间的过渡响应"的试验程序包括:

(1) 在特定条件下配平飞机机翼水平;

(2) 从正常操作模式(正常模式/起飞模式/着陆模式)转换到备用模式,CAS信息应显示"FCC 备用模式";

(3) 识别出失效后稳定 1 s;

(4) 返回到飞机机翼水平状态;

(5) 转换到正常操作模式(正常模式/起飞模式/着陆模式)。

2. 成功标准

判断模式转换验证——"配平飞行期间的过渡响应"试验成功的标准包括:

(1) CAS 信息应显示"FCC 备用模式";

(2) 应符合持续安全飞行和着陆瞬态判据。

3. 试验结果

模式转换验证——"配平飞行期间的过渡响应"的部分试验条件及试验结果如表 10.2 所示。

表 10.2　"配平飞行期间的过渡响应"符合性验证的部分试验条件及试验结果

测量点	起落架状态	襟翼角度/(°)	重量/lb	重心	推力	高度/ft	速度/kn	备　注
1	RET	20	68 500	AFT	MTO	5 000	122	1.13VSR+5 kn
2	RET	0	69 300	AFT	MTO	10 000	250	未出现不安全的响应
3	RET	0	69 200	AFT	MTO	10 000	250	执行 A/P

续　表

测量点	起落架状态	襟翼角度/(°)	重量/lb	重心	推力	高度/ft	速度/kn	备　注
4	RET	0	64 100	AFT	TFLF	25 000	340	未出现不安全的响应
5	RET	0	62 300	AFT	TFLF	45 000	530	未出现不安全的响应
6	RET	0	69 500	AFT	TFLF	10 000	158	未出现不安全的响应
7	EXT	20	68 400	AFT	TFLF	5 000	220	未出现不安全的响应
8	EXT	39	68 900	AFT	A/R	5 000	122	未出现不安全的响应

注：RET. 起落架收起；EXT. 起落架放下；AFT. 后重心；MTO. 最大起飞；TFLF. 转换飞行高度层飞行；A/R. 进场着陆；VSR. 基准失速速度。

根据试飞后的评述，通过面板开关启动备用模式后，CAS 信息正常显示"FCC 备用模式"（FCC alternate mode）。

飞机在飞行期间没有出现不安全的瞬态响应，即未超出 AC/AMJ 25.671 说明的以下任何条件[83]：

（1）主要结构上任何部位的载荷足以造成灾难性的结构失效；

（2）飞行路径控制的灾难性损失；

（3）超出最大演示速度 VDF/MDF；

（4）灾难性颤振或振动；

（5）滚转角超过 90°。

可认为飞行控制在正常模式和备用模式间的转换成功，未出现不良特性。

10.4　中等湍流场景评估试验

在前向（FWD）重心和后向（AFT）重心条件下，评估中等湍流中的正常模式操纵品质。根据规定的标准评估机动动作，飞行员根据 HQRM 评估方法评估操纵品质，HQRM 评估方法要求足够或更好。

由于在特定飞行条件下难以找到适当的湍流，可选择不同的飞行高度，以在发现适当条件的情况下执行试验。

针对预测的阵风和湍流条件，AFT 重心试验是在低空（1 000～2 000 ft AGL）进行的，V_{MO} 条件限于 250 kn，以符合空域限制。飞行员和副驾驶都进行了机动动作，并给出了 HQRM 等级评估。在较高速度的飞行条件下，湍流水平为中等，以连续中等湍流为特征，频繁的中等斩波（"颠簸"）——定性标准为中度湍流足够显著，能导致不安全的物体脱落，难以在客舱内行走。在较慢的空速下，湍流不会对飞机造成显著的干扰,并被分类为持续的轻度湍流,偶尔有轻度至中度的湍流。

FWD 重心试验在略高于 MLW(最大着陆重量)频带下进行,以便在不超过 MLW 的情况下进行着陆。由两名飞行员在备用飞行情况下进行评估。除了 V_{MO} 条件之外,所有试验都是在低空下、连续的中度湍流中进行。V_{MO} 的试验在 RTB 到 KSAV 的低空下进行,出现连续的轻度至中度湍流。

除了在目标湍流条件下的专门操作之外,试验中遇到了与专用试验中所述相似的各种水平的湍流——湍流扰动对操纵品质没有不利影响,不会达到不可接受的水平。

如以下部分所详述,所有操作都完成了 SAT HQRM 评级。

【试验科目示例】

中等湍流下的纵向机动(ATA 27 - 133)

规章:Issue Paper F - 5

1)试验程序

(1)在特定试验条件下配平飞机水平飞行。湍流应在中等水平;

(2)仅使用纵向操纵推到 1.3g,机动动作持续时间不应超过 5 s;

(3)返回配平水平飞行;

(4)仅使用纵向操纵拉到 0.8g,机动动作持续时间不应超过 5 s;

(5)返回配平水平飞行;

(6)飞行员应给出 HQRM 评估等级。

2)成功标准

飞行员 HQRM 评价应为"足够"或更好。

3)试验结果

试验条件和试验结果总结在表 10.3 中,所有试验条件下的操纵品质都为"满意的"。

表 10.3　中等湍流下的纵向机动(ATA 27 - 133)的试验结果

TP	航班	表格	PIO 等级	起落架	襟翼	重量/lb	重心	动力	高度/ft	速度/kn
1	275	6A	S	RET	0	68 000	AFT	TFLF	3 300	160
2	271	T5A	S.S	RET	0	87 600	FWD	TFLF	500~1 000	160
3	275	7A	S	RET	10	68 400	AFT	TFLF	3 500	125
4	271	T6A	S.S	RET	10	87 400	FWD	TFLF	500~1 000	150

TP	航班	表格	PIO 等级	起落架	襟翼	重量/lb	重心	动力	高度/ft	速度/kn
5	275	8A	S	RET	20	68 200	AFT	TFLF	3 500	121
6	271	T7A	S.S	RET	20	87 100	FWD	TFLF	500~1 000	148
7	275	9A	S	EXT	39	68 000	AFT	TFLF	3 500	123

10.5　飞行控制系统故障场景评估试验

在确定典型飞控系统功能的基础上,结合事故案例分析、基于原则确定和既往型号工作参考等结果,确定其功能失效模式,这三个途径确定的失效模式并不完全独立,而是有重叠的部分并互相验证;同时三个方面识别出来的特殊失效模式,则保证了功能失效模式识别的准确性。

1. 飞行姿态横向控制功能

飞行姿态横向控制功能主要的二级功能包括:滚转控制功能、滚转配平功能、横向人感功能、横向位置指示与告警功能、滚转限制保护功能。功能失效模式分析主要针对各项二级功能开展。

1) 滚转控制功能

在典型飞控系统中,该功能可识别出 9 项相关功能失效模式,分别如下:

(1) 两侧副翼滚转控制功能丧失:两侧副翼全部无法控制;

(2) 单侧副翼滚转控制功能丧失:单侧副翼无法控制;

(3) 两侧副翼操纵面急偏:两侧副翼全部产生突然的、难以控制的横滚力矩;

(4) 单侧副翼操纵面急偏:单侧副翼产生突然的、难以控制的横滚力矩;

(5) 两侧副翼同时振荡:两侧副翼在短时间内产生剧烈的超过限制的往复运动;

(6) 单侧副翼振荡超过限制:单侧副翼在短时间内产生剧烈的超过限制的往复运动;

(7) 两侧副翼非指令性偏转:两侧副翼在飞行员未发出指令或飞控系统未发出正确指令时产生偏转;

(8) 单侧副翼非指令性偏转:单侧副翼在飞行员未发出指令或飞控系统未发出正确指令时产生偏转;

(9) 副翼无法偏转到预期的角度:两侧或单侧副翼未能达到指令要求的偏转角度。

2）滚转配平功能

在典型飞控系统中，该功能可识别出 4 项相关功能失效模式，分别如下：

（1）丧失副翼配平功能：飞控系统无法完成副翼配平工作；

（2）非指令改变横向配平状态：飞控系统未发出正确指令时横向配平状态改变；

（3）无法达到期望的横向配平状态：飞控系统对副翼的配平无法达到预定要求；

（4）横向配平超过限制：飞控系统对副翼的配平超过限制。

3）横向人感功能

在典型飞控系统中，该功能可识别出 2 项相关功能失效模式，分别如下：

（1）单侧侧杆横向人感功能失效：单侧驾驶员无法感知横向操纵力；

（2）双侧侧杆横向人感功能失效：两侧驾驶员均无法感知横向操纵力。

4）横向位置指示与告警功能

在典型飞控系统中，该功能可识别出 5 项相关功能失效模式，分别如下：

（1）横向配平位置指示丧失：无法指示横向配平位置；

（2）横向配平位置指示错误：错误指示横向配平位置；

（3）起飞阶段横向配平构型告警功能丧失：无法对起飞阶段横向配平错误产生告警；

（4）起飞时产生虚假的横向配平构型告警：对起飞阶段横向配平情况产生错误告警；

（5）起飞时横向配平位置指示错误同时丧失构型告警：无法指示横向配平位置同时无法对起飞阶段横向配平错误产生告警。

5）滚转限制保护功能

在典型飞控系统中，该功能可识别出 2 项相关功能失效模式，分别如下：

（1）丧失倾斜角边界保护功能：无法对滚转姿态进行限制；

（2）副翼偏航权限限制功能丧失：无法对副翼偏转角度进行限制。

2. 飞行姿态纵向控制功能

飞行姿态纵向控制功能主要的二级功能包括：俯仰控制功能、俯仰配平功能、纵向人感功能、纵向位置指示与告警功能、俯仰限制保护功能。功能失效模式分析主要针对各项二级功能开展。

1）俯仰控制功能

在典型飞控系统中，该功能可识别出 10 项相关功能失效模式，分别如下：

（1）两侧升降舵俯仰控制能力丧失：两侧升降舵全部无法控制；

（2）单侧升降舵俯仰控制能力丧失：单侧升降舵无法控制；

（3）俯仰控制不对称：两侧升降舵控制角度不一致；

（4）两侧升降舵急偏：两侧升降舵全部产生突然的、难以控制的俯仰力矩；

（5）单侧升降舵急偏：单侧升降舵产生突然的、难以控制的俯仰力矩；

（6）两侧升降舵同时振荡：两侧升降舵在短时间内产生剧烈的超过限制的往复运动；

（7）单侧升降舵振荡超过限制：单侧升降舵在短时间内产生剧烈的超过限制的往复运动；

（8）两侧升降舵非指令偏转：两侧升降舵在飞行员未发出指令或飞控系统未发出正确指令时产生偏转；

（9）单侧升降舵非指令偏转：单侧升降舵在飞行员未发出指令或飞控系统未发出正确指令时产生偏转；

（10）升降舵无法达偏转到预期的角度：两侧或单侧升降舵未能达到指令要求的偏转角度。

2）俯仰配平功能

在典型飞控系统中，该功能可识别出 4 项相关功能失效模式，分别如下：

（1）丧失俯仰配平功能：飞控系统无法完成升降舵配平工作；

（2）非指令改变俯仰配平状态：飞控系统未发出正确指令时俯仰配平状态改变；

（3）无法达到期望的俯仰配平状态：飞控系统对升降舵的配平无法达到预定要求；

（4）俯仰配平超过限制：飞控系统对升降舵的配平超过限制。

3）纵向人感功能

在典型飞控系统中，该功能可识别出 2 项相关功能失效模式，分别如下：

（1）丧失双侧侧杆纵向人感功能：两侧驾驶员均无法感知纵向操纵力；

（2）丧失单侧侧杆纵向人感功能：单侧驾驶员无法感知纵向操纵力。

4）纵向位置指示与告警功能

在典型飞控系统中，该功能可识别出 7 项相关功能失效模式，分别如下：

（1）纵向配平位置指示丧失：无法指示纵向配平位置；

（2）纵向配平位置指示错误：错误指示纵向配平位置；

（3）起飞阶段纵向配平构型告警功能丧失：无法对起飞阶段纵向配平错误产生告警；

（4）起飞时产生虚假的纵向配平构型告警：对起飞阶段纵向配平情况产生错误告警；

（5）起飞时纵向配平位置指示错误同时丧失构型告警：无法指示纵向配平位置同时无法对起飞阶段纵向配平错误产生告警；

（6）失速告警丧失：在飞机失速时无法产生告警；

（7）失速告警虚警：在飞机未失速时产生错误告警。

5) 俯仰限制保护功能

在典型飞控系统中,该功能可识别出 3 项相关功能失效模式,分别如下:

(1) 丧失俯仰边界保护功能:无法对俯仰姿态进行限制;

(2) 丧失法向过载保护功能:无法对上升或者下降率进行限制;

(3) 丧失升降舵俯仰权限限制功能:无法对升降舵偏转角度进行限制。

3. 飞行姿态航向控制功能

飞行姿态航向控制功能主要的二级功能包括:偏航控制功能、偏航配平功能、航向人感功能、航向位置指示与告警功能、偏航限制保护功能。功能失效模式分析主要针对各项二级功能开展。

1) 偏航控制功能

在典型飞控系统中,该功能可识别出 9 项相关功能失效模式,分别如下:

(1) 全部方向舵偏航控制功能丧失:两侧方向舵全部无法控制;

(2) 单侧方向舵偏航控制功能丧失:单侧方向舵无法控制;

(3) 全部方向舵急偏:两侧方向舵全部产生突然的、难以控制的偏航力矩;

(4) 单侧方向舵急偏:单侧方向舵产生突然的、难以控制的偏航力矩;

(5) 全部方向舵振荡偏转:两侧方向舵在短时间内产生剧烈的超过限制的往复运动;

(6) 单侧方向舵振荡偏转:单侧方向舵在短时间内产生剧烈的超过限制的往复运动;

(7) 全部方向舵非指令偏转:两侧方向舵在飞行员未发出指令或飞控系统未发出正确指令时产生偏转;

(8) 单侧方向舵非指令偏转:单侧方向舵在飞行员未发出指令或飞控系统未发出正确指令时产生偏转;

(9) 方向舵无法偏转到预期的角度:两侧或单侧方向舵未能达到指令要求的偏转角度。

2) 偏航配平功能

在典型飞控系统中,该功能可识别出 4 项相关功能失效模式,分别如下:

(1) 偏航配平功能丧失:飞控系统无法完成方向舵配平工作;

(2) 非指令改变偏航配平状态:飞控系统未发出正确指令时偏航配平状态改变;

(3) 无法达到期望的偏航配平状态:飞控系统对方向舵的配平无法达到预定要求;

(4) 偏航配平超过期望:飞控系统对方向舵的配平超过限制。

3) 航向人感功能

在典型飞控系统中,该功能可识别出 2 项相关功能失效模式,分别如下:

(1) 双侧脚蹬人感功能丧失:两侧驾驶员均无法感知航向操纵力;

（2）单侧脚蹬人感功能丧失：单侧驾驶员无法感知航向操纵力。

4）航向位置指示与告警功能

在典型飞控系统中，该功能可识别出5项相关功能失效模式，分别如下：

（1）航向配平位置指示功能丧失：无法指示航向配平位置；

（2）航向配平位置指示功能错误：错误指示航向配平位置；

（3）起飞阶段航向配平构型告警功能丧失：无法对起飞阶段航向配平错误产生告警；

（4）起飞时产生虚假的航向配平构型告警：起飞阶段航向配平情况产生错误告警；

（5）起飞时航向配平位置指示错误同时构型告警功能丧失：无法指示航向配平位置同时无法对起飞阶段航向配平错误产生告警。

5）偏航限制保护功能

在典型飞控系统中，该功能可识别出1项相关功能失效模式，即：

方向舵偏航权限限制功能丧失：无法对方向舵偏转角度进行限制。

4．增升装置控制功能

增升装置控制功能主要的二级功能包括：襟翼放下与收回功能、襟翼位置指示功能、起飞襟翼构型告警功能、副翼辅助襟翼增升功能。功能失效模式分析主要针对各项二级功能开展。

1）襟翼放下与收回功能

在典型飞控系统中，该功能可识别出12项相关功能失效模式，分别如下：

（1）起飞时不能放下襟翼且无通告：起飞阶段飞机无法放下襟翼且飞行员不知情；

（2）起飞时不能放下襟翼但有通告：起飞阶段飞机无法放下襟翼且有提示；

（3）降落时不能放下襟翼且无通告：降落阶段飞机无法放下襟翼且飞行员不知情；

（4）降落时不能放下襟翼但有通告：降落阶段飞机无法放下襟翼且有提示；

（5）起飞后襟翼无法收回且无通告：起飞后需要收起襟翼时无法收起襟翼且飞行员不知情；

（6）起飞后襟翼无法收回但有通告：起飞后需要收起襟翼时无法收起襟翼且有提示；

（7）空中左、右襟翼不对称收放超过限制：飞机在空中左右襟翼不对称收放且角度超过限制；

（8）起飞时左、右襟翼不对称收放超过限制：飞机在起飞阶段左右襟翼不对称收放且角度超过限制；

（9）左右襟翼在结构限制内不对称收放：飞机在各阶段左右襟翼不对称收放且角度未超过限制；

（10）非指令收放襟翼：飞机在飞行员未发出指令或飞控系统未发出正确指令时收放襟翼；

（11）襟翼的单个操纵面倾斜超出规定值：襟翼的单个操纵面的放出角度超过规定值；

（12）襟翼的单个操纵面在结构限制内偏斜：襟翼的单个操纵面偏斜但未超过结构限制。

2）襟翼位置指示功能

在典型飞控系统中,该功能可识别出 2 项相关功能失效模式,分别如下：

（1）襟翼位置状态指示丧失：无法指示襟翼位置；

（2）襟翼位置状态指示错误：错误指示襟翼位置。

3）起飞襟翼构型告警功能

在典型飞控系统中,该功能可识别出 4 项相关功能失效模式,分别如下：

（1）襟翼不对称收放告警功能丧失：无法对襟翼不对称收放错误产生告警；

（2）产生虚假的襟翼不对称收放告警功能：对襟翼不对称收放产生错误告警；

（3）起飞阶段襟翼构型告警功能丧失：无法对起飞阶段襟翼构型错误产生告警；

（4）起飞阶段产生虚假的襟翼构型告警：对起飞阶段襟翼构型产生错误告警。

4）副翼辅助襟翼增升功能

在典型飞控系统中,该功能可识别出 1 项相关功能失效模式,即：

副翼辅助襟翼增升时无法收放：在需要副翼辅助襟翼增升时副翼无法进入应有角度。

5. 扰流板控制功能

扰流板控制功能主要的二级功能包括：扰流板开启与关闭功能、扰流板状态指示功能等。功能失效模式分析主要针对各项二级功能开展。

1）扰流板开启与关闭功能

在典型飞控系统中,该功能可识别出 7 项相关功能失效模式,分别如下：

（1）降落时两侧扰流板不能开启：降落阶段飞机无法开启两侧扰流板；

（2）降落时单侧扰流板不能开启：降落阶段飞机无法开启单侧扰流板；

（3）扰流板在空中非指令地开启：空中飞行时飞机在飞行员未发出指令或飞控系统未发出正确指令时开启扰流板；

（4）扰流板在起飞阶段非指令的开启：起飞阶段飞机在飞行员未发出指令或飞控系统未发出正确指令时开启扰流板；

（5）扰流板开启后不能关闭：扰流板开启后无法关闭；

（6）扰流板开启角度不足：扰流板开启角度与指令要求相比较小；

（7）扰流板开启角度过大：扰流板开启角度与指令要求相比较大。

2）扰流板状态指示及告警功能

在典型飞控系统中，该功能可识别出 4 项相关功能失效模式，分别如下：

（1）扰流板状态指示丧失：无法指示扰流板状态；

（2）扰流板状态指示错误：错误指示扰流板状态；

（3）扰流板超速开启告警功能丧失：无法对扰流板超速开启产生告警；

（4）产生虚假的扰流板超速开启告警：对扰流板超速开启产生错误告警。

6. 自动驾驶功能

自动驾驶功能主要的二级功能包括：自动驾驶功能接通与断开功能、姿态保持功能、航向保持功能、航向选择功能、侧滑限制功能、高度保持功能、速度保持功能、自动导航功能、自动进场功能、自动着陆功能等。功能失效模式分析主要针对各项二级功能开展。

1）自动驾驶功能接通与断开功能

在典型飞控系统中，该功能可识别出 6 项相关功能失效模式，分别如下：

（1）自动驾驶功能无法接通且有通告：自动驾驶仪无法接通且有提示；

（2）自动驾驶功能无法接通且无通告：自动驾驶仪无法接通且飞行员不知情；

（3）自动驾驶功能非指令断开且有通告：自动驾驶仪在飞行员未发出指令或飞控系统未发出正确指令时断开且有提示；

（4）自动驾驶功能非指令断开且无通告：自动驾驶仪在飞行员未发出指令或飞控系统未发出正确指令时断开且飞行员不知情；

（5）自动驾驶功能无法断开且有通告：自动驾驶仪无法断开且有提示；

（6）自动驾驶功能无法断开且无通告：自动驾驶仪无法断开且飞行员不知情。

2）姿态保持功能

在典型飞控系统中，该功能可识别出 2 项相关功能失效模式，分别如下：

（1）姿态保持功能丧失且有通告：姿态保持功能失效且有提示；

（2）姿态保持功能丧失且无通告：姿态保持功能失效且飞行员不知情。

3）航向保持功能

在典型飞控系统中，该功能可识别出 2 项相关功能失效模式，分别如下：

（1）航向保持功能丧失且有通告：航向保持功能失效且有提示；

（2）航向保持功能丧失且无通告：航向保持功能失效且飞行员不知情。

4）航向选择功能

在典型飞控系统中，该功能可识别出 2 项相关功能失效模式，分别如下：

（1）航向选择功能丧失且有通告：航向选择功能失效且有提示；

（2）航向选择功能丧失且无通告：航向选择功能失效且飞行员不知情。

5）侧滑限制功能

在典型飞控系统中,该功能可识别出 2 项相关功能失效模式,分别如下:

（1）侧滑限制功能丧失且有通告:侧滑限制功能失效且有提示;

（2）侧滑限制功能丧失且无通告:侧滑限制功能失效且飞行员不知情。

6）高度保持功能

在典型飞控系统中,该功能可识别出 2 项相关功能失效模式,分别如下:

（1）高度保持功能丧失且有通告:高度保持功能失效且有提示;

（2）高度保持功能丧失且无通告:高度保持功能失效且飞行员不知情。

7）速度保持功能

在典型飞控系统中,该功能可识别出 2 项相关功能失效模式,分别如下:

（1）速度保持功能丧失且有通告:速度保持功能失效且有提示;

（2）速度保持功能丧失且无通告:速度保持功能失效且飞行员不知情。

8）自动导航功能

在典型飞控系统中,该功能可识别出 2 项相关功能失效模式,分别如下:

（1）自动导航功能丧失且有通告:自动导航功能失效且有提示;

（2）自动导航功能丧失且无通告:自动导航功能失效且飞行员不知情。

9）自动进场功能

在典型飞控系统中,该功能可识别出 2 项相关功能失效模式,分别如下:

（1）自动进场功能丧失且有通告:自动进场功能失效且有提示;

（2）自动进场功能丧失且无通告:自动进场功能失效且飞行员不知情。

10）自动着陆功能

在典型飞控系统中,该功能可识别出 2 项相关功能失效模式,分别如下:

（1）自动着陆功能丧失且有通告:自动着陆功能失效且有提示;

（2）自动着陆功能丧失且无通告:自动着陆功能失效且飞行员不知情。

10.6　试飞大纲和试飞报告的编写方法

10.6.1　试飞大纲模板

试飞大纲包括介绍、适用规章、构型、试验改装、试验程序、风险评估、引用文件和附录等内容,以下为试飞大纲模板。

1. 介绍

【介绍文档的目的、范围】

本文件定义了在新机型的飞行操纵系统(flight control system, FCS)中所需的飞行试验。新机型的 FCS 是由飞行控制计算机(FCC)组成的一种电传操纵

(FBW)系统,FCC 获取信号输入并向驱动子系统发送位置命令。驱动系统包含遥控电子组件(REUs)、马达电子控制(MCEs)和作动器。赋存于 FCCs 的控制律(CLAWs)提供典型飞行和操纵品质,并将在飞行品质试验计划中获得认证,此试验计划定义了 25 部附录 B 要求的试验。此试验计划定义了展现 FCS 适当功能性和通知性的必要的试验,以及展示关于失效模式和退化条件下充分的可操作性和可控制性的试验。

1) 缩写

【文中主要缩写的解释】

2. 适用规章

【列举本大纲中的适用规章以及相应的评估要求和准则】

新机型将依据证明计划指定的证明基础进行认证。相关规章为 14CFR PART 25 以及相关修正案、EASA CS – 25 部以及相关修正案。飞行试验程序根据 AC 25 – 7D 和 JAR – 25 飞行试验指南研制。

以下 FAR 章节适用于现行试验计划:

– 25.143(a),(b)

– 25.671(a),(c),modified by Issue Paper S – 17 (Flight Control System Failure Criteria)

– 25.672(a),(b),(c)

– 25.697(c),(d)

– 25.1585(a)

– 25.1309(a),(c),modified by Issue paper S – 09 (Equipment, Systems, and Installation Requirements: Use of ARAC Recommendations)

以下 Issue Paper 也可作为评估新机型飞行操纵系统的参考:

– Issue Paper F – 4 (High Incidence Protection System)

– Issue Paper A – 7 (Automatic Speed protection for Design Dive Speed)

– Issue Paper F – 11 (EFCS: Alternate, Direct, and Backup Mode Testing)

– Issue Paper F – 12 (Pilot-Induced Oscillations)

– Issue Paper F – 5 (Electronic Flight Control System: Flight Characteristics Compliance via Handling Qualities Rating Method)

1) 控制功能失效后的操纵和机动能力评估

【介绍操纵能力和机动能力评估的机动】

Issue Paper F – 5,提出了 AC 25 – 7D 中摘要的使用操纵品质等级评估(HQRM),以评估电传飞行操纵系统失效和大气退化的影响。

在一次飞行控制失效后,以下大振幅机动将进行操纵品质评估:

(1) 对称上拉到 $1.3g$ 和推到 $0.8g$;

（2）失速告警(仅备用模式)；

（3）减速转弯；

（4）推拉配平速度(速度变化)；

（5）倾斜转弯；

（6）快速的反向倾斜；

（7）突然转首；

（8）稳定航向侧滑车轮停止或踏板停止。

a. 操纵品质等级评估方法(HQRM)

【介绍 HQRM 方法的流程和判定准则】

2）控制故障后继续安全飞行的演示

【介绍演示控制故障后继续安全飞行的机动动作】

在 Issue Paper S–17 和 FCHWG ARAC Report AC/AMJ 25.671 的基础上,以下试验程序将演示飞机在飞行控制失效后持续安全飞行和着陆的能力：

（1）瞬态响应；

（2）稳定地向左或向右 30°转弯；

（3）快速反向滚转；

（4）对称上拉到 1.3g 和推到 0.8g；

（5）10 kn 横向侧风时着陆。

为了满意的结果,这些试验程序应在无需特殊驾驶技巧或力量的情况下完成。为了瞬时动作,控制力不应大于 25.143(c)条所述的临时双手控制力的 1.5 倍。如 2.1 节所述,应注明临界转弯、快速反向滚转和对称推/拉也用于评估 HQRM。

a. 瞬态响应标准

【继续安全飞行的瞬态响应通过标准】

发生控制失效时,持续安全飞行和着陆不超过下列任何条件：

（1）主要结构的任何部件承受的载荷足够产生灾难性结构失效。在此试验计划中的试验程序,选用下列量化标准来减轻风险：

（a）负载系数为 0.4~1.6(延伸襟翼)；

（b）负载系数为 0.25~1.75(缩回襟翼)；

（2）灾难性飞行路线控制丢失；

（3）空速超过 VF/VDF/MDF(襟翼延伸时允许临时超过 VF)；

（4）灾难性震颤或振动；

（5）临界角超过 90°。

3. 构型

1）系统描述

【介绍飞机飞控系统、控制律等相关系统设计特征】

2）试验机构型

【介绍试验机的试验构型,含改装设备】

新机型是一种高海拔、远程执行运输飞机,它有一个低后掠翼和翼梢小翼、T型尾翼,以及两个涡轮风扇发动机安装在机身的短舱内。起落架是一个常见的可伸缩的前三点式起落架,包含悬臂式前起落架和纵向推力杆式主起落架。新机型配有福勒式襟翼、液压作动控制表面和电控反向推力器。

如前所述,新机型配备三轴电传操纵飞行操纵系统,控制律包括正常模式、备用模式、直接模式和备份模式。控制律功能评估在正常模式下进行。飞行操纵系统失效场景,包括简化工作状态,将使用 Issue Paper S-17 和 Issue Paper F-5 的 HQRM 来评估。

有关设备如下:

（1）机头空速管大气数据系统;

（2）飞机质量和镇流器调整设备/重量;

（3）驾驶舱控制面板失速/尾旋改出伞;

（4）飞行试验接口系统,包括驾驶舱内安装的飞行试验接口盒和飞行试验站安装的自动试验输入控制设备。

4. 试验改装

【介绍飞机的试验改装设备】

飞机配有飞行试验交互分析和显示系统(interactive analysis and display system, IADS)。IADS 的主要是由 IADS 服务器、IADS 客户端和集成数据采集组件(centralized data acquisition unit, CDAU)组成的。

独立飞行试验传感器监控系统行为并记录选择的飞行操纵系统 ARINC 429 总线通信。

Thales 提供的飞行/系统试验接口(FTI/STI)计算机也作为仪表组件的一部分安装,允许此计算机访问内部 FCC 参数以供监视、记录和修改。

此试验记录的完整参数见附录 B。

5. 试验程序

【摘要进行控制律和操纵品质相关试验的程序】

本章摘要试验程序,附件 C 总结了试验点,试验条件在飞行包线和重量/重心图的基础上研制。

试验程序如下。

控制律功能性和可操作性:

（1）减速器自动收回;

（2）升降舵卸载;

（3）$L-\beta$ 增强;

（4）高速保护功能;

（5）高迎角保护功能/α 限制。

飞行员诱发的振荡(PIO)趋势分析：

（1）俯仰姿态捕获；

（2）坡度角捕获；

（3）航向捕获；

（4）偏移着陆。

中等湍流下的操纵品质：

（1）纵向操纵；

（2）横向操纵；

（3）倾斜转弯；

（4）稳定航向侧滑。

飞行操纵系统失效场景：

（1）备用模式；

（2）单副翼漂浮；

（3）方向舵漂浮；

（4）方向舵卡阻(由偏航阻尼器关闭和无踏板输入造成)；

（5）无法移动减速板(飞行员输入杆卡阻)；

（6）单液压系统失效(L/R)；

（7）两侧液压系统都失效；

（8）单引擎和两侧液压系统都失效；

（9）水平安定面卡阻；

（10）模拟备份模式。

飞行操纵失效场景将通过轻度到中度的湍流进行评估,因为在严重的湍流中试验有明显风险。由于评估主要是定性的,操作品质等级将至少由 3 名试验飞行员评估。在定义的试验程序和试验条件中,如果飞机不能证明适当的操纵品质,则将以不同的高度和/或速度重复操作,以确定故障场景的适当包线。

飞行操纵系统无法在飞行中产生以下卡阻故障：

（1）副翼卡阻；

（2）扰流板卡阻；

（3）升降舵卡阻。

由于垂直尾部结构上的高负载,带有升降舵浮动的飞行示范被认为是高风险,升降舵浮动时的飞行特性将在地面仿真设施中得到体现。

模拟人感系统的失效需要去除弹簧,仅在地面设施中展现这项试验。飞行中的控制输入卡阻可通过将控制器保持在预定位置进行模拟。通过用轴卡阻飞行控制输入设备,可以在地面设施中更好地展示该试验。因此,控制输入卡阻评估将在地面设施中进行。

在 AC 25-7D 的基础上,以下延迟时间适用于飞行操纵故障情景演示:

(1) 在自动导频故障的导频识别,以及爬升、巡航和下降阶段的导频纠正措施之间的测量时间增量中,增加了 3 s 的延迟;

(2) 在"实际操作"机动飞行期间,在飞行员识别飞行控制故障和飞行员校正动作之间的测量时间增量中,增加了 1 s 的延迟;

(3) 故障的识别是通过飞机的动作或可靠的故障预警系统完成。

1. 控制律功能验证

【示例】

1) 减速板自动收回(ATA 27-110)

减速板自动收回功能在任一节流阀操纵杆超过 90% 时收回减速板。此试验程序用于检验这个自动收回功能。

规章: 25.671(a), 25.1309(a)。

a. 试验程序

(1) 显著试验条件下配平飞机机翼水平面;

(2) 正常模式下配置控制律;

(3) 伸出减速板;

(4) 将节流阀缓慢增加到最大值,CAS 信息应指示"减速板自动收回";

(5) 注意减速板自动收回时的动作;

(6) 将节流阀推进水平飞行设置;注意减速板保持收回;

(7) 将减速板手柄推回到完全缩回位置;

(8) 伸出减速板;

(9) 注意任何不良特性。

b. 试验分析方法

将在试验期间中收集飞机和飞行操纵系统数据,并将数据用于分析响应,以便以后调查研究。

c. 成功标准

当减速板手柄超过 5% 或节流阀手柄超过 90% 时,应收起并锁住减速板。如果检测到减速板已在正确的状况下收回,则认为此试验是成功的。减速板收回后,飞机应回到正常操作。

2. 正常模式下飞行员诱发振荡(PIO)趋势评估

本节评估飞行员诱发振荡(PIO)趋势。Issue Paper F-12 要求新机型避免产生 PIO,将评估以下违反规定标准的机动飞行动作,并由飞行员根据 PIO 等级评估量表给出评估等级。

1) 俯仰姿态捕获(ATA 27-105)

规章：25.143(a)，25.143(b)，Issue Paper F－12。

a. 试验程序

(1) 在标注的试验状况下配平飞机水平飞行；

(2) 通过纵向操纵获得高于初始平衡俯仰角 5±3°的俯仰角；

(3) 在俯仰角±1°内保持追踪目标 10 s；

(4) 通过纵向操纵获得低于初始平衡俯仰角 5±3°的俯仰角；

(5) 在俯仰角±1°内保持追踪目标 10 s；

(6) 返回水平飞行；

(7) 把俯仰角改成高于初始平衡俯仰角 10°±3°和低于配平俯仰角 10°±3°，重复步骤(2)~(6)；

(8) 把俯仰角改成高于初始平衡俯仰角 15°±3°和低于配平俯仰角 15°±3°，重复步骤(2)~(6)。

注：低空速下，步骤 7 和 8 可能无法完成。如果激活了高风险保护功能(high incidence protection function，HIPF)，中止机动动作。在机动动作时，未进行飞行操纵的飞行员可以增加或移除动力至飞行条件最小误差，避免出现极端攻角。

b. 试验分析方法

在这些机动动作时收集时间变化数据，以便分析和与期望结果进行对比。

记录飞行员对 PIO 趋势的评价。

c. 成功标准

如果飞机未产生不可接受的、降低操纵品质的 PIO 或 PIO 趋势，则认为此试验是成功的。将使用以下成功标准评估 PIO 等级超过 3 级的场景。

飞行员 HQRM 评估应满足以下要求：

(1) 轻度湍流下足够或更好；

(2) 中等湍流和重度湍流下足够或更好。

3. 中等湍流下正常模式操纵品质

本节评估中等湍流下的飞机正常模式操纵品质。评估以下违反规定标准的机动动作，并由飞行员通过 HQRM 等级评估方法给出评定等级。需要适当或更好的 HQRM 等级评估方法。

由于在特殊飞行条件下寻找中等湍流十分困难，可以调整机动动作的高度，直到找到适合的状态才会开始试验。

1) 中等湍流下的纵向机动(ATA 27－133)

规章：Issue Paper F－5。

a. 试验程序

(1) 在特定试验条件下配平飞机水平飞行，湍流应在中等水平；

(2) 仅使用纵向操纵推到 1.3g，机动动作持续时间不应超过 5 s；

（3）返回配平水平飞行；

（4）仅使用纵向操纵拉到 0.8g。机动动作持续时间不应超过 5 s；

（5）返回配平水平飞行；

（6）飞行员应给出 HQRM 评估等级。

b. 试验分析方法

将提供飞行员的评价及 IADS 随工作时间变化的记录图。

c. 成功标准

飞行员 HQRM 评价应为"足够"或更好。

4. 正常模式和备用模式间的模式转换

发生进入备用模式的概率需小于 10^{-7} 每飞行小时。GAC 评价的发生概率为 8.8×10^{-8}。

1）配平飞行的过渡响应（ATA 27 - 141）

规章：Issue Paper F - 11, 25.671(c), Issue Paper S - 17, Issue Paper S - 33。

a. 试验程序

（1）在特定条件下配平飞机机翼水平；

（2）从正常操作模式（正常模式/起飞模式/着陆模式）转换到备用模式，CAS 信息应显示"FCC 备用模式"；

（3）识别出失效后稳定 1 s；

（4）返回到飞机机翼水平状态；

（5）转换到正常操作模式（正常模式/起飞模式/着陆模式）。

b. 试验分析方法

将提供飞行员的评价等级及 IADS 随工作时间变化的记录图。

c. 成功标准

（1）CAS 信息应显示"FCC 备用模式"；

（2）应符合持续安全飞行和着陆瞬态判据。

5. 备用模式飞行特征

1）备用模式下的纵向机动（ATA 27 - 152）

规章：Issue Paper F - 11, 25.672, Issue Paper F - 5, 25.671(c), Issue paper S - 17, Issue Paper S - 33。

a. 试验程序

（1）在特定试验条件、备用模式下配平飞机水平飞行；

（2）仅用纵向操纵推到 1.3g，机动动作持续时间不应超过 5 s；

（3）返回到配平水平飞行；

（4）仅用纵向操纵拉到 0.8g，机动动作持续时间不应超过 5 s；

（5）返回到配平水平飞行；

（6）飞行员应给出 HQRM 评价等级。

b. 试验分析方法

将提供飞行员的评价及 IADS 随工作时间变化的记录图。

c. 成功标准

(1) 应符合持续安全飞行和着陆标准;

(2) CAS 信息应显示"FCC 备用模式";

(3) 机动动作不应需要特殊的驾驶技巧或力量;

(4) 飞行员 HQRM 评价应符合以下要求:

(a) 轻度湍流下足够或更好;

(b) 中等和严重湍流下可控或更好。

6. 备用模式下的飞行员诱发振荡(PIO)趋势分析

将评估以下违反规定标准的备用模式下的机动动作并由飞行员根据 PIO 等级评估量表给出评估等级。

1) 备用模式下俯仰姿态捕获(ATA 27 - 146)

规章: 25.143(a), 25.143(b), Issue Paper F - 12, Issue Paper F - 11。

a. 试验程序

(1) 选择备用模式,在标注的试验条件下配平飞机水平飞行;

(2) 通过纵向操纵获得高于初始平衡俯仰角 5°±3° 的俯仰角;

(3) 在俯仰角 ±1° 内保持追踪目标 10 s;

(4) 通过纵向操纵获得低于初始平衡俯仰角 5°±3° 的俯仰角;

(5) 在俯仰角 ±1° 内保持追踪目标 10 s;

(6) 返回水平飞行;

(7) 把俯仰角改成高于初始平衡俯仰角 10°±3° 和低于配平俯仰角 10°±3°,重复步骤(2)~(6);

(8) 把俯仰角改成高于初始平衡俯仰角 15°±3° 和低于配平俯仰角 15°±3°,重复步骤(2)~(6)。

注: 低空速下,任务可能无法完成。如果激活了振动器,中止机动动作。在机动动作时,未进行飞行操纵的飞行员可以增加或移除动力至飞行条件最小误差,避免出现极端攻角。

b. 试验分析方法

在这些机动动作时收集时间变化数据,以便分析和与期望结果进行对比。

记录飞行员对 PIO 趋势的评价。

c. 成功标准

如果飞机未产生不可接受的、降低操纵品质的 PIO 或 PIO 趋势,则认为此试验是成功的。将使用以下成功标准评估 PIO 等级超过 3 级的场景。

飞行员 HQRM 评估应满足以下要求:

（a）轻度湍流下足够或更好

（b）中等湍流和重度湍流下可控或更好

7. 单副翼漂浮时的飞行特性

此项失效发生的概率须低于 10^{-5} 每飞行小时。

GAC 评价的发生概率为 $2.75×10^{-7}$ 每飞行小时。

通过 MAID 输入设置副翼漂浮失效。

【针对单副翼漂浮故障的试飞机动动作如下】

7　单副翼漂浮时的飞行特性

7.1　配平飞行期间的瞬态响应（ATA 27 - 174）

7.2　侧向机动期间的瞬态响应（ATA 27 - 176）

7.3　自动驾驶仪的瞬态响应（ATA 27 - 177）

7.4　单副翼漂浮时的侧向机动（ATA 27 - 175）

7.5　单副翼漂浮时的转弯（ATA 27 - 172）

7.6　单副翼漂浮时的横向控制（ATA 27 - 171）

7.7　单副翼漂浮时的稳定侧滑（ATA 27 - 178）

7.8　单副翼漂浮时的侧风降落（ATA 27 - 173）

【示例：配平飞行时的瞬态相应验证】

1）配平飞行期间的瞬态响应（ATA 27 - 174）

规章：25.671（c），Issue Paper S - 17。

a. 试验程序

（1）在特定试验条件下配平飞机直线飞行；

（2）设置单副翼漂浮；

（3）在识别到失效后稳定 1 s；

（4）重新恢复直线飞行。

b. 试验分析方法

将提供飞行员的评价及 IADS 随工作时间变化的记录图。

c. 成功标准

（1）应符合持续安全飞行和着陆瞬态标准；

（2）机动动作不应需要特殊的驾驶技巧或力量。

8. 液压系统失效时的飞行特性

GAC 评价的左侧液压系统失效的发生概率为 $1.29×10^{-4}$ 每飞行小时，右侧液压系统失效的发生概率为 $1.18×10^{-4}$ 每飞行小时。

【针对单液压失效故障的验证，包括以下机动动作】

8.1　单液压系统失效时的纵向机动

8.2　单液压系统失效时的倾斜转弯

8.3 单液压系统失效时的横向操纵

8.4 单液压系统失效时的侧风着陆

8.5 单液压系统失效时的静态横航向稳定性

8.6 单液压系统失效时的突然方向改变

8.7 单液压系统失效时的速度变化

8.8 单液压系统失效时的减速转弯

【示例:单液压系统失效时的纵向机动验证】

1)单液压系统失效时的纵向机动(ATA 27 - 244)

规章:25.672,Issue Paper F - 5,25.671(c),Issue Paper S - 17。

a. 试验程序

(1)在特定试验条件下配平飞机;

(2)关闭左液压系统,CAS 信息和天气页面应显示左侧液压系统失效;

(3)拉到 0.8g,机动动作持续时间不应超过 5 s;

(4)返回水平飞行;

(5)推到 1.3g,机动动作持续时间不应超过 5 s;

(6)返回水平飞行;

(7)开启左侧液压系统;

(8)飞行员应给出 HQRM 等级评估。

9. 风险评估

【给出每个试验科目的风险等级评估】

该计划中的试验需要演示飞行控制和液压系统的异常构型。表 10.4 中概述的是最初评估为中等风险或高风险的试验。虽然,在起飞和着陆阶段飞行控制失效通常是高风险试验,但某些异常飞行控制条件仍将提供完全的控制权,因此被评为中等。这些试验的缓解方法将包括:

(1)使用地面试验设施;

(2)建立顺序;

(3)预先确定的中止标准和恢复程序;

(4)仅在日间目视气象条件(visual meteorological conditions,VMC)下试验,湍流不大于轻微水平;

(5)飞行员在认证试验之前进行评估。

表 10.4 试验程序所需试验安全风险分析

程 序 编 号	试验程序名	风 险 等 级
27 - 104	偏移着陆	高

在进行这些试验之前,将召开安全审查委员会议,以审查和确定危险情况、概率、风险分类和缓解程序,并将简报试验安全危害分析的批准版本并用于所有相关的试验飞行。

10. 引用文件

【给出引用文件】

11. 附录

附录 A AC 25-7D HQRM 操纵品质评估量表

FAA HQRM 等级	FAA 定义	比 较		
		C-H 评分	军用规范	
			等级	品质
满意的	在常规的飞行员体力和注意力时飞机满足全部性能标准	1~3.5	1	SAT
足够的	飞机足以继续安全飞行和着陆。满足全部的或规定的降低后的性能,但是伴随有飞行员体力和注意力的增加	3.5~6.5	2	ACCEPT
可控的	飞机不足以继续安全飞行和着陆,但是对于返回到安全飞行状态,安全飞行包线和/或改变形态能提供至少是足够的操纵品质	6.5~8.0	3	CON

附录 B 试验参数表

IADS 短名称/GAC 代码	IADS 参数	IADS 长名称/描述	单位
34ESD0010	MACH_ADS1_9	Mach Number, ADS 1	—
34ESD0011	KTAS_ADS1_9	Ture Airspeed, ADS 1	kn
34EAL0012	PALT_ADS1_9	Pressure Altitude, ADS 1	ft
34ESD0296	KCAS_ADS1_9	Calibrated Airspeed, ADS 1	kn
34EAT0320	AOA_ACFT_ADS1_9	Airplane Angle of Attack, ADS 1	(°)
34EAT0329	AOS_ACFT_ADS1_9	Airplane Angle of Sideslip, ADS 1	(°)

续　表

IADS 短名称/GAC 代码	IADS 参数	IADS 长名称/描述	单位
34ESD0014	MACH_ADS2_9	Mach Number, ADS 2	—
34ESD0015	KTAS_ADS2_9	Ture Airspeed, ADS 2	kn
34EAL0016	PALT_ADS2_9	Pressure Altitude, ADS 2	ft
34ESD0356	KCAS_ADS2_9	Calibrated Airspeed, ADS 2	kn
34EAT0380	AOA_ACFT_ADS2_9	Airplane Angle of Attack, ADS 2	(°)
34EAT0389	AOS_ACFT_ADS2_9	Airplane Angle of Sideslip, ADS 2	(°)

附录 C　试验点表单

示例:

试验:两侧液压系统失效:模拟侧风着陆。

程序:(1) 两侧液压系统失效;

　　　(2) 进场着陆时在特定试验条件下配平飞机;

　　　(3) 关闭两侧液压系统;

　　　(4) CAS 信息和天气页面应显示两侧液压系统失效;

　　　(5) 保持飞机以 3°下降;

　　　(6) 执行稳定航向侧滑代表 10 kn 侧风;

　　　(7) 使用俯仰输入捕获下降率,模拟拉平和着地。

ITEM	REPS	起落架	襟翼	重量	重心	L 动力	R 动力	ALT	空速	补充备注
0.01	1	EXT	39	LIGHT	AFT	A/R	A/R	1 500	V_{ref}	推力接近

附录 D　故障状态总结和发生概率评估

【给出故障下组合状态的概率计算方法和评估结论】

在发生概率、湍流等级概率以及飞行包线概率的基础上,在不同的飞行包线和不同等级的湍流下评估飞行控制失效传感器。

X_c 表示正常包线和轻度湍流下的失效发生概率;X_a 表示大气概率;X_e 表示包

线概率。

湍流等级的指定概率：

（1）轻微的（$X_a=1$）；

（2）中等的（$X_a=10^{-3}$）；

（3）严重的（$X_a=10^{-5}$）。

飞行包线的允许概率：

（1）正常飞行包线（NFE，$X_e=1$）；

（2）操作飞行包线（OFE，$X_e=10^{-3}$）；

（3）极限飞行包线（LFE，$X_e=10^{-5}$）。

试验飞行包线的推荐定义：

收起襟翼

NFE：[1.23VSR，VMO/MMO]，[0.8g，1.3g]，[FL100，FL510]

OFE：[$V_{\min}$，VFC/MFC]，[0g，1.6g]，[FL100，FL510]

LFE：无须试验（见附录分析）

放下襟翼

NFE：[1.23VSR，VFE]，[0.8g，1.3g]，[FL100，FL250]

OFE：[$V_{\min}$，VFE+20 kts]，[0g，1.6g]，[FL100，FL250]

LFE：无须试验（见附录分析）

发生概率计算为合并发生概率（失效场景，湍流，包线）$=X_a \cdot X_c \cdot X_e$。

如果 $X_a \cdot X_c \cdot X_e > 10^{-9}$，在 HQRM 最低要求的基础上评估 HQ，否则无需评估失效场景与相应的飞行包线及大气条件。

飞行条件定义为 $X_c \cdot X_e$。

可能飞行条件：$X_c \cdot X_e > 10^{-5}$。

不可能飞行条件：$10^{-9} < X_c \cdot X_e < 10^{-5}$。

表 D1　最低操纵品质要求

失效概率	大 气 分 布								
	轻微的（10^{0}）			中度的（10^{-3}）			重度的（10^{-5}）		
	飞 行 包 线								
	NFE	OFE	LFE	NFE	OFE	LFE	NFE	OFE	LFE
可能飞行状态	S	S	A	A	C	C	C	C	C
不可能飞行状态	A	A	C	C	C		C		

注：S. 满意的；A. 足够的；C. 可控的。

在原始发生概率的基础上,确定失效场景以及飞行包线概率和大气条件概率,联合发生概率和相应最低操纵品质要求在以下部分总结。

表 D2　正常飞行包线发生概率和相应操纵品质要求

失 效 场 景	每飞行小时失效概率(X_e)	轻微湍流($X_a=1$)	操纵品质要求	中等湍流($X_a=10^{-3}$)	操纵品质要求	严重湍流($X_a=10^{-5}$)	操纵品质要求
滚转控制感应中心或阻尼降低							
（1）单弹簧失效	8.40×10^{-7}	8.40×10^{-7}	ADQ	8.40×10^{-10}	—	8.40×10^{-12}	—
（2）双弹簧失效	1.18×10^{-8}	1.18×10^{-8}	ADQ	1.18×10^{-11}	—	1.18×10^{-13}	—
（3）双减震器失效	6.40×10^{-9}	6.40×10^{-9}	ADQ	6.40×10^{-12}	—	6.40×10^{-14}	—
滚转控制部分失效							
（1）单副翼卡阻	6.52×10^{-7}	6.52×10^{-7}	ADQ	6.52×10^{-10}	—	6.52×10^{-12}	—
（2）单副翼漂浮	2.75×10^{-7}	2.75×10^{-7}	ADQ	2.75×10^{-10}	—	2.75×10^{-12}	—
滚转控制部分失效							
（1）单扰流板卡阻	4.01×10^{-7}	4.01×10^{-7}	ADQ	4.01×10^{-10}	—	4.01×10^{-12}	—
（2）单扰流板漂浮	3.04×10^{-6}	3.04×10^{-6}	ADQ	3.04×10^{-9}	CON	3.04×10^{-11}	—

附录 E　不同故障场景的验证程序

表 E1　失效场景评估的试验程序

	持续安全飞行和着陆/HQRM					HQRM					
	过渡响应	航向控制	纵向机动	倾斜转弯	X-wind着陆	SHSS	突然航向改变	失速告警	减速转弯	速度改变	PIO评估
备份模式	x	x	x	x	x	x	x	x		x	x
一侧副翼漂浮	x	x	x	x	x	x					
方向舵漂浮		x		x	x						
方向舵卡阻	x	x		x	x						

续　表

	持续安全飞行和着陆/HQRM					HQRM					
	过渡响应	航向控制	纵向机动	倾斜转弯	X-wind着陆	SHSS	突然航向改变	失速告警	减速转弯	速度改变	PIO评估
稳定器卡阻			x		x					x	
左液压系统失效		x	x	x	x	x	x	x	x	x	
右液压系统失效		x	x	x	x	x	x	x	x	x	
两侧液压系统失效(EBHA)		x	x	x	x	x	x		x	x	x
EBHA+OEI		x	x	x	x						
减速器手柄卡阻	使用自动收缩功能收缩减速器										

附录 F　试飞风险分析

ID	—	侧风起飞和着陆伸展
风险	中等的	可能性：低
试验适用范围	—	飞行品质：侧风操作：起飞
	—	飞行品质：侧风操作：着陆
危险	失去飞机控制； 飞机离开跑道； 结构损坏	
导致	失去横向控制； 侧风情况下控制不充分； 空速降低至失速速度以下； 飞机倾斜角超过标准限制； 着陆接地时下降率过大	
影响	主要飞机损坏/严重的机组人员伤亡	

续　表

预防动作/缓解程序	
	(1) 所有试验应在白天、VMC 条件,在最小宽度为 150 ft 的干燥跑道上下完成; (2) 在飞机上只有进行测试必不可少的机组人员; (3) 根据准则建立试验; (4) 监控风切变和侧风; (5) 有侧风和阵风时,使用适当的起飞/接近速度; (6) 保证舱内所有松散物品的安全性; (7) 在侧风试验之前成功完成稳定横向试验,直到和超出侧风条件的等效侧滑; (8) 由于几何限制,保持倾斜度低于 5°; (9) 应使用根据侧风分量的累积进近
修正技术	无

10.6.2　试飞报告模板

试飞报告包括概要、介绍、适用规章、构型、试飞包线、试验状态、飞行日志总结、试验改装、分析方法、风险评估、试验结果、结论和建议等内容,以下为试飞报告模板。

1. 概要

【阐述报告的背景、目的、作用】

本章记录了新机型飞行操纵系统的认证飞行试验结果。大部分认证试验是在新机型的十六班航班中进行的。两架 ATA 在新机型 S/N 6001 的 TIA 16 上进行。试验包括了正常模式和故障模式,重点是各种失效构型。由于电传操纵(FBW)系统的复杂性质,根据 AC 25 - 7D 附录 7 中定义的操纵品质等级评估方法(HQRM)、14 CFR 25.671 的航空规章制定咨询委员会建议以及相关 AC/AMJ,评估每个失效场景的操纵品质退化和持续安全飞行/着陆能力。在正常模式下进行飞行员诱发振荡(PIO)敏感性的专用试验,以及故障模式的选择。试验在重量和重心限制下的速度-高度包线上进行。

2. 介绍

【介绍飞行试验的总体情况和试验项目概况】

本试验计划中定义了这种全新电传操纵系统所需的试验,包括正常模式和故障模式评估。在 20 次航班中,认证试验由 FAA 飞行员执行,并由 FAA 飞行试验工程师见证。本文报告的试验范围如表 10.5 所示。

表 10.5 试验范围总结表

试 验 类 型	试 验 程 序	FCC 模式/备用状态
系统/控制律功能性检验	减速板自动收缩； 升降舵卸载； $L-\beta$ 增加； 高速保护功能； 方向舵踏板力特性检验； 副翼控制系统	正常模式
中等湍流下的操纵品质评估	纵向控制； 横向控制； 倾斜转弯； 稳定方向侧滑； 准确着陆	正常模式
飞行员诱发振荡（PIO）趋势评估	俯仰高度捕获； 倾斜角捕获； 航向捕获； 目标捕获； 偏移着陆	正常模式； 备用模式； 电控备份传动
飞行操纵失效下的飞行特性	纵向控制； 横向控制； 倾斜转弯； 稳定方向侧滑； 突然航向改变； 速度变化； 减速转弯； 侧风着陆； 减速以停止告警（仅备用模式）	正常模式； 备用模式； 电控备份传动； 卡阻和/或飞行控制表面（副翼、方向舵、安定面）失效； 发动机/液压系统失效

飞行操纵系统试验中评估的操纵失效包括：

（1）备用模式；

（2）一侧副翼漂浮；

（3）方向舵漂浮；

（4）方向舵卡阻（通过偏置方向舵、关闭偏航阻尼器并停止踏板输入模拟）；

（5）一侧（L/R）液压系统失效；

（6）两侧液压系统失效（电动备份驱动）；

（7）一台发动机和两侧液压系统失效；

（8）稳定器卡阻。

1）缩写

【给出文中的缩写的全拼】

3．适用规章

【同试飞大纲中的规章描述】

【增加 PIO 评估准则】

1）飞行员诱发振荡（PIO）趋势评估

根据 Issue Paper F‑12 的要求，新机型构型需要证明飞机没有导致飞行员诱发振荡，从而使操纵品质无法接受。PIO 振荡趋势在正常模式、备用模式和电气备用启动状态（两个液压系统失效）下进行评估。

用于试验的 PIO 评估量表如图 10.1 所示。

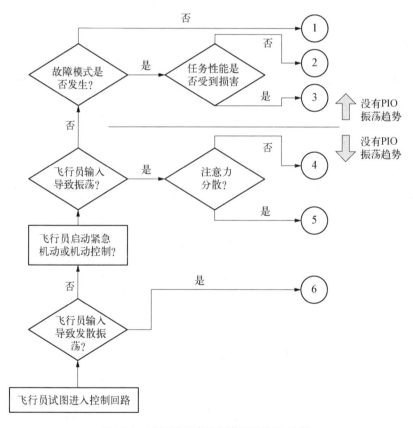

图 10.1　飞行员诱发的振荡趋势评估量表

4．构型

【给出试验机试飞时实际的系统描述和重量重心】

1）飞行操纵系统构型

2）试验重量和重心

5. 试飞包线

【给出试验机试飞时实际的系统描述和重量重心】

6. 试验状态

【给出各试验的试验条件摘要】

【示例】

为每个试验程序建立了常见的试验条件。

在表 10.6 中总结的试验条件下,在正常、备用和电气备用启动模式下评估 PIO 趋势。

表 10.6 PIO 评估的试验条件

编号	起落架	襟翼	重量	重心	左侧动力	右侧动力	高度/ft	空　　速
1	RET	0	LIGHT	AFT	TFLF	TFLF	45 000	1.23VSR
2	RET	0	LIGHT	AFT	TFLF	TFLF	45 000	Ma 0.8
3	RET	0	LIGHT	AFT	TFLF	TFLF	45 000	Ma 0.85
4	RET	0	LIGHT	AFT	TFLF	TFLF	45 000	MMO*
5	RET	0	LIGHT	AFT	TFLF	TFLF	35 000	1.23VSR
6	RET	0	LIGHT	AFT	TFLF	TFLF	35 000	Ma 0.8
7	RET	0	LIGHT	AFT	TFLF	TFLF	35 000	VMO/MMO*
8	RET	0	LIGHT	AFT	TFLF	TFLF	10 000	VMO − 20 kn
9	RET	0	LIGHT	AFT	TFLF	TFLF	10 000	VMO
10	RET	0	LIGHT	AFT	TFLF	TFLF	10 000	1.23VSR
11	RET	0	LIGHT	AFT	TFLF	TFLF	10 000	1.23VSR+20 kn
12	EXT	39	LIGHT	AFT	TFLF	TFLF	10 000	VREF
13	EXT	39	LIGHT	AFT	TFLF	TFLF	10 000	VREF+20 kn
14	EXT	39	LIGHT	AFT	TFLF	TFLF	10 000	VEF

续 表

编号	起落架	襟翼	重量	重心	左侧动力	右侧动力	高度/ft	空 速
15	RET	10	LIGHT	AFT	TFLF	TFLF	10 000	1.13VSR
16	RET	10	LIGHT	AFT	TFLF	TFLF	10 000	1.23VSR+20 kn
17	RET	10	LIGHT	AFT	TFLF	TFLF	10 000	VFE
18	RET	20	LIGHT	AFT	TFLF	TFLF	10 000	1.13VSR
19	RET	20	LIGHT	AFT	TFLF	TFLF	10 000	1.23VSR+20 kn
20	RET	20	LIGHT	AFT	TFLF	TFLF	10 000	VFE
21	RET	0	HEAVY	FWD	TFLF	TFLF	40 000	Ma 0.8
22	RET	0	HEAVY	FWD	TFLF	TFLF	40 000	Ma 0.85
23	RET	0	HEAVY	FWD	TFLF	TFLF	40 000	MMO*
24	RET	0	HEAVY	FWD	TFLF	TFLF	35 000	MMO
25	RET	0	HEAVY	FWD	TFLF	TFLF	30 000	1.23VSR
26	RET	0	HEAVY	FWD	TFLF	TFLF	30 000	VMO
27	RET	0	HEAVY	FWD	TFLF	TFLF	30 000	VMO−20 kn
28	RET	0	HEAVY	FWD	TFLF	TFLF	20 000	VMO
29	RET	0	HEAVY	FWD	TFLF	TFLF	20 000	1.23VSR
30	RET	0	HEAVY	FWD	TFLF	TFLF	20 000	1.23VSR+20 kn
31	EXT	39	MLW	FWD	TFLF	TFLF	20 000	VREF
32	EXT	39	MLW	FWD	TFLF	TFLF	15 000	VREF+20 kn
33	EXT	39	MLW	FWD	TFLF	TFLF	15 000	VFE
34	RET	10	HEAVY	FWD	TFLF	TFLF	15 000	1.13VSR
35	RET	10	HEAVY	FWD	TFLF	TFLF	15 000	1.23VSR+20 kn
36	RET	10	HEAVY	FWD	TFLF	TFLF	15 000	VFE

续　表

编号	起落架	襟翼	重量	重心	左侧动力	右侧动力	高度/ft	空　速
37	RET	20	HEAVY	FWD	TFLF	TFLF	15 000	1.13VSR
38	RET	20	HEAVY	FWD	TFLF	TFLF	15 000	1.23VSR+20 kn
39	RET	20	HEAVY	FWD	TFLF	TFLF	15 000	VFE

注：备用模式试验下，MMO 降低至 Ma 0.9，VMO 降低至 290 KCAS；RET 为收起；EXT 为放下；AFT 为后重心；FWD 为前重心；TFLF 为平飞推力。

在表 10.7 总结的条件下对飞行控制失效引起的瞬态响应进行了评估。

表 10.7　瞬态响应评估的试验条件

编号	起落架	襟翼	重量	重心	左侧动力	右侧动力	高度/ft	空速	备　注
1	RET	20	LIGHT	AFT	MTO	TFLF	5 000	V_2	—
2	RET	0	LIGHT	AFT	MTO	TFLF	10 000	250 kn	—
3	RET	0	LIGHT	AFT	TFLF	TFLF	25 000	VMO	—
4	RET	0	LIGHT	AFT	TFLF	TFLF	45 000	MMO	—
5	RET	0	LIGHT	AFT	TFLF	TFLF	10 000	1.23VSR	—
6	RET	20	LIGHT	AFT	TFLF	TFLF	5 000	VFE	—
7	EXT	39	LIGHT	AFT	A/R	TFLF	5 000	VRFE	推力接近
8	EXT	39	LIGHT	AFT	A/R	TFLF	5 000	VRFE	自动驾驶仪推力接近
9	RET	20	HEAVY	FWD	MTO	TFLF	5 000	V_2	—
10	RET	0	HEAVY	FWD	MTO	TFLF	10 000	250	—
11	RET	0	HEAVY	FWD	TFLF	TFLF	25 000	VMO	—
12	RET	0	HEAVY	FWD	TFLF	TFLF	35 000	MMO	—
13	RET	0	HEAVY	FWD	TFLF	TFLF	10 000	1.23VSR	—

续　表

编号	起落架	襟翼	重量	重心	左侧动力	右侧动力	高度/ft	空速	备　注
14	RET	20	HEAVY	FWD	TFLF	TFLF	5 000	VFE	—
15	EXT	39	MLW	FWD	A/R	TFLF	5 000	VRFE	推力接近
16	EXT	39	MLW	FWD	A/R	TFLF	5 000	VRFE	自动驾驶仪推力接近

在表 10.8 总结的条件下,对各种故障模式的操纵品质和持续安全飞行的能力进行评估。

表 10.8　HQRM 和持续安全飞行演示的试验条件

编号	起落架	襟翼	重量	重心	左侧动力	右侧动力	高度/ft	空　速
1	RET	0	LIGHT	AFT	TFLF	TFLF	45 000	1.23VSR
2	RET	0	LIGHT	AFT	TFLF	TFLF	45 000	MMO
3	RET	0	LIGHT	AFT	TFLF	TFLF	10 000	1.23VSR
4	RET	0	LIGHT	AFT	TFLF	TFLF	10 000	VMO
5	EXT	39	LIGHT	AFT	TFLF	TFLF	10 000	VREF
6	EXT	39	LIGHT	AFT	TFLF	TFLF	10 000	VFE
7	RET	10	LIGHT	AFT	TFLF	TFLF	10 000	1.13VSR
8	RET	10	LIGHT	AFT	TFLF	TFLF	10 000	VFE
9	RET	20	LIGHT	AFT	TFLF	TFLF	10 000	1.13VSR
10	RET	20	LIGHT	AFT	TFLF	TFLF	10 000	VFE
11	RET	0	HEAVY	FWD	TFLF	TFLF	40 000	1.23VSR
12	RET	0	NOTED*	FWD	TFLF	TFLF	40 000	MMO
13	RET	0	HEAVY	FWD	TFLF	TFLF	10 000	1.23VSR

编号	起落架	襟翼	重量	重心	左侧动力	右侧动力	高度/ft	空　速
14	RET	0	HEAVY	FWD	TFLF	TFLF	10 000	VMO
15	EXT	39	MLW	FWD	TFLF	TFLF	10 000	VREF
16	EXT	39	MLW	FWD	TFLF	TFLF	10 000	VFE
17	RET	10	HEAVY	FWD	TFLF	TFLF	10 000	1.13VSR
18	RET	10	HEAVY	FWD	TFLF	TFLF	10 000	VFE
19	RET	20	HEAVY	FWD	TFLF	TFLF	10 000	1.13VSR
20	RET	20	HEAVY	FWD	TFLF	TFLF	10 000	VFE

注：重量跟飞行条件下实际重量一致。

7. 飞行日志总结

【总结试飞架次情况等总体信息】

完成了飞行操纵系统试验的 16 次航班，表 10.9 总结了飞行操纵系统试验的航班：

表 10.9　飞行日志总结示例

航班#	日　期	ZFGW/lb	ZFCG/%	机　组	备　注
143	08 Dec	58015	44.9	T Home	TIA 11 飞行操纵系统检验

注：ZFGW. 零燃油总重；ZFCG. 零燃油重心。

8. 试验改装

【同试飞大纲，根据试飞的实际情况进行调整】

9. 分析方法

【给出对试飞数据和结果的分析方法】

【示例】

对试验期间收集的飞行员评估和时间变化数据进行分析，并与预期结果进行比较。对于 HQRM 评估等级，使用标准规定的指导原则。除了指导方针外，飞行员还使用以下标准来分配评估等级：

SAT：不需要包线限制，只需要飞行员常规的注意力和力操纵，即可继续安全飞行和着陆。

ADQ:为保持持续安全飞行和着陆所需的足够操纵品质,需要进行包线限制(构型、速度等),或者需要注意持续的安全飞行和着陆,以补偿操纵品质的缺陷。一般来说,飞行机组人员使用的标准是,如果需要任何 AFM 备注,这将导致最大评级为足够。

CON:不可接受的持续安全飞行和着陆的操纵品质,但是可控并可以过渡到符合 SAT 或 ADQ 标准的包线。

对于 PIO 倾向评估,使用 PIO 量表,并指定定量标准以区分"不良运动"和"振荡"。基于所施加的控制引起飞行员意外的两个或更少的连续运动,则可以被分类作为不良运动。振荡被定义为飞行员意外的三个或更多连续的运动,振荡导致 4 级或更高等级表示 PIO 的潜在趋势。因此,对于任何 4 级或更高等级,飞行员还要根据要求给出 HQRM 评级,以评估影响飞机操纵品质的任何 PIO 倾向。

10. 风险评估

【同试飞大纲风险评估】

11. 试验结果

【根据试飞大纲安排的试飞科目,给出每个科目的实际试验流程和试验结果】

【示例】

1) 控制律功能验证

● 减速板自动收回(ATA 27 - 110)

减速板自动收回功能在任一节流阀操纵杆超过 90%(注:最大 TRA 为 38°;90%TRA 大约为 34°)时收回减速板。此试验程序用于检验这个自动收回功能。

规章:25.671(a), 25.1309(a)。

a. 试验程序

(1) 显著试验条件下配平飞机机翼水平面;

(2) 正常模式下配置控制律;

(3) 伸出减速板;

(4) 将节流阀缓慢增加到最大值,CAS 信息应指示"减速板自动收回";

(5) 注意减速板自动收回时的动作;

(6) 将节流阀推进水平飞行设置;注意减速板保持收回;

(7) 将减速板手柄推回到完全缩回位置;

(8) 伸出减速板;

(9) 注意任何不良特性。

b. 成功标准

当减速板手柄超过5%或节流阀手柄超过90%时,应收起并锁住减速板。如果检测到减速板已在正确的状况下收回,则认为此试验是成功的。减速板收回后,飞机应回到正常操作。

c. 试验结果

试验条件及试验结果总结在表10.10中。

表10.10　减速器自动收回(ATA 27－110)试验条件和结果

时间点	航班	起落架	襟翼	重量/lb	重心	高度/ft	校正空速	备　注
—	—	—	—	—	—	—	—	—

2) 正常模式下飞行员诱发的振荡(PIO)趋势评估

正常模式下可操纵的机动动作,在下降的 FCS 模式、PIO 趋势下也是可操纵的。以下部分展示每个程序的结果。

● 俯仰姿态捕获(ATA 27－105)

规章：25.143(a), 25.143(b), Issue Paper F－12。

a. 试验程序

(1) 在标注的试验状况下配平飞机水平飞行;

(2) 通过纵向操纵获得高于初始平衡俯仰角5±3°的俯仰角;

(3) 在俯仰角±1°内保持追踪目标 10 s;

(4) 通过纵向操纵获得低于初始平衡俯仰角5±3°的俯仰角;

(5) 在俯仰角±1°内保持追踪目标 10 s;

(6) 返回水平飞行;

(7) 把俯仰角改成高于初始平衡俯仰角 10±3°和低于配平俯仰角 10±3°,重复步骤(2)~(6);

(8) 把俯仰角改成高于初始平衡俯仰角 15±3°和低于配平俯仰角 15±3°,重复步骤(2)~(6)。

b. 成功标准

如果飞机未产生不可接受的降低操纵品质的 PIO 或 PIO 趋势,则认为此试验是成功的。将使用以下成功标准评估 PIO 等级超过 3 级的场景。

飞行员 HQRM 评估应满足以下要求：

(1) 轻度湍流下足够或更好;

(2) 中等湍流和重度湍流下足够或更好。

c. 试验结果

试验条件和试验结果总结在表10.11 中。

表 10.11　正常模式下的俯仰姿态捕获(ATA 27 - 105)的试验结果

时间点	航班	表格	PIO 等级	起落架	襟翼	重量/lb	重心	高度/ft	校正空速	备注
—	—	—	—	—	—	—	—	—	—	—
—	—	—	—	—	—	—	—	—	—	—
—	—	—	—	—	—	—	—	—	—	—

3）中等湍流下正常模式的操纵品质

在前向重心和后向重心条件下评估中等湍流中的正常模式操纵品质。根据规定的标准评估机动动作,飞行员根据 HQRM 评估方法评估操纵品质,HQRM 评估方法要求足够或更好。

【试验科目示例】

● 中等湍流下的纵向机动(ATA 27 - 133)

规章:Issue Paper F - 5。

a. 试验程序

（1）在特定试验条件下配平飞机水平飞行。湍流应在中等水平;

（2）仅使用纵向操纵推到 1.3g,机动动作持续时间不应超过 5 s;

（3）返回配平水平飞行;

（4）仅使用纵向操纵拉到 0.8g,机动动作持续时间不应超过 5 s;

（5）返回配平水平飞行;

（6）飞行员应给出 HQRM 评估等级。

b. 成功标准

飞行员 HQRM 评价应为"足够"或更好。

c. 试验结果

试验条件和试验结果总结在表 10.12 中,所有试验条件下的操纵品质都为"满意的"。

表 10.12　中等湍流下的纵向机动(ATA 27 - 133)的试验结果

时间点	航班	表格	PIO 等级	起落架	襟翼	重量/lb	重心	动力	高度/ft	校正空速	备注
—	—	—	—	—	—	—	—	—	—	—	—
—	—	—	—	—	—	—	—	—	—	—	—
—	—	—	—	—	—	—	—	—	—	—	—

4）正常模式和备用模式间的模式转换

进行正常模式到备用模式的模式转换试验，以证明符合 25.671 等规范的要求。从配平、机动动作和自动驾驶（A/P）飞行执行转换，开启 FTIB 面板转换到备用模式。

● 配平飞行期间的过渡响应（ATA 27‑141）

规章：Issue Paper F‑11，25.671（c），Issue Paper S‑17，Issue Paper S‑33。

a. 试验程序

（1）在特定条件下配平飞机机翼水平；

（2）从正常操作模式（正常模式/起飞模式/着陆模式）转换到备用模式，CAS 信息应显示"FCC 备用模式"；

（3）识别出失效后稳定 1 s；

（4）返回到飞机机翼水平状态；

（5）转换到正常操作模式（正常模式/起飞模式/着陆模式）。

b. 成功标准

（1）CAS 信息应显示"FCC 备用模式"；

（2）应符合持续安全飞行和着陆瞬态判据。

c. 试验结果

试验条件和试验结果总结在表 10.13 中。

表 10.13　配平飞行期间的瞬态响应（ATA 27‑141）的试验结果

时间点	航班	表格	起落架	襟翼	重量/lb	重心	动力	高度/ft	校正空速	备注
—	—	—	—	—	—	—	—	—	—	—
—	—	—	—	—	—	—	—	—	—	—
—	—	—	—	—	—	—	—	—	—	—

5）备用模式飞行特性

实施试验以评估备用模式包线的飞行和操纵品质特性。以下对实验进行了详细说明：

（1）25.671 持续安全飞行和着陆能力；

（2）HQRM 可接受的操纵品质。

一般来说，如预期一样，与正常模式相比，备用模式降低了操纵品质。

● 备用模式下的纵向机动（ATA 27‑152）

规章：Issue Paper F‑11，25.672，Issue Paper F‑5，25.671（c），Issue Paper

S－17，Issue Paper S－33。

a. 试验程序

（1）在特定试验条件、备用模式下配平飞机水平飞行；

（2）仅用纵向操纵推到 1.3g，机动动作持续时间不应超过 5 s；

（3）返回到配平水平飞行；

（4）仅用纵向操纵拉到 0.8g，机动动作持续时间不应超过 5 s；

（5）返回到配平水平飞行。

b. 成功标准

（1）应符合持续安全飞行和着陆标准；

（2）CAS 信息应显示"FCC 备用模式"；

（3）机动动作不应需要特殊的驾驶技巧或力量；

（4）飞行员 HQRM 评价应符合以下要求：

（a）轻度湍流下足够或更好；

（b）中等和严重湍流下可控或更好。

c. 试验结果

试验条件和试验结果总结在表 10.14 中。

表 10.14　备用模式下的纵向机动（ATA 27－152）的试验结果

时间点	航班	表格	飞行员 HQRM	起落架	襟翼	重量/lb	重心	动力	高度/ft	校正空速	备注
—	—	—	—	—	—	—	—	—	—	—	—
—	—	—	—	—	—	—	—	—	—	—	—
—	—	—	—	—	—	—	—	—	—	—	—

6）备用模式下的飞行员诱发振荡（PIO）趋势评估

PIO 评估也在备用模式下进行，所进行的机动动作与正常模式相同。

一般来说，备用模式降低了飞行和操纵品质，但正如 HQRM 方法所规定的，这些评级在备用模式的要求之内。

● 备用模式下的俯仰姿态捕获（ATA 27－146）

规章：25.143（a），25.143（b），Issue Paper F－12，Issue Paper F－11。

a. 试验程序

b. 成功标准

如果飞机未产生不可接受的、降低操纵品质的 PIO 或 PIO 趋势，则认为此试验是成功的。将使用以下成功标准评估 PIO 等级超过 3 级的场景：

（1）轻度湍流下足够；

（2）中等湍流和重度湍流下可控或更好。

c. 试验结果

俯仰姿态捕获试验条件和试验结果总结在表 10.15 中。PIO 等级为 1 至 2 级表明试验的飞行条件下无 PIO 趋势。

表 10.15　备用模式下的俯仰姿态捕获（ATA 27–146）试验结果

时间点	航班	表格	PIO 等级	起落架	襟翼	重量 /lb	重心	动力	高度 /ft	校正空速	备注
—											
—											
—											

7）单副翼漂浮时的飞行特性

● 配平飞行期间的过渡响应（ATA 27–174）

规章：25.671(c)，Issue Paper S–17。

a. 试验程序

（1）在特定试验条件下配平飞机直线飞行；

（2）设置单副翼漂浮；

（3）在识别到失效后稳定 1 s；

（4）重新恢复直线飞行。

b. 成功标准

（1）应符合持续安全飞行和着陆瞬态标准；

（2）机动动作不应需要特殊的驾驶技巧或力量。

c. 试验结果

试验条件和所获得的最大坡度记录在表 10.16 中。

表 10.16　配平飞行期间的过渡响应（ATA 27–174）试验结果

时间点	航班	表格	起落架	襟翼	重量/lb	重心	动力	高度 /ft	校正空速	最大坡度/(°)	备注
—	—	—	—	—	—	—	—	—	—	—	—
—	—	—	—	—	—	—	—	—	—	—	—
—	—	—	—	—	—	—	—	—	—	—	—

8）单液压系统失效时的飞行特性

● 单液压系统失效时的纵向机动（ATA 27 - 244）

规章：25.672，Issue Paper F - 5，25.671（c），Issue Paper S - 17。

a. 试验程序

（1）在特定试验条件下配平飞机；

（2）关闭左液压系统，CAS 信息和天气页面应显示左侧液压系统失效；

（3）拉到 0.8g，机动动作持续时间不应超过 5 s；

（4）返回水平飞行；

（5）推到 1.3g，机动动作持续时间不应超过 5 s；

（6）返回水平飞行；

（7）开启左侧液压系统。

b. 成功标准

（1）CAS 信息和天气页面应显示选择的液压系统失效；

（2）应达到目标 g 水平；

（3）应符合持续安全飞行和着陆瞬态标准；

（4）机动动作不应需要特殊的驾驶技巧或力量；

（5）飞行员 HQRM 评估应满足以下要求：

（a）轻度湍流下满意或更好；

（b）中等湍流下足够或更好；

（c）重度湍流下可控或更好。

c. 试验结果

试验条件和载重系数见表 10.17。

表 10.17　单液压系统失效时的纵向机动（ATA 27 - 244）试验结果

时间点	航班	表格	飞行员 HQRM	起落架	襟翼	重量 /lb	重心	高度 /ft	校正 空速	最小载 重系数 /g	最大载 重系数 /g	备注
—	—	—	—	—	—	—	—	—	—	—	—	—
—	—	—	—	—	—	—	—	—	—	—	—	—
—	—	—	—	—	—	—	—	—	—	—	—	—

12. 结论

试验结果证明了新机型飞行操纵系统的稳健性。

在整个包线中进行了多种构型和故障模式的机动操纵，试图发现任何 PIO 或操纵品质缺陷,这些缺陷将在故障情况下对持续安全操作和着陆造成威胁。除了根据试验计划在离散飞行条件下进行的具体试验点,每个故障模式都在整个包线中。

对于所有故障模式,飞机表现出满足 25.671 持续安全飞行和着陆标准的能力。在低速试验条件下,纵向机动能力受到 AOA 的限制,并不是由于控制功率不足。

在整个试验过程中,飞机展示了满足 25.671 和 HQRM 要求的飞行和操纵品质。总之,试验表明,在正常操作以及出现故障的情况下,操纵品质都达到满意的层级。新机型 FCS 具有可接受的操纵品质,可执行持续的安全飞行和着陆。

13. 建议

【基于试验结果给出的进一步建议,如需要添加的手册程序】

以下程序已经与 FAA 飞行试验协调,用于飞行操纵系统故障的操作。这些程序应加入 AFM。

在 BFCU 模式下运行:

(1)在高高度下保持 Ma 0.85~0.9,以减小可能在限制偏航阻尼效应下产生的偏航/滚转摆动;

(2)保持空速低于 285 KCAS/ Ma 0.90;

(3)保持最小空速为 VREF+10 kn;

(4)如果产生偏航/滚转摆动,推荐使用驾驶盘和方向舵,尽管这可能会有逐渐衰减的残余摆动;

(5)滚转期间,尤其是在低速时,可能会产生侧滑或滚转速率降低;在滚转方向采用正常方向舵输入,可以调整和提高滚转速率;

(6)选择侧风(包括阵风)的着陆跑道,不要超过 10 kn 速度。

在备用模式下运行:

(1)在高高度下保持 Ma 0.8~0.9,以减小可能在限制偏航阻尼效应下产生的偏航摆动;

(2)保持空速低于 285 KCAS/Ma 0.90;

(3)如果不经意间空速超过 Ma 0.90,预期会有轻微的机头偏向升降舵或配平反向的趋势;

(4)保持最小空速为 VREF+10 kn;

(5)如果产生偏航/滚转摆动,推荐使用驾驶盘和方向舵,尽管这可能会有逐渐衰减的残余摆动;

(6)滚转期间,尤其是在低速时,可能会产生侧滑或滚转速率降低;在滚转方向采用正常方向舵输入,可以调整和提高滚转速率;

(7)选择侧风(包括阵风)的着陆跑道,不要超过 10 kn 速度。

在左液压系统失效时或 EB 模式下运行:

(1) 移除滚转控制时,预期会有 FCS MX Req CAS 信息;

(2) 由于失去中扰流板,减速器效果会降低;

(3) 滚转控制权降低,但只要有侧风限制(包括阵风),它对持续安全飞行和着陆依然有效,但速度不能超过 10 kn;

(4) 着陆时中间扰流板不会展开。

副翼失效:

(1) 保持空速低于 285 KCAS/Ma 0.90;

(2) 在高马赫数下,由于副翼失效时的往上飘浮,预期会有向上俯仰产生;

(3) 滚转控制权降低,但只要有侧风限制(包括阵风),它对持续安全飞行和着陆依然有效,但速度不能超过 10 kn;

(4) 着陆时地面扰流板展开时,滚转控制权将继续降低。

方向舵失效(方向舵漂浮):

(1) 无法获得俯仰阻尼,使用平滑的、缓慢的滚转输入减小侧滑的产生;

(2) 在高高度下保持 Ma 0.8~0.9,以减小可能在限制偏航阻尼效应下产生的偏航摆动;

(3) 保持空速低于 285 KCAS/Ma 0.90;

(4) 直到快进近时,保持空速高于 VREF+20 kn,进近时最低空速为 VREF+10 kn;

(5) 如果产生偏航/滚转摆动,推荐使用常规滚转控制,预期会产生逐渐衰减的残余摆动;

(6) 选择一个侧风(包括阵风)的着陆跑道,不要超过 10 kn 速度。

方向舵卡阻:

(1) 无法获得俯仰阻尼;使用平滑的、缓慢的滚转输入减小侧滑的产生;利用差动的发动机推力,在方向舵漂移方向一侧采用高动力,以减小侧滑;

(2) 保持空速低于 285 KCAS/Ma 0.90;

(3) 直到快着陆时,保持空速高于 VREF+20 kn。在接近路线上设置最佳动力,达到 VREF+10 kn;

(4) 如果需要,改变高度以逃出湍流,并减小滚转振荡;

(5) 选择可用的最长、最宽的跑道;如果可能的话,选择有来自方向舵漂移方向反向的侧风和带有侧风(包括阵风)的跑道,速度不超过 10 kn;

(6) 采用 VREF+10 kn 的最小空速进行小角度下滑进场着陆;正在飞行操作的飞行员应尽量最小化飞行路径的改变,以保证空速稳定;未在飞行操作的飞行员改变动力,以减小飞行员工作负荷;接近、拉平和着陆时应最小化推力的改变;接近跑道时,比起改变推力,最好增加空速至 VREF+20 kn;

（7）飞机在着地时若有偏移到方向舵漂移方向的趋势，在中心线或略微偏离方向舵漂移的方向着陆；

（8）主起落架着地后，往方向舵漂移方向反向展开推力反向器，并增加反向推力，以保持飞机在跑道中心线上滑行；在跑道上尽快落下起落架前轮，采用中等制动以及方向舵踏板方向盘控制方向；保持驾驶杆往前，以增加前起落架效率；一旦确定方向控制，将剩余油门延迟到空转状态。

第11章

基于运行数据的操纵品质监控与预警方法

11.1 引言

　　预警是事先发出警告,提示航空运行安全系统即将出现的不平衡状态,是在对航空系统运行安全风险做出充分分析、判别和预测后发出的警告,是一种积极的、事前的安全管理模式。风险是某一特定危险情况发生的可能性和后果的组合。基于飞机运行数据,给出操纵品质监控与预警方法,可实时监测航空运营阶段安全风险水平,实现航空运营事故的预警,进一步为提高航空运营安全提供决策依据。

　　针对基于运行数据的操纵品质监控与预警问题,针对飞控系统展开功能危害性分析,结合第10章对飞控系统的功能失效分析,确定了基于运行数据的操纵品质监控与预警方法关注的快速访问记录器(quick access recorder, QAR)参数,提出一种基于等度量映射(isometric mapping, Isomap)和局部线性嵌入(locally linear embedding, LLE)算法的多重降维算法获取操纵品质多源信息融合值,通过对某航空公司 A320 机型某架飞机 80 次起降过程的 QAR 数据进行分析,设定了合理的告警阈值,根据飞控系统维修换件记录,确定操纵品质运行状态异常的起降过程,并基于案例分析说明了所提出方法的有效性。

11.2 飞控系统安全性分析

　　对飞控系统进行功能危害性分析,从确定飞控系统的功能清单、飞控系统功能分类和功能失效状态危害性等级的评估准则三个部分出发,获取飞控系统功能失效状态不同危害性等级的事件,并对等级为 I 和 II 类事件进一步分解,获取底层危害事件,结合 10.5 节对飞控系统的功能失效分析,确定了 18 条用于操纵品质监控与预警的 QAR 参数,为后续基于运行数据的操纵品质监控与预警方法奠定基础。

表 11.1 对飞控系统的功能失效危害性等级进行了定义。功能清单是确定功能失效状态危害性等级的输入,典型飞控系统的功能清单如表 11.2 所示。

表 11.1 飞控系统的功能失效危害性等级定义

等 级	定 义	
	对飞机的影响	对人员的影响
灾难的	飞机完全损毁或报废; 阻碍持续安全飞行及着陆	导致人员死亡
严重的	飞机严重损毁; 大大降低安全裕度或功能能力; 飞机任务失败	人员严重伤害或严重职业病; 更高的工作负荷或身体伤害,以至于机组不再被信赖能精确或完整的执行任务
轻度的	飞机轻度破坏; 降低安全裕度或功能能力; 导致任务降级	人员轻度伤害或轻度职业病; 增加机组工作负荷或影响工作效率
轻微的	轻于"主要的"的飞机破坏; 轻微降低安全裕度; 执行任务的裕度降低	轻于"主要的"的人员伤害; 轻微增加机组工作负荷
无安全影响	无安全影响; 无任务影响	无影响

表 11.2 飞控系统功能清单示例

功能编号	一级功能	功能编号	二级功能
F－01－01	横向控制功能	F－01－01－01	滚转控制功能
		F－01－01－02	滚转配平功能
		F－01－01－03	横向人感功能
		F－01－01－04	滚转限制保护功能
F－01－02	航向控制功能	F－01－02－01	偏航控制功能
		F－01－02－02	偏航配平功能
		F－01－02－03	航向人感功能
		F－01－02－04	偏航限制和保护功能

续　表

功 能 编 号	一 级 功 能	功 能 编 号	二 级 功 能
F‐01‐03	纵向控制功能	F‐01‐03‐01	俯仰控制功能
		F‐01‐03‐02	俯仰配平功能
		F‐01‐03‐03	纵向人感功能
		F‐01‐03‐04	俯仰限制和保护功能
F‐01‐04	增升装置控制功能	F‐01‐04‐01	襟翼的放下和收回功能
		F‐01‐04‐02	副翼辅助襟翼增升功能
F‐01‐05	扰流板控制功能	F‐01‐05‐01	扰流板的开启和关闭功能

功能失效状态的危险严重性等级根据其对所研究的系统、飞机整机及其人员等的影响程度大小来确定。

在确定等级时可参考以下原则：

（1）指示系统错误指示一般比指示系统故障或失效的影响更严重；

（2）应了解并明确飞机对驾驶员的操作与控制要求，包括在各飞行阶段对驾驶员的工作要求，以便分析失效状态对驾驶员操作的要求和影响；

（3）如果同一功能失效在不同阶段对飞机或人员产生的影响不同，则在分析中要分别列出；

（4）驾驶员对失效情况的处理能力应以飞机对驾驶员的要求为基础，个别驾驶员对失效的处理能力不能作为确定危险严重性等级的依据；

（5）要考虑通告的失效和未通告失效的等级是否相同。

飞控系统功能失效状态危害性等级的确定主要包括确定飞控系统的功能清单、飞控系统功能分类和功能失效状态危害性等级的评估准则三个部分。

1. 确定飞控系统的功能清单

根据不同机型飞控系统的特点，对飞行系统的功能进行列举。

2. 飞控系统功能的分类

通过对飞控系统功能清单的梳理，可以对其中相近的功能进行归纳和分类，分类的原则与飞机研制功能架构的分组原则不同，主要依据在功能失效状态危害性等级评估方面是否具有相似性对功能进行分类。考虑典型飞控系统特点，可以将其功能分为以下几类：基础性控制功能、配平功能、保护功能，人感功能、补偿功能、增升功能和减速功能。

3. 考虑可用性和完整性要求,针对不同类型的功能,提出其功能失效状态危害性等级的评估准则

SAE ARP 4761 中将功能的失效分为两大类型,即可用性和完整性要求,其中可用性主要指功能丧失或部分丧失造成的功能不可用;完整性主要指功能的错误造成的功能要求不完整,需要针对上述所有功能类别,考虑可用性和完整性要求,提出飞控系统功能失效状态危害性等级评估准则。

1)基础性控制功能的失效状态危害性等级评估准则

基础性控制功能主要包括 3 个轴向的基本控制和辅助控制,对于基础性控制功能的失效状态,其危害性等级评估应以最小操纵为界限,以一个具有 4 块升降舵的飞机为例(最小操纵面为 3 个),考虑最危险的着陆阶段:

(1)当丧失 3 块及 3 块以上升降舵时,会造成飞机坠毁和人员死亡的后果,其失效状态危害性等级为Ⅰ类;

(2)当非对称丧失 2 块升降舵时,会大大降低飞机安全裕度或功能能力,使飞行机组承担更高的工作负荷或身体伤害,以至于机组不再被信赖能精确或完整的执行任务,其失效状态危害性等级为Ⅱ类;

(3)当丧失 1 块升降舵或对称丧失 2 块升降舵时,会降低飞机安全裕度或功能能力,增加机组工作负荷或影响工作效率,其失效状态危害性等级为Ⅲ类。

2)配平功能的失效状态危害性等级评估准则

配平功能主要包括 3 个轴向的配平控制,对于配平功能的失效状态,其危害性等级评估主要考虑功能丧失和功能的非指令执行的情况,例如:

(1)当非指令配平控制时,会给飞机带来意外的操纵力,可能导致飞机姿态、航迹改变,降低飞机安全裕度或功能能力,增加机组工作负荷或影响工作效率,其失效状态危害性等级一般为Ⅲ类;与其他的舵面配平有所不同,俯仰控制的非指令配平可能导致失控、起飞和降落失败,甚至彻底损毁,同时机组则可能由于飞机的损毁而死亡,其俯仰控制的非指令配平失效状态危害性等级为Ⅰ类;

(2)当丧失配平功能时,会轻微降低飞机安全裕度,轻微增加机组工作负荷,其失效状态危害性等级为Ⅳ类(无通告为Ⅲ类)。

3)保护功能的失效状态危害性等级评估准则

保护功能主要包括 3 个轴向的姿态保护,对于保护功能的失效状态,其危害性等级评估主要考虑功能丧失和功能的非指令执行的情况,例如:

(1)当非指令执行保护功能时,降低飞机安全裕度或功能能力,增加机组工作负荷或影响工作效率,其失效状态危害性等级一般为Ⅲ类;

(2)当丧失保护功能时,会轻微降低飞机安全裕度,轻微增加机组工作负荷,其失效状态危害性等级为Ⅳ类(无通告为Ⅲ类)。

4）人感功能的失效状态危害性等级评估准则

对于人感功能的失效状态,其危害性等级评估主要考虑功能丧失,例如:

当丧失人感功能时,会降低飞机安全裕度或功能能力,增加机组工作负荷或影响工作效率,容易导致机组的误操作,其失效状态危害性等级为Ⅲ类。

5）补偿功能的失效状态危害性等级评估准则

对于补偿功能的失效状态,其危害性等级评估主要考虑功能丧失,例如:

当丧失补偿功能时,会轻微降低飞机安全裕度,轻微增加机组工作负荷,其失效状态危害性等级为Ⅳ类(无通告为Ⅲ类)。

6）增升功能的失效状态危害性等级评估准则

对于增升功能的失效状态,其危害性等级评估主要考虑功能丧失和功能的非指令执行的情况,例如:

(1)起飞、着陆阶段,增升功能的非指令关闭,考虑飞机自身、起飞着陆重量、滑跑距离、跑道长度及清洁程度等因素,危害性等级可能发生变化,如无法确定则按Ⅱ类确定其失效状态危害性等级;

(2)巡航阶段,非指令开启增升功能时,导致飞机结构损坏,极大降低飞机安全裕度,极大增加机组工作负荷,其失效状态危害性等级为Ⅱ类;

(3)巡航阶段,丧失增升功能时,仅会轻微增加机组工作负担,其失效状态危害性等级为Ⅳ类。

7）减速功能的失效状态危害性等级评估准则

对于减速功能的失效状态,其危害性等级评估主要考虑功能丧失和功能的非指令执行的情况,例如:

(1)起飞阶段,非指令打开减速功能,其失效状态危害性等级为Ⅰ类;

(2)爬升、巡航、下降阶段,非指令打开减速功能,其失效状态危害性等级为Ⅰ类;

(3)着陆阶段,丧失减速功能,其失效状态危害性等级为Ⅰ类;

(4)着陆阶段,部分丧失减速功能(单侧),其失效状态危害性等级为Ⅰ类。

根据以上分析,典型飞控系统功能失效状态危害性等级为Ⅰ和Ⅱ类事件如表11.3 所示。

表 11.3 飞控系统功能失效状态危害性等级为 Ⅰ 和 Ⅱ 类事件

序号	事 件 名 称	等级
1	丧失三块及三块以上升降舵控制功能	Ⅰ
2	丧失单侧两块升降舵/方向舵控制功能	Ⅱ

续 表

序号	事 件 名 称	等级
3	任意一块俯仰控制舵面非指令俯仰偏转超过限制(急偏)	I
4	任意一块控制舵面非指令俯仰振荡超过限制	I
5	俯仰配平非指令工作	I
6	丧失任意四块及以上副翼滚转控制功能	I
7	任意两块及以上副翼非指令偏转超过限制(急偏)	II
8	任意两块及以上副翼非指令振荡超过限制	II
9	滚转配平非指令工作	II
10	丧失三块及三块以上方向舵航向控制功能	I
11	丧失任意两块(两侧各一)方向舵航向控制功能	II
12	中等侧风时,丧失任意两块(两侧各一)方向舵航向控制功能	I
13	丧失单侧两块方向舵航向控制功能	II
14	航向配平非指令工作	I
15	襟翼非指令的收起	II
16	襟翼非指令的放下	II
17	左右侧襟翼不对称收放超过限制	II
18	任意一侧地面减速非指令控制	I
19	任意一侧空中减速非指令控制	I

对上述 19 条飞控系统功能失效状态危害性等级为 I 和 II 类事件进一步分解。

(1) 丧失三块及三块以上升降舵控制功能,可分为驾驶杆俯仰操纵指令失效、传感器采集处理失效、控制指令失效和伺服控制失效四类失效事件。

(2) 丧失单侧两块升降舵/方向舵控制功能,可分为丧失左上、左下、右上、右下升降舵/方向舵俯仰控制四类失效事件。

(3) 任意一块俯仰控制舵面非指令俯仰偏转超过限制(急偏),可分为 ART 控制指令异常、作动器异常且伺服控制未能监控到故障、作动器异常且伺服控制监控到故障但未成功进行故障保护三类失效事件。

（4）任意一块控制舵面非指令俯仰振荡超过限制,可分为 ART 控制指令异常、作动器异常且伺服控制未能监控到故障、作动器异常且伺服控制监控到故障但未成功进行故障保护三类失效事件。

（5）俯仰配平非指令工作,可分为俯仰角速率信号异常和法向过载信号异常两类失效事件。

（6）丧失任意四块及以上副翼滚转控制功能,可分为驾驶杆滚转操纵指令失效、传感器采集处理失效、控制指令失效和丧失所有副翼滚转操纵功能四类失效事件。

（7）任意两块及以上副翼非指令偏转超过限制(急偏),可分为 ART 控制指令异常、作动器异常且伺服控制未能监控到故障两类失效事件。

（8）任意两块及以上副翼非指令振荡超过限制,可分为 ART 控制指令异常、作动器异常且伺服控制未能监控到故障两类失效事件。

（9）滚转配平非指令工作,可分为配平指令非指令和配平电机工作异常两类失效事件。

（10）丧失三块及三块以上方向舵航向控制功能,可分为脚蹬操纵指令失效、传感器采集处理失效丧失、控制指令失效和伺服控制失效四类失效事件。

（11）丧失任意两块(两侧各一)方向舵航向控制功能,可分为左上/左下/右上/右下升降舵/方向舵液压失效、左上/左下/右上/右下升降舵/方向舵伺服控制电气失效、左上/左下/右上/右下升降舵/方向舵作动器失效三类失效事件。

（12）中等侧风时,丧失任意两块(两侧各一)方向舵航向控制功能,可分为左上/左下/右上/右下升降舵/方向舵液压失效、左上/左下/右上/右下升降舵/方向舵伺服控制电气失效、左上/左下/右上/右下升降舵/方向舵作动器失效三类失效事件。

（13）丧失单侧两块方向舵航向控制功能,可分为左上/左下/右上/右下升降舵/方向舵液压失效、左上/左下/右上/右下升降舵/方向舵伺服控制电气失效、左上/左下/右上/右下升降舵/方向舵作动器失效三类失效事件。

（14）航向配平非指令工作,可分为航向人工配平开关意外发出指令、航向配平电机意外工作两类失效事件。

（15）襟翼非指令的收起,可分为手柄指令传感器非指令输出、PIU 非指令输出信号、FCC 非指令输出信号和非指令的伺服控制四类失效事件。

（16）襟翼非指令的放下,可分为手柄指令传感器非指令输出、PIU 非指令输出信号、FCC 非指令输出信号和非指令的伺服控制四类失效事件。

（17）左右侧襟翼不对称收放超过限制,可分为丧失单侧襟翼收放功能或两侧运动速度不一致、未成功进行不对称监控保护两类失效事件。

（18）任意一侧地面减速非指令控制,该事件分为单侧副翼非指令地面减速和单侧扰流板非指令地面减速两个事件。单侧副翼非指令地面减速分为副翼 ART 电气控制指令异常和副翼作动器异常且伺服控制未能监控两类失效事件。单侧扰流板非指令地面减速分为扰流板 ART 电气控制指令异常和扰流板作动器异常且伺服控制未能监控两类失效事件。

（19）任意一侧空中减速非指令控制，该事件分为单侧扰流板非指令振荡超过许可限制和单侧扰流板非指令振荡超过许可限制（急偏）两个事件。单侧扰流板非指令振荡超过许可限制分为扰流板 ART 电气控制指令异常和扰流板作动器异常且伺服控制未能监控两类失效事件。单侧扰流板非指令振荡超过许可限制（急偏）分为扰流板 ART 电气控制指令异常和扰流板作动器异常且伺服控制未能监控两类失效事件。

结合飞控系统功能失效模式分析和功能危害性分析，可知副翼、襟翼、扰流板、方向舵、升降舵五个子系统对飞控系统的影响最大。因此，对 QAR 数据进行筛选，选择副翼、襟翼、扰流板、方向舵、升降舵部件相关的特征作为操纵品质运行状态监控参数，如表 11.4 所示。

表 11.4 操纵品质运行状态监控参数

序号	采 集 参 数	参 数 释 义
1	Aileron angle1	左侧副翼角度
2	Aileron angle2	右侧副翼角度
3	Left elevator angle	左升降舵角度
4	Right elevator angle	右升降舵角度
5	Actual Flaps angle	襟翼角度
6	Slats angle	缝翼角度
7	Rudder Pedal Position	方向舵踏板位置
8	Rudder angle	方向舵角度
9	Spoiler 1 left angle	左侧 1 号扰流板位置
10	Spoiler 2 left angle	左侧 2 号扰流板位置
11	Spoiler 3 left angle	左侧 3 号扰流板位置
12	Spoiler 4 left angle	左侧 4 号扰流板位置
13	Spoiler 5 left angle	左侧 5 号扰流板位置

序号	采　集　参　数	参　数　释　义
14	Spoiler 1 Right Angle	右侧 1 号扰流板位置
15	Spoiler 2 Right Angle	右侧 2 号扰流板位置
16	Spoiler 3 Right Angle	右侧 3 号扰流板位置
17	Spoiler 4 Right Angle	右侧 4 号扰流板位置
18	Spoiler 5 Right Angle	右侧 5 号扰流板位置

11.3　基于多重降维技术的操纵品质运行状态预警模型

选择民机飞控系统历史正常运行状态下采集的参数建立操纵品质运行状态预警模型;当有新的飞行任务时,实时采集系统状态参数会通过 ACARS 传输到地面;新参数由预警模型进行处理得到参数偏差值;进一步对偏差值进行分析,当偏差值超过了预先设置的故障预警值发出警告,反之则进行下一个循环的监控。

11.3.1　基于多重降维技术的预警模型

基于多重降维技术的操纵品质运行状态预警模型流程图如图 11.1 所示。

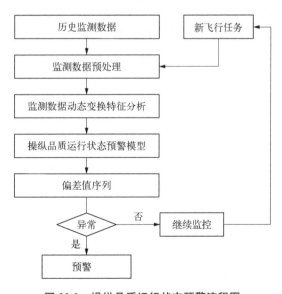

图 11.1　操纵品质运行状态预警流程图

采取多重降维方法建立操纵品质运行状态预警模型,将数据输入多种降维算法,挖掘其中的有效信息,获得操纵品质运行状态融合值,对其进行分类,若输出参数均为异常参数,则进行预警,具体实现流程如下。

1. 利用局部线性嵌入(locally linear embedding, LLE)将数据降维 8~10 维度

LLE 是非线性数据的一种新的降维方法,其主要思想是将数据点定义为其本地邻居的线性组合,并使用包含本地线性关系的较低维嵌入来降低数据的维数。LLE 可以处理非线性流形几何,该方法沿流形局部拟合,并分析数据原始结构的关系,过程如下。

1)确定近邻取样点

确定每个数据点的 k 个近邻取样点:

$$
\begin{cases}
N_i = \text{KNN}(x_i,\ k) \\
N_i = [x_{1i},\ \cdots,\ x_{ki}] \\
i = 1,\ \cdots,\ n,\ j = 1,\ \cdots k
\end{cases}
$$

2)计算最佳权重

通过解决优化问题来计算最佳权重:

$$
\begin{cases}
J(W) = \min\left(\sum_{i=1}^{n} \left\| x_i - \sum_{j=1}^{k} w_{ij}x_j \right\|^2\right) \\
s.t. \sum_{j=1}^{k} w_{ij} = 1
\end{cases}
$$

3)降维至低维度

通过解决以下优化问题将原始数据降至低纬度:

$$
\begin{cases}
J(Y) = \min\left(\sum_{i=1}^{n} \left\| y_i - \sum_{j=1}^{k} w_{ij}y_j \right\|^2\right) \\
s.t. \sum_{j=1}^{k} y_j = 0,\ \dfrac{1}{m}\sum_{i=1}^{n} y_i y_i^{T} = I
\end{cases}
$$

2. 利用 Isomap 将数据降维至 1 维

Isomap 是改进的多维缩放算法(multidimensional scaling, MDS),并继承了 MDS 的优点,过程如下。

1)构建邻域图 G

连接所有成对的点构建邻域图 G,如果满足以下条件,则使边长等于欧几里得距离 $d_x(x_i, x_j)$。

(1) x_j 的最近邻域点是 x_i;

(2) x_i 和 x_j 由同一边链接。

2）计算矩阵 D_G

最短路径矩阵 $D_G = [d_G(x_i, x_j)]_{n \times n} = (d_{ij})_{n \times n}$ 的计算公式如下：

$$d_{ij} = \min\{d_X(x_i, x_j), d_G(x_i, x_k) + d_G(x_k, x_j)\}$$

3）MDS 算法

令 D_G 为 MDS 算法的输入。MDS 算法的主要思想是保持从高维空间到低维空间的数据点之间的距离。设 $Y = (y_1, y_2, \cdots, y_n)^T$ 由以下等式计算得到：

$$\begin{cases} d_{ij}^2 = \| y_i \|^2 + \| y_i \|^2 - 2y_i^T y_j \\ \quad = b_{ii} + b_{jj} - 2b_{ij} \\ d_i^2 = \dfrac{1}{n}[\operatorname{tr}(B)] + nb_{ii} \\ d_i^2 = \dfrac{1}{n}[\operatorname{tr}(B)] + nb_{jj} \\ d^2 = \dfrac{2}{n}\operatorname{tr}(B) \\ b_{ij} = -\dfrac{1}{2}(d_{ij}^2 - d_i^2 - d_i^2 + d^2) \end{cases}$$

11.3.2　案例分析

选取某航空公司 A320 机型某架飞机 2021 年 80 次起降过程的 QAR 数据进行案例分析。结合飞控系统的维修记录和换件记录，对操纵品质运行状态异常的情况进行标记。主要异常情况如表 11.5 所示。

表 11.5　操纵品质运行状态主要异常情况

序号	异 常 情 况 描 述
1	机组反映机身抖动
2	左/右大翼缝翼封严条破损
3	襟翼系统故障
4	左/右机翼襟翼整流罩封严脱落部分
5	左/右大翼最外侧整流锥前部封严损伤
6	方向舵行程限制故障

序号	异　常　情　况　描　述
7	飞行控制 ELAC 俯仰故障
8	方向舵脚蹬调节器松动
9	左/右大翼扰流板漏油
10	机组反映空中方向舵抖动
11	侧杆 PTT 卡阻
12	脚蹬盖板破损
13	机组反映增压后副翼左右指示不一致
14	机组反映襟缝翼收放卡阻
15	机组反映扰流板故障

　　基于多重降维技术对 80 次起降过程的 QAR 数据进行处理,选取表 11.5 中的参数作为算法输入,输出为多源信息融合值。发现操纵品质运行状态异常时,整段起降过程的多源信息融合值 86% 以上高于 0.2,其余均在 0.2 附近,少数机身抖动、襟翼系统故障和方向舵抖动等操纵品质运行状态异常情况下,多源信息融合值高于 0.5。因此,将多源信息融合值正负 0.2 作为操纵品质运行状态一般异常预警线,正负 0.5 作为操纵品质运行状态严重异常预警线。以 5 个起降过程为例说明该方法的有效性。

　　选取某航空公司 A320 机型某架飞机 2020 年 4 月的 5 次起降过程的 QAR 数据进行验证,起降过程信息如表 11.6 所示。分别获取 5 次起降过程的 QAR 数据,选取表 11.5 中的参数作为算法输入,降维后的多源信息融合值如图 11.2~图 11.6 所示。

表 11.6　起降过程信息

序号	日　期	起飞时间	落地时间	始　发　地	目　的　地
1	2020/4/2	3: 00: 40	4: 50: 07	厦门高崎国际机场	淮安涟水国际机场
2	2020/4/2	10: 33: 08	12: 33: 44	广州白云国际机场	淮安涟水国际机场
3	2020/4/2	23: 27: 53	0: 52: 21	厦门高崎国际机场	南京禄口国际机场
4	2020/4/2	6: 40: 32	8: 09: 32	淮安涟水国际机场	广州白云国际机场
5	2020/4/10	9: 30: 33	10: 53: 08	大连周水子国际机场	无锡硕放机场

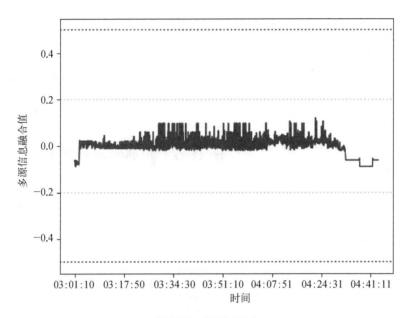

图 **11.2**　起降过程 1

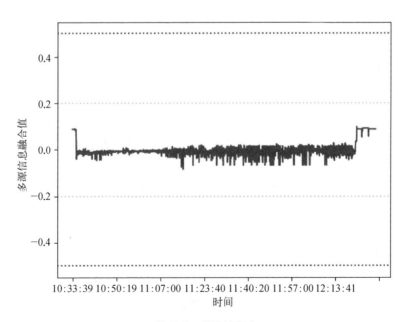

图 **11.3**　起降过程 2

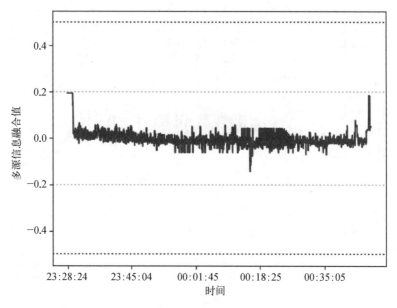

图 11.4　起降过程 3

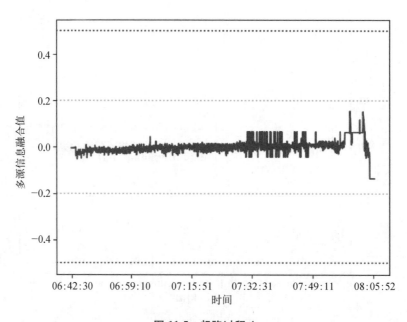

图 11.5　起降过程 4

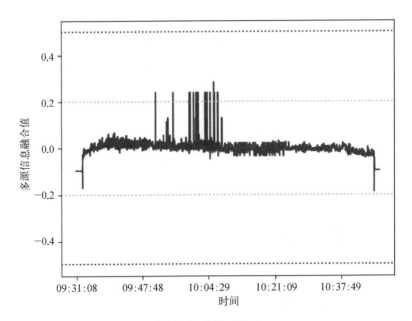

图 11.6　起降过程 5

　　由图 11.2～图 11.6 可看出,在 2020 年 4 月 2 日的 4 趟起降过程中,预警模型所输出的多源信息融合值并未超出所设置的一般警戒线和严重警戒线,模型未产生告警,说明操纵品质运行状态未发生异常情况,这与起降过程真实情况一致。起降过程 5 为该架飞机在 2020 年 4 月 10 日的起降过程,根据换件记录显示,该起降过程后依据 TSM27‐93‐00‐810‐896‐A 和 AMM27‐93‐34PB401 更换ELAC1。依据 AMM27‐93‐00‐710‐001‐A 测试 ELAC1,测试正常。ELAC 是飞控系统的核心部件,该部件故障会导致操纵品质运行状态异常,所提出的预警模型在该起降过程的 9 点 50 分到 10 点 10 分之间检测到超过一般预警值的多源信息融合值,发出一般预警,说明操纵品质运行状态一般异常,这与起降过程真实情况一致。

参 考 文 献

［1］ 谭文倩,屈香菊.人机系统与飞行品质［M］.北京：北京航空航天大学出版社,2020.

［2］ 高金源,焦宗夏,张平.飞机电传操纵系统与主动控制技术［M］.北京：北京航空航天大学出版社,2005.

［3］ Federal Aviation Administration. Flight test guide for certification of transport category airplanes：AC 25－7D［S］. United States：Department of Transportation, 2018.

［4］ 国防科学技术工业委员会.有人驾驶飞机飞行控制系统通用规范：GJB 2191－1994［S］.北京：国防科学技术工业委员会,1994.

［5］ Kumar B, DeRemer D.英汉航空图解词典［M］.徐元铭,译.北京：航空工业出版社,2009.

［6］ Keller J D, Mckillip R M, Kim S. Aircraft flight envelope determination using upset detection and physical modeling methods［C］. Chicago：AIAA Guidance, Navigation, and Control Conference, 2009.

［7］ Tang L, Roemer M, Ge J, et al. Methodologies for adaptive flight envelope estimation and protection［C］. Chicago：AIAA Guidance, Navigation, and Control Conference, 2009.

［8］ Pandita R, Chakraborty A, Seiler P, et al. Reachability and region of attraction analysis applied to gtm dynamic flight envelope assessment［C］. Chicago：AIAA Guidance, Navigation, and Control Conference, 2009.

［9］ Roemer M, Tang L, Bharadwaj S, et al. An integrated aircraft health assessment and fault contingency management system for aircraft［C］. Honolulu：AIAA Guidance, Navigation and Control Conference and Exhibit, 2008.

［10］ Urnes J M, Reichenbach E Y, Smith T A. Dynamic flight envelope assessment and prediction［C］. Honolulu：AIAA Guidance, Navigation and Control Conference and Exhibit, 2008.

［11］ Selig M S. Modeling full-envelope aerodynamics of small UAVs in realtime［C］. Toronto：AIAA Atmospheric Flight Mechanics Conference, 2010.

［12］ Moncayo H, Perhinschi M G, Davis J. Artificial-immune-system-based aircraft failure evaluation over extended flight envelope［J］. Journal of Guidance, Control, and Dynamics, 2011, 34(4)：989 - 1001.

［13］ Goman M G, Khramtsovsky A V, Kolesnikov E N. Evaluation of aircraft performance and maneuverability by computation of attainable equilibrium sets ［J］. Journal of Guidance, Control, and Dynamics, 2008, 31(2)：329 - 339.

［14］ 徐声明,商立英,蒲宏斌,等.大型喷气式飞机全飞行包线巡逻性能设计方法 ［J］.飞行力学,2018,36(6):7 - 11.

［15］ 赵安家,孟哲理,高洪权,等.飞行包线对飞行安全影响研究[J].飞机设计, 2017(1)：13 - 18.

［16］ 羊雨璇,高占宝,李绪隆,等.基于遥测数据的无人机飞行包线估算方法研究 ［J］.飞行力学,2019,37(1)：1 - 5.

［17］ 刘小雄,孙逊,唐强,等.飞机机翼故障的动态飞行包线估算方法[J].北京航 空航天大学学报,2013,39(11)：1515 - 1519.

［18］ 王进,李剑,谢寿生.航空发动机控制问题研究中飞行包线区域的划分方法 ［J］.航空动力学报,2003,18(3)：436 - 439.

［19］ 张忠佐.直升机飞行包线保护方法研究[D].南京：南京航空航天大学,2020.

［20］ 彭孝天,冯诗愚,任童,等.飞行包线下燃油箱耗氧型催化惰化系统性能研究 ［J］.北京航空航天大学学报,2021,47(8)：1565 - 1570.

［21］ Doyle S A, Dugan J B, Patterson-Hine F A. A combinatorial approach to modeling imperfect coverage［J］. IEEE Transactions on Reliability, 1995, 44 (1)：87 - 94.

［22］ Shahraki A F, Yadav O P, Vogiatzis C. Selective maintenance optimization for multi-state systems considering stochastically dependent components and stochastic imperfect maintenance actions［J］. Reliability Engineering and System Safety, 2020, 196：106738.

［23］ Nguyen V T, Do P, Vosin A, et al. Artificial-intelligence-based maintenance decision-making and optimization for multi-state component systems ［J］. Reliability Engineering and System Safety, 2022, 228：108757.

［24］ Zio E, Marella M, Podofillini L. A Monte Carlo simulation approach to the availability assessment of multi-state systems with operational dependencies［J］.

Reliability Engineering and System Safety, 2007, 92(7): 871-882.

[25] Zio E, Podofillini L, Levitin G. Estimation of the importance measures of multi-state elements by Monte Carlo simulation[J]. Reliability Engineering and System Safety, 2004, 86(3): 191-204.

[26] Lisnianski A. Extended block diagram method for a multi-state system reliability assessment[J]. Reliability Engineering and System Safety, 2007, 92(12): 1601-1607.

[27] Lisnianski A, Ding Y. Redundancy analysis for repairable multi-state system by using combined stochastic processes methods and universal generating function technique[J]. Reliability Engineering and System Safety, 2009, 94(11): 1788-1795.

[28] 夏胜平,曾亮,谢红卫.多态关联系统典型逻辑结构[J].系统工程与电子技术,1998(5): 72-77.

[29] 曾亮,郭欣.多状态系统故障树的一种生成方法[J].系统工程学报,1998(4): 74-78.

[30] 周忠宝,马超群,周经伦.贝叶斯网络在多态系统可靠性分析中的应用[J].哈尔滨工业大学学报,2009,41(6): 232-235.

[31] 尹晓伟,钱文学,谢里阳.基于贝叶斯网络的多状态系统可靠性建模与评估[J].机械工程学报,2009,45(2): 206-212.

[32] 孙利娜,黄宁,仵伟强,等.基于 T-S 模糊故障树的多态系统性能可靠性[J].机械工程学报,2016,52(10): 191-198.

[33] 彭文胜,张建国,张金洋,等.混合不确定多态系统可靠性的 EUGF 分析方法[J].系统工程与电子技术,2017,39(12): 2863-2868.

[34] 张永进,孙有朝,张燕军.基于聚类状态主控边界点的单调多态关联系统可靠性分析[J].航空学报,2017,38(8): 85-96.

[35] 曹颖赛,刘思峰,方志耕,等.多态系统可靠性分析广义灰色贝叶斯网络模型[J].系统工程与电子技术,2018,40(1): 231-237.

[36] Morelli E A, Smith M S. Real-time dynamic modeling: Data information requirements and flight-test results[J]. Journal of Aircraft, 2009, 46(6): 1894-1905.

[37] Wilhelm K.操纵品质试验的准备及实施[J].飞行力学,1988(2): 103-127.

[38] Counsell J M, Khalid Y A, Brindley J. Controllability of buildings: A multi-input multi-output stability assessment method for buildings with slow acting heating systems[J]. Simulation Modelling Practice and Theory, 2011, 19(4): 1185-1200.

[39] Borello L, Villero G, Vedova M D L D. Flap failure and aircraft controllability: Developments in asymmetry monitoring techniques [J]. Journal of Mechanical Science and Technology, 2014, 28(11): 4593-4603.

[40] 董庚寿,刘昶.飞机飞行品质规范编制研究 25 年[J].民用飞机设计与研究, 1998(4): 42-45.

[41] 董庚寿,韦克家.飞机飞行品质规范的新进展——对 MIL-STD-1797 的初步分析[J].飞行力学,2000,18(2): 10-14.

[42] 冯红星.基于飞行任务的飞行品质评估方法研究[D].南京: 南京航空航天大学,2009.

[43] Tian J, Zhao T. Controllability-involved risk assessment model for carrier-landing of aircraft [C]. Reno: 2012 Proceedings Annual Reliability and Maintainability Symposium, 2012.

[44] 李乐尧,李俨,王新民.放宽静稳定性大型客机纵向控制增稳系统设计[J].飞行力学,2010,28(4): 25-28.

[45] 刘小雄,邱岳恒,刘世民,等.操纵面故障对飞行包线的影响研究[J].飞行力学,2012,30(2): 128-131.

[46] 王奔驰,杜军,丁超,等.基于 AHP-TOPSIS 法的飞机起飞阶段飞行品质评价[J].飞行力学,2019,37(1): 80-84.

[47] 肖艳平,傅庆庆.横航向飞行品质评估方法研究综述[J].民航学报,2018, 2(5): 42-45.

[48] Cooper G E, Harper R P. The use of pilot ratings in evaluation of aircraft handling qualities[R]. NASA-TN-D-5153, 1969.

[49] Bailey R E, Jackson E B, Bilimoria K D, et al. Cooper-Harper experience report for spacecraft handling qualities applications[R]. NASA/TM-2009-215767, 2009.

[50] Harper R P, Cooper G E. Handling qualities and pilot evaluation[J]. Journal of Guidance Control and Dynamics, 1986, 9(5): 515-529.

[51] Dolega B, Rogalski T. The training rate of aircraft handling quality evaluation scale[J]. Aircraft Engineering and Aerospace Technology, 2008, 80(3): 274-279.

[52] 王锋.几种典型飞行品质对无人机的适用性研究[J].飞行力学,2013,31(5): 389-393.

[53] 张海妮,贾晓鹏,程伟豪.基于 HQRM 的系统故障下的操纵品质评定技术[J].飞行力学,2015,33(6): 555-559.

[54] 张雅妮,李岩,金镭.电子飞控飞机的飞行品质适航验证[J].飞行力学,2012,

30(2):117－120.

[55] 王育平,徐南波.基于飞控系统故障后的飞行品质评定方法适航验证技术研究[J].民用飞机设计与研究,2013(3):19－20.

[56] 张彤.HQRM 方法在适航审定实践中的应用[J].飞行力学,2013,31(6):553－557.

[57] Liu F, Wang L, Tan X. Digital virtual flight testing and evaluation method for flight characteristics airworthiness compliance of civil aircraft based on HQRM[J]. Chinese Journal of Aeronautics, 2015, 28(1):112－120.

[58] Zhou K, Wang L X, Tan X S. Flying qualities reduction of fly-by-wire commercial aircraft with reconfiguration flight control laws [J]. Procedia Engineering, 2011, 17:179－196.

[59] 张明峰,高亚奎,陈宗基,等.民机飞行品质适航性评估研究[C].深圳:大型飞机关键技术高层论坛暨中国航空学会学术年会,2007.

[60] 侯天俊,郭有光,王立新,等.基于任务的飞机大迎角飞行品质评定准则[J].北京航空航天大学学报,2015,41(9):1736－1741.

[61] 倪世宏,史忠科,王彦鸿,等.军用战机驾驶员操纵品质评估系统研究[J].空军工程大学学报(自然科学版),2004,5(6):7－10.

[62] 钱鑫,蔡忠春.军用飞机飞行员操纵品质评估数学模型[J].兵工自动化,2014(8):16－19.

[63] 张天,潘天峰,张蓉.极值理论在飞机操纵系统安全性评估中的应用[J].空军工程大学学报(自然科学版),2012,13(3):11－14.

[64] 张磊,方洋旺,吴宗一,等.基于模糊多属性决策的飞行员综合能力研究[J].火力与指挥控制,2011,36(2):85－88.

[65] 张同斌,李体方,盛又文.基于 BP 神经网络的试飞员驾驶技术评估[J].计算机仿真,2012,29(10):110－113.

[66] 姚裕盛,徐开俊.基于 BP 神经网络的飞行训练品质评估[J].航空学报,2017,38(S1):23－31.

[67] 王辉.异构分布计算系统可靠性分析及优化方法研究[D].南京:东南大学,2016.

[68] 陈松.基于 AltaRica 的模型转换与安全性验证方法研究[D].南京:南京航空航天大学,2016.

[69] 仵志鹏.面向 AltaRica 模型的系统安全性设计验证方法研究[D].南京:南京航空航天大学,2016.

[70] 薛瑜.模糊 Petri 网的合成运算等相关性态研究[D].杭州:杭州电子科技大学,2012.

［71］秦庆霞.面向维护的 A320 供电系统功能模型研究［D］.天津：中国民航大学,2011.

［72］侯晨光.民用飞机伺服作动系统可靠性方法研究［D］.西安：西北工业大学,2007.

［73］肖业伦.大气扰动中的飞行原理［M］.北京：国防工业出版社,1993.

［74］王勇,刘庆灵.某型飞机纵向静稳定性试飞方法研究［J］.民用飞机设计与研究,2016(3)：66－68.

［75］吴森堂.飞行控制系统［M］.北京：北京航空航天大学出版社,2013.

［76］古莹奎,邱光琦,储茜.多状态串并联系统工作性能及其状态概率分析［J］.江西理工大学学报,2013(3)：60－66.

［77］Society of Automotive Engineers. Guidelines for development of civil aircraft and systems：SAE ARP 4754A［S］. United States：SAE International, 2010.

［78］陈廷楠.飞机飞行性能品质与控制［M］. 北京：国防工业出版社, 2007.

［79］国防科学技术工业委员.电传操纵系统飞机的飞行品质：GJB2874［S］.北京：国防科学技术工业委员,1997.

［80］刘蔚巍.人体热舒适客观评价指标研究［D］.上海：上海交通大学,2008.

［81］刘瑜.电传飞机横向Ⅱ类 PIO 趋势预测技术应用研究［J］.飞行力学,2020,38(4)：71－75.

［82］张松,房峰,李小光.民机电传飞控系统 CCAR25.672 符合性验证思路研究［J］.民用飞机设计与研究,2018,4：100－103.

［83］Aviation Rulemaking Advisory Committee (ARAC). Final draft：AC/AMJ 25.671［S］. Washington：FAA, 2010.